問題解く力を鍛える！

アルゴリズムとデータ構造

大槻兼資 著
Kensuke Otsuki
秋葉拓哉 監修
Takuya Akiba

JN029157

講談社

● 監修にあたって

　本書を手にとっていただき，ありがとうございます．プログラマ・ソフトウェアエンジニアとしてステップアップしたい，大学の講義で単位をとらなければならない，プログラミングコンテストで勝ちたいなど，アルゴリズムの基礎を学びたいと思う理由は，人それぞれだと思います．理由はどうあれ，まずは，アルゴリズムを学びたいという気持ちを心から応援します．

　情報技術は，今もなお，目まぐるしい進歩を続けています．一方，アルゴリズムという分野は，コンピュータ科学の歴史の中では，けっして新しい分野ではありません．また，「人工知能」「量子コンピュータ」など，日々ニュースで触れられ世界を変えると話題になっているキーワードと比較し，もしかしたら地味に感じられるかもしれません．いまさらアルゴリズムを学ぶ意義などあるのだろうか？　もっとホットな技術を学ぶべきなんじゃないか？そう思われる方もいるかも知れません．

　しかし，私は，ソフトウェアエンジニアリングやコンピュータ科学に携わるあらゆる技術者は，まずはアルゴリズムの基礎をしっかり押さえるべきだと断言します．そもそも「アルゴリズム」は，「人工知能」や「量子コンピュータ」と並列して語るべきキーワードではありません．人工知能に取り組むにせよ，量子コンピュータに取り組むにせよ，本書で学ぶアルゴリズムや計算量理論の基礎への理解は必要になります．そして，移り変わりが激しい分野の知識と異なり，アルゴリズムの基礎は「一生モノ」としてどんな分野に取り組むにしても下地や強みとなります．

　それに加え，アルゴリズムの力は，単なる教養に留まらず，普段のプログラミングにも直接的に役立つ能力です．アルゴリズムを自分の道具にでき，適切なアルゴリズムを自分で選択したり，必要なアルゴリズムを自分で設計したりできるようになれば，問題解決の幅が広がります．また，基礎的なアルゴリズムやデータ構造は，プログラミング言語の機能や標準ライブラリとして提供されています．そういったものの仕組みを知ることで，より動作の特性や速度向上の勘所をつかんだり，より上手に応用したりすることができるようになります．

　さて，先述のとおり，アルゴリズムはけっして新しい分野ではありません．そのため，アルゴリズムの入門書はすでにいくつも存在しており，中には「名

著」と名高いものもあります．そんな中，本書を選ぶ理由はあるのでしょうか？　実は，本書は，入門書として重要な基礎をしっかり押さえつつ，かなり個性的な構成になっています．

　1つの特徴は，有名なアルゴリズムの紹介だけに終わらず，アルゴリズムの応用や設計にも重点を置いているという点です．昔からあるアルゴリズムの教科書は，有名なアルゴリズムをとにかく紹介してゆくという形式になっていることがほとんどです．「こういう処理をしたいので，○○のアルゴリズムを使えば良いはず」というようなことを知った状態で参照するのであれば，大変有用です．一方，現実世界で我々が直面する問題は，そんなに単純でないことがほとんどです．どのアルゴリズムをどうやって使えばよいのか分からない，自分でアルゴリズムを設計する必要がある，そもそも解決できるのか分からない，そういった状況も少なくないでしょう．本書は，そういったより幅広い状況においてアルゴリズムの力を使い問題解決に取り組んでもらえるようになることを目指し，有名なアルゴリズムの紹介だけでなく，たとえば「設計技法」と呼ばれる，アルゴリズムの設計におけるアプローチを詳しく説明しています．

　もう1つの特徴は，アルゴリズムのおもしろさ・美しさを伝えることを重視しているという点です．工夫されたアルゴリズムが効率的に計算を達成するやり方には，パズルに似たおもしろさがあり，理解するたびにうならされることでしょう．加えて，一部のアルゴリズムの背後には，離散数学の深淵な理論が広がっており，美しい理論的性質をもっていたり，アルゴリズム同士の関係を理論づけたりすることができます．本書では，あくまで初学者にわかるようにしつつ，そういったおもしろさ・美しさができるだけ伝わるようになっています．

　本書を通じて身につけたアルゴリズムの力がみなさんのお役に立つことを願っています．

2020 年 7 月

秋葉拓哉

● まえがき

　本書は「アルゴリズムを自分の道具としたい」という方に向けて執筆したアルゴリズムの入門書です．みなさんはアルゴリズムと聞いて，どのようなイメージを思い浮かべるでしょうか．情報系の学部に所属している学生であれば，授業で必ず教わるものの 1 つという感じでしょうか．あるいはアルゴリズムについて学んだことのない方も，現在世界中で使われている検索エンジンやカーナビなど，私たちの生活を支えているさまざまなサービスの背後では，高度に設計されたアルゴリズムが動いているということを聞いたことがあるかもしれません．実際，アルゴリズムは情報技術の根幹を支えるものです．コンピュータ科学にはさまざまな重要な分野がありますが，どれをとってもアルゴリズムとなんらかの点で関連しています．コンピュータ科学を学ぶ者にとって避けては通れないものといえるでしょう．

　アルゴリズムを学ぶということは，単に知識を吸収するだけではなく，世の中のさまざまな問題を解決する手段を増やすことにほかなりません．そもそもアルゴリズムとは「問題を解くための手順」です．具体的なアルゴリズムの動きを知るだけでなく，実際の問題解決に役立てることができて，はじめてアルゴリズムを学んだといえるでしょう．

　アルゴリズムを用いた問題解決の訓練の場として，AtCoder などで開催されているプログラミングコンテストが近年注目を集めています．AtCoder は「パズル的な問題が出題され，それを解くアルゴリズムを設計し，実装する」という部分を競技としたコンテストを開催しています．本書では，AtCoder で過去に出題された問題も題材として，アルゴリズムの実践的な設計技法を学べるように工夫しました．章末問題にもプログラミングコンテストの過去問を多く採用しています．AtCoder への登録方法や，ソースコードの提出方法などについては，

　　「AtCoder に登録したら次にやること
　　　〜 これだけ解けば十分闘える！過去問精選 10 問 〜」

というタイトルの記事に詳しく記載しました．プログラマのための技術情報共有サービス Qiita に投稿していますので，ぜひ参考にしてください．また，

筆者はこれまでに，上記の記事をはじめとして，アルゴリズム系の話題を解説する記事を Qiita に多数投稿してきました．それらを有機的にまとめ，図を用いた解説を拡充し，いくつかのトピックを加えてでき上がったものが本書です．

　筆者はアルゴリズムを学び始めてから，世の中の諸問題と対峙するうえでの世界観に革命が起きたのを覚えています．アルゴリズムを学ぶ前は，問題を解決するという行為を，高校数学における「公式」のようなものを与えることである，というイメージでとらえていました．つまり，その問題に対する解を具体的かつ明示的に得ることが問題解決であると，無意識のうちに思っていました．しかしアルゴリズムを学んでからは，具体的な解を書き下すことができなくても，解を得るための「手順」を与えることができればよい，という見方ができるようになり，問題解決手段が大きく広がった気持ちになりました．本書で，ぜひそのような感覚を共有していただけたらと願っています．本書を通して，アルゴリズムを設計したり実装したりする面白さを実感していただけたならば，筆者にとって大きな喜びです．

　2020 年 7 月

大槻兼資

● 本書の構成

本書は**図1**のような構成をとっています.

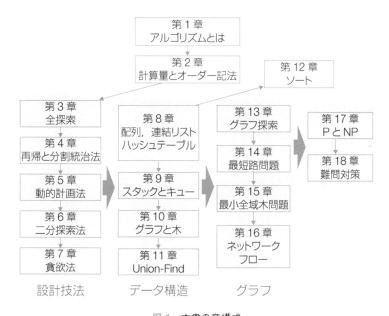

図1　本書の章構成

　まず,1,2章でアルゴリズムと計算量について概観します.そして,3〜
7章が,早くも本書のメインパートといえる部分であり,アルゴリズムの設
計技法について詳しく解説します.これらの設計技法に関する話題は,多く
の書籍では,最後の方で簡単に説明しています.しかし本書は,現実世界の
問題を解決するための実践的なアルゴリズム設計技法の鍛錬を目指していま
す.そこで,アルゴリズム設計技法について,前半で詳しく解説する構成と
しました.そして,これらの設計技法が後半の章でも随所に使われていくこ
とを示していきます.
　その後,8〜11章では,設計したアルゴリズムを効果的に実現するうえで
重要となるデータ構造を解説します.データ構造について学ぶことで,アル
ゴリズムの計算量を改善したり,また,C++やPythonなどで提供されて

いる標準ライブラリの仕組みを理解して，それらを有効に活用したりすることができるようになります．

そしていったん，12 章でソートアルゴリズムについての話題を挟んだ後に，13〜16 章でグラフアルゴリズムについて解説します．グラフは，非常に強力な数理科学的ツールです．多くの問題は，グラフに関する問題として定式化することで，見通しよく扱うことができるようになります．また，グラフアルゴリズムを設計するとき，3〜7 章で学ぶ設計技法や，8〜11 章で学ぶデータ構造が随所で活躍します．

最後に，17 章で P と NP に関する話題を解説し，世の中には「効率的に解くアルゴリズムを設計することができそうにない難問」が多数あることを見ます．18 章で，これらの難問に取り組むための方法論をまとめます．ここでも，動的計画法 (5 章) や貪欲法 (7 章) といった設計技法が活躍します．

全体を通して，アルゴリズムの設計技法を重視した構成となっています．

● 本書での進め方

本書で扱う内容や，進め方の注意事項についてまとめます．

■ 本書で扱う内容

本書は単にアルゴリズムの動作を説明するだけでなく，「どうしたらよいアルゴリズムを設計できるか」という視点をメインに据えたものとなっています．アルゴリズムをはじめて学ぼうとする方から，各種企業の研究開発に役立つ実践的なアルゴリズム設計技法を習得したい方まで，幅広く楽しんでいただけたら幸いです．

■ 本書を読むのに必要な予備知識

読者が高校数学を一通り修めた状態であり，プログラミング経験があることを想定して，本書を執筆しました．高度な数理的な理解が必要となる部分もありますが，そのような初学者にとって難しい節には (*) マークを付けました．

また，本文中のソースコードは C++ で記述しています．しかし，使う機能は基本的なものに絞りましたので，プログラミング経験があれば無理なく読むことができます．C++ に特有の機能としては，以下のものを用いています．

- std::vector などの STL コンテナ
- std::sort() などの標準ライブラリ
- const 修飾子
- テンプレート
- ポインタ
- 参照渡し
- 構造体

疑問点を解消できない場合や，より体系的に C++ の基礎を学びたい場合には，たとえば AtCoder 上で C++ の初歩を学べる教材 APG4b (https://atcoder.jp/contests/APG4b) などが参考になります．この教材を一通り学習することで，アルゴリズムを実装するのに十分な基礎を身につけ

ることができます.

■ 使用する言語や動作環境

本書では，C++ を用いてアルゴリズムを記述していきます．ただし，以下のような C++11 以降の機能を一部用います.

- 範囲 for 文
- auto を用いた型推論 (範囲 for 文においてのみ用います)
- std::vector<int> v = { 1, 2, 3 }; といった vector 型変数の初期化
- using を用いた型エイリアスの宣言
- テンプレートの右山カッコに空白を入れなくてもよいこと
- std::sort() の計算量が $O(N \log N)$ であることが仕様として保証されていること

本書のソースコードの多くは，C++11 以降のバージョンの C++ を利用している場合のみコンパイル可能なものとなっていることに注意してください．なお，本書で掲載している C++ のソースコードは，すべて Wandbox 上の gcc 9.2.0 で動作するものとなっています．また，本書のソースコードは筆者の GitHub 上のページ

```
https://github.com/drken1215/book_algorithm_solution
```

に公開しています.

■ 演習問題

　章末問題を用意しています．解説したテーマの理解を確認する簡単な問題から，自力で解決することは大変厳しいであろう困難な問題まで，幅広い難易度の問題を揃えています．難易度は 5 段階で評価していて，**表1** のようになっています．演習問題の解答については，筆者の GitHub 上のページ

```
https://github.com/drken1215/book_algorithm_solution
```

に掲載しています．

表 1　本書の演習問題の難易度の目安

難易度表記	難易度の目安
★☆☆☆☆	解説したテーマについて理解を確認する問題です．
★★☆☆☆	解説したテーマについて理解を深めていただくための問題です．
★★★☆☆	解説したテーマについてさらに掘り下げるための難しい問題です．
★★★★☆	解説したテーマについての非常に難しい問題です．自力で解決することは困難かもしれません．しかし，この難易度の問題を解くことで，格段に理解が深まります．
★★★★★	その問題の解法を知らずに自力で解決することは，極めて困難と思われる難易度です．関心のある方はぜひ関連テーマについて調べてみてください．

■ AtCoder の紹介

　最後に，楽しくアルゴリズムを学ぶことのできるサービスとして，近年注目を集めている AtCoder について紹介します．AtCoder は「パズル的な問題が出題され，それを解くアルゴリズムを設計し，実装する」という部分を競技としたコンテストを開催しています．コンテストの成績に応じたレーティングが付与され，それをアルゴリズムスキルの証明とすることもできます．
　そして，コンテストで出題された問題は，いつでも自由に解くことができます．問題を解くアルゴリズムを設計し，それを実装してソースコードを提出すると，あらかじめ用意されたいくつかの入力ケースに対して正しい答えを出力するかどうかをジャッジする仕組みとなっています．このようなオンラインジャッジサービスは，机上で問題を解くだけでなく，設計したアルゴリズムが正当かどうかをただちに確認できるメリットがあります．同様のオンラインジャッジサービスとしては，会津大学の運営する AOJ (Aizu Online Judge) もあります．本書では，これらのサービスに収録された過去問を用いながら，実践的なアルゴリズム設計技法を鍛錬していきます．

目 次

第 **1** 章

アルゴリズムとは

1.1 ● アルゴリズムとは何か

アルゴリズム (algorithm) とは「問題を解くための方法，手順」のことです．このように聞くと，私たちの生活とは関係のないような難しい概念と感じられるかもしれませんが，実際はとても身近なものです．簡単な例として，年齢当てゲームを考えてみましょう．

年齢当てゲーム

あなたは初対面の A さんの年齢を当てたいと考えています．A さんの年齢が 20 歳以上 36 歳未満であることはわかっているものとします．

あなたは，A さんに 4 回まで「Yes / No で答えられる質問」をすることができます．質問を終えた後，A さんの年齢を推測して答えます．正解ならばあなたの勝ち，不正解ならばあなたの負けです．

あなたはこの年齢当てゲームで勝つことができるでしょうか？

図 1.1 のように，A さんの年齢の候補は 20, 21, . . . , 35 歳の 16 通りあることがわかります．すぐに思いつく方法は「20 歳ですか？」「21 歳ですか？」「22 歳ですか？」「23 歳ですか？」... と順に聞いていき，Yes が返ってくるまで繰り返す方法でしょう．しかしこの方法では最悪 16 回の質問を必要としてしまいます．具体的には，A さんが 35 歳であった場合には，16 回目の「35 歳ですか？」という質問でようやく Yes が返ってくることになります．質問できる回数の上限は 4 回ですから，このままではゲームに負けてしまいます．

そこで，効率がよい方法を考えてみましょう．最初に「28 歳未満ですか？」

図 1.1　年齢当てゲーム

と聞きます．それに対する A さんの答えに応じて，以下のように考えること
ができます (**図 1.2**)．

- Yes のとき：A さんの年齢が 20 歳以上 28 歳未満であるとわかります．
- No のとき：A さんの年齢が 28 歳以上 36 歳未満であるとわかります．

どちらの答えであったとしても，選択肢を半分に絞ることができます．これ
により，質問前の時点では 16 通りあった選択肢が 8 通りになりました．

　同様に，2 回目の質問によって，8 通りの選択肢を 4 通りに絞ることがで
きます．具体的には，20 歳以上 28 歳未満であると判明した場合には 24 歳
未満であるかどうかを聞き，28 歳以上 36 歳未満であると判明した場合には
32 歳未満であるかどうかを聞きます．さらに 3 回目の質問によって 2 通り
に絞り，最後に 4 回目の質問によってただ 1 通りに絞ることができます．一
例として，A さんが 31 歳である場合には，**表 1.1** に示す流れで A さんの年
齢を当てることができます．

　これは A さんが 31 歳である場合のストーリーですが，他の場合であって
も，同様の方法によって必ず 4 回の質問で年齢を当てることができます (章
末問題 1.1)．つまり A さんの年齢が 20 歳以上 36 歳未満のいかなる場合で
あっても，「年齢の候補を真ん中で切ってどちらかに絞っていく」という同じ

図 1.2　候補を半分に絞る考え方

表 1.1　A さんの年齢を当てる手順 (31 歳の場合)

発話者	台詞	備考
あなた	28 歳未満ですか？	
A さん	No	
あなた	32 歳未満ですか？	28 歳以上 36 歳未満 (28, 29, 30, 31, 32, 33, 34, 35) に絞れていますので，その真ん中で区切ります
A さん	Yes	
あなた	30 歳未満ですか？	28 歳以上 32 歳未満 (28, 29, 30, 31) に絞れていますので，その真ん中で区切ります
A さん	No	
あなた	31 歳未満ですか？	30 歳以上 32 歳未満 (30, 31) に絞れていますので，その真ん中で区切ります
A さん	No	
あなた	31 歳ですね！	決まりました！
A さん	正解です	

アルゴリズム (方法，手順) で年齢を当てることができます．

　なお，このような「真ん中で切ってどちらかに絞っていく」という方法は，**二分探索法** (binary search method) とよばれるアルゴリズムに相当します．今回は，年齢当てゲームという遊びを題材にして紹介しましたが，実際には，

コンピュータ科学のいたるところで利用される基礎的かつ重要なアルゴリズムです．そういった重要なアルゴリズムが，コンピュータ上だけでなく，年齢当てゲームのような遊びでも効果を発揮するのは面白いですね．二分探索法については 6 章で詳しく扱います．

また，「20 歳ですか？」「21 歳ですか？」「22 歳ですか？」「23 歳ですか？」... と順に聞いていく方法も，非効率的ではありますが，立派なアルゴリズムであることに注意しましょう．このように選択肢を順に調べていく方法は，**線形探索法** (linear search method) とよばれるアルゴリズムに相当します．線形探索法については 3.2 節で解説します．

さて，アルゴリズムのもつ優れた特徴として，ある特定の問題に対して，想定されるどんなケースに対しても「同じやり方で」答えを導けることが挙げられます．先ほどの年齢当てゲームでは，A さんの年齢が 20 歳であっても 26 歳であっても 31 歳であっても，「年齢の候補を真ん中で切ってどちらかに絞っていく」という同じやり方で当てることができました．世の中は，すでにそのようなシステムで溢れています．カーナビを使えば現在地がどこであっても目的地までの経路を示してくれますし，銀行口座では預金額と引出額がいくらであっても正しくお金を引き出すことができます．このようなシステムはアルゴリズムによって支えられています．

1.2 ● アルゴリズムの例 (1)：深さ優先探索と幅優先探索

本書では，これから数多くの問題を考え，それを解くアルゴリズムを見ていきます．本節では最初に，いくつかのアルゴリズムについて，簡単に触れてみましょう．まずはあらゆるアルゴリズムの基礎である「探索」についてです．

1.2.1　虫食算パズルに学ぶ，深さ優先探索

図 1.3 のような虫食算パズルを題材として，**深さ優先探索** (depth-first search，DFS) を紹介します．虫食算は，筆算が整合するように □ に 0 から 9 までの数字を埋めていくパズルです[注1]．ただし，各行の先頭の □ には 0 を入れてはいけません．

深さ優先探索では，無数に考えられる選択肢に対して，とりあえず決め打ちして突き進むことを繰り返します．行き詰ったら，一歩戻って，次の選択肢を試します．図 1.3 の左側の虫食算について，深さ優先探索で解くと，**図**

注 1　虫食算は通常，答えがただ 1 つ存在するように作られています．

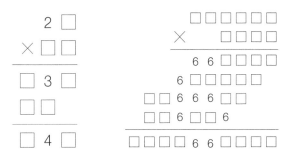

図 1.3　虫食算パズル

1.4 のようになります．まず，筆算の右上のマスが 1 であると仮定して進めます．次に，その下のマスが 1 であると仮定します．しかしこのとき，図1.4で青く示した「3」と矛盾します．矛盾が見つかったら，一歩戻って次の数値を試します．以上のような探索を繰り返していきます．

このように深さ優先探索は，「とりあえず突き進む」という動作を行き詰るまで繰り返し，行き詰ったら一歩戻って次の選択肢を試すことを繰り返す探索アルゴリズムです．基本的には力任せの探索アルゴリズムですが，探索順序を工夫することで劇的な性能差が出ることが魅力的です．深さ優先探索は，さまざまなアルゴリズムの基礎となるものですから，以下のように広範囲にわたる応用があります．

- 数独などのパズルも解くことができます．
- コンピュータ将棋ソフトでも使われるゲーム探索のベースになっています．
- 物事の順序関係を整理する手法であるトポロジカルソートを実現できます (13.9 節で扱います)．
- 探索結果を逐次メモしながら実行すれば動的計画法にもなります (5 章で扱います)．
- ネットワークフローアルゴリズムのサブルーチンとして機能します (16 章で扱います)．

なお，本節で紹介した深さ優先探索は，グラフ上の探索ととらえ直すことで大変見通しがよくなります．グラフ探索については 13 章以降で詳しく解説します．

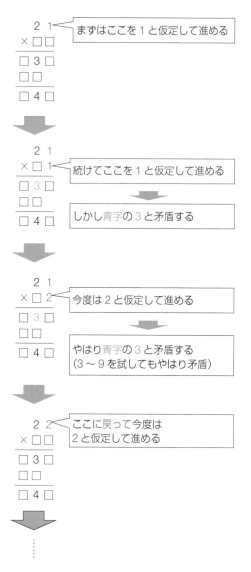

図 1.4　深さ優先探索 (DFS) の概念図

1.2.2　迷路に学ぶ，幅優先探索

　次に，**図 1.5** のような迷路を題材として，**幅優先探索** (breadth-first search, BFS) を紹介します．スタート (S) からゴール (G) まで行きたいとします．1 回の移動では，現在いるマスから，隣接する上下左右のマスに移動するこ

図 1.5　迷路の最短路問題

とができます．ただし茶色マスには入ることができません．S のマスから G のマスまで最短で何手で到達できるでしょうか．

　この迷路に対する幅優先探索の動きを**図 1.6** に示します．まず，図 1.6 の左上のように，S のマスから 1 手で行けるマスに「1」と数値を書き込みま

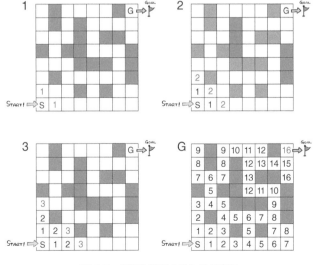

図 1.6　幅優先探索の動作の概念図

す．続いて図 1.6 の右上のように，「1」のマスから 1 手で行けるマスに「2」と書きます．これはスタートから 2 手で行けるマスでもあります．続いて図 1.6 の左下のように，「2」のマスから 1 手で行けるマスに「3」と書いて，これを繰り返していくと，最終的には図 1.6 の右下のように，G のマスは「16」となります．これは S から G へいたるまでの最短経路の長さが 16 であることを意味しています．また，この探索によって，G のマスだけでなく，任意のマスについて，S のマスから行く最短手数が求められていることに注意しましょう．

　以上のように，幅優先探索は「出発点に近いところから順に探索する」という探索アルゴリズムです．出発点から 1 手で行けるとこをまずすべて探索し，それが終了したら 2 手で行けるところをすべて探索し，それが終了したら 3 手で行けるところをすべて探索し，以後それを探索済みでないところがなくなるまで繰り返します．幅優先探索も，深さ優先探索と同様に基本的には力任せの探索アルゴリズムですが，「何かを達成するための最小手順を知りたい」という場面で活躍します．そして，幅優先探索も深さ優先探索と同様に，グラフ上の探索と考えると見通しがよくなります．13 章以降で詳しく解説します．

1.3 ● アルゴリズムの例 (2)：マッチング

　現代社会では，**マッチング** (matching) という用語をいたるところで耳にするようになりました．ここではマッチングを題材とした次の問題を考えてみましょう．**図 1.7** のように，何人かの男と女がいて，ペアになってもよいという 2 人の間には線が引かれているとします．できるだけ多くのペアを作ろうとしたときに，最大で何組のペアを作ることができるでしょうか．その答えは，図 1.7 の右に示したように 4 組です．

　このような 2 カテゴリ間のつながりについて考える問題は，インターネット広告配信，レコメンドシステム，マッチングアプリ，シフトスケジューリングといった多彩な応用があり，現実世界のいたるところで重要なものとなっています．この問題を解くアルゴリズムは 16 章で詳しく解説します．

1.4 ● アルゴリズムの記述方法

　考案したアルゴリズムを他人に伝わる形で記述するためには，どのような方法が考えられるでしょうか．ここまでは，以下のアルゴリズムについて，いずれも素朴な日本語で説明しました．

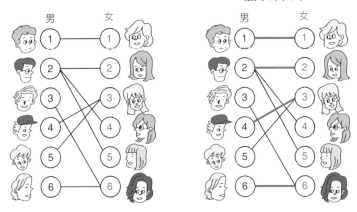

図 1.7 マッチング問題

- 年齢当てゲームに対する線形探索法，二分探索法
- 虫食算パズルに対する深さ優先探索
- 迷路に対する幅優先探索

しかし，文章による説明は，アルゴリズムの挙動の雰囲気を大雑把に伝えるのには有効ですが，複雑な挙動を説明するときには細部が判然としないことが多々あります．そのため，アルゴリズムを正確に人に伝えたいときには，実際のプログラミング言語を用いて記述するなどの工夫をします．

さて，既存の多くの書籍では，アルゴリズムの記述において，**擬似コード**とよばれる，「if 文, for 文, while 文といった手続きの記述を抽象化して，それと日本語による説明とを組合せたスタイル」を採用しています．しかし本書では，学んだアルゴリズムを実践的な問題解決に活かしてほしいという観点から，実際にコンピュータ上で動作するプログラムとしてアルゴリズムを記述することにしました．具体的には，C++ というプログラミング言語によってアルゴリズムを記述します．一部 Python を用いた場合の実現方法についても言及します．掲載しているソースコードはすべてコンピュータ上でそのまま実装して動作するものです．動作環境などについては，「本書での進め方」を参考にしてください．

1.5 ● アルゴリズムを学ぶ意義

　世の中はさまざまな問題で溢れています．本書では，全探索 (3 章)，動的計画法 (5 章)，二分探索法 (6 章)，貪欲法 (7 章) といったアルゴリズム設計技法を詳細に解説します．問題に応じて効果的なアルゴリズムを設計できるようになることで，その問題自体の理解も深まりますし，問題を解くという行為自体に対する視野を広げることができます．

　筆者もアルゴリズムを学ぶ前は，問題を解決するという行為を，高校数学における「公式」のようなものを与えることである，というイメージでとらえていました．しかしアルゴリズムを学んでからは，問題に対する具体的な解を書き下すことができなくても解を得るための「手順」を与えることができればよい，という見方ができるようになり，問題解決の幅が大きく広がりました．ぜひ本書を通して，さまざまなアルゴリズム設計技法を体得していただけたら幸いです．

● ● ● ● ● ● 　**章末問題**　● ● ● ● ● ●

1.1 年齢当てゲームで，A さんの年齢が 20 歳以上 36 歳未満のそれぞれの場合について，二分探索法によって年齢を当てるまでの流れを求めてください．（難易度★☆☆☆☆）

1.2 年齢当てゲームで，A さんの年齢の候補が「0 歳以上 100 歳未満」の 100 通り考えられるとします．それを「Yes / No で答えられる質問」を繰り返すことで当てたいとします．6 回の質問で確実に当てることは可能でしょうか．また 7 回の質問で確実に当てることは可能でしょうか．（難易度★★☆☆☆）

1.3 図 1.3 の左側の虫食算の解を求めてください．（難易度★☆☆☆☆）

1.4 図 1.3 の右側の虫食算の解を求めてください．（難易度★★★★☆）

1.5 図 1.6 の迷路で，右下の数値情報がわかっている状態から，実際に S のマスから G のマスまでいたる最短経路を復元する方法について論じてください．（難易度★★★☆☆）

1.6 好きなアルゴリズムを 1 つ選んで，それが現実社会で使われている応用例を調べてください．

第 **2** 章

計算量とオーダー記法

本章では計算量について解説します．計算量は，アルゴリズムの良し悪しを測る重要な指標です．最初は難しく感じるかもしれませんが，慣れると大変使い勝手がよいものです．考案したアルゴリズムを実際にコンピュータ上で実装しなくても，あらかじめ計算時間を大雑把に見積もることができるようになります．また，どのアルゴリズムを使おうか考える際の比較検討にも役立てることができます．

2.1 ● 計算量とは

一般に，同じ問題を解決できるアルゴリズムはいくつも存在します．そのため，どのアルゴリズムがよりよいのかを判断する基準が必要となってきます．そのような基準として特に重要なものが，本節で紹介する**計算量** (computational complexity) という概念です．計算量は，使いこなせるようになると以下のような利点があります．

計算量を学ぶ利点

実装しようとしているアルゴリズムを実際にプログラミングしなくても，コンピュータ上での実行に要する時間を，あらかじめ大雑把に見積もることができます．

まずは具体的な問題に対して，使用するアルゴリズムによってどの程度の計算時間の差が生まれるのかを見てみましょう．前章の最初で検討した「年齢当てゲーム」では異なる 2 つの方法がありました．

　1 つの方法は，「20 歳ですか？」「21 歳ですか？」「22 歳ですか？」…と順に聞いていき，年齢を当てるまで繰り返していく方法です．そしてもう 1 つは「真ん中で切って片方に絞っていく」という方法です．前者の方法を**線形探索法** (linear search method)，後者の方法を**二分探索法** (binary search method) とよびます．前者の方法では最悪 16 回の質問が必要であったのに対し，後者の方法ではわずか 4 回の質問で年齢を当てることができました．さらに検討を進めます．今回の年齢当てゲームでは A さんの年齢として考えられる候補の数が 16 通りでしたが，範囲を広げて 0 歳以上 65536 歳未満としてみるとどうでしょう[注1]．このとき，A さんの年齢として考えられる候補の数は 65536 通りとなります．そうすると，線形探索法と二分探索法とで，A さんの年齢を当てるまでに要する質問回数は，

- 線形探索法：65536 回 (最悪の場合)
- 二分探索法：16 回

というように大きな差が生じます．二分探索法で 16 回の質問で当てられる理由はぜひ考えてみてください[注2]．

　さて，年齢当てゲームにおいては，実際は 65536 通りといった巨大な場合の数を扱うことはありえないかもしれません．しかし，日々大量のデータが収集されるようになった現代では，しばしば巨大なサイズの問題に直面します．多くの方が日常的に扱うようなデータベースは，データのサイズが 10^5 件を超えることはしばしばですし，2008 年 7 月 25 日の Google オフィシャルブログには，インデックスしたページ数が 10^{12} を超えたという報告もあ

注 1　65535 歳というのは実際はありえない設定ですが，ここでは仮にそのような場合を想定します．
注 2　$2^{16} = 65536$ であることに注意します．

ります．さまざまな問題に取り組むとき，扱うデータのサイズが大きくなればなるほど，それによる計算時間への影響が小さいアルゴリズムを設計することが求められます．また，可能ならば，設計したアルゴリズムを実装する前に，計算に要する時間を大雑把に見積ることができるようにしたいところです．本章で解説する計算量という概念は，実際にアルゴリズムを実装することなく，計算時間を大まかに測ることのできる「ものさし」の役割を果たします．

2.2 ● 計算量のオーダー記法

前節では，「アルゴリズムの計算時間が，データのサイズの増加にともなって，どのように増加していくか」という視点の重要性を述べました．この視点を掘り下げます．

2.2.1 計算量のオーダー記法の考え方

まず，簡単な例として，以下のコード 2.1, 2.2 を例にとってみます[注3]．N の値をさまざまに変えて，for 文による反復処理に要する計算時間を測定します．それぞれ，for 文による反復を一重，二重としたものとなっています．その結果は**表 2.1** のようになりました．1 時間以上を要した部分については，処理を打ち切って「> 3600」と表記しました[注4]．

code 2.1 一重の for 文 $(O(N))$

```
1   #include <iostream>
2   using namespace std;
3
4   int main() {
5       int N;
6       cin >> N;
7
8       int count = 0;
9       for (int i = 0; i < N; ++i) {
10          ++count;
11      }
12  }
```

注 3 前節の線形探索法と二分探索法はそれぞれ「年齢当てゲーム」という「同じ問題」を解く異なるアルゴリズムでしたが，コード 2.1, 2.2 については特にそのような関係ではありません．

注 4 計算に用いたコンピュータは MacBook Air (13-inch, Early 2015) で，プロセッサは 1.6 GHz Intel Core i5，メモリは 8GB のものです．

code 2.2　二重の for 文 ($O(N^2)$)

```cpp
#include <iostream>
using namespace std;

int main() {
    int N;
    cin >> N;

    int count = 0;
    for (int i = 0; i < N; ++i) {
        for (int j = 0; j < N; ++j) {
            ++count;
        }
    }
}
```

表 2.1　N の値の増加にともなう計算時間の増加具合 (単位: 秒)

N	コード 2.1	コード 2.2
1,000	0.0000031	0.0029
10,000	0.000030	0.30
100,000	0.00034	28
1,000,000	0.0034	2900
10,000,000	0.030	> 3600
100,000,000	0.29	> 3600
1,000,000,000	2.9	> 3600

表 2.1 に整理すると，アルゴリズムによって，N が増加したときの計算時間の増加の仕方に大きな違いが生じていることがわかります．for 文が一重のコード 2.1 については，計算時間がおおむね N に比例している様子が見てとれます．すなわち，N が 10, 100, 1000 倍になると，計算時間がおよそ 10, 100, 1000 倍となっています．一方，for 文が二重のコード 2.2 については，計算時間がおおむね N^2 に比例している様子が見てとれます．すなわち，N が 10, 100, 1000 倍になると，計算時間がおよそ 100, 10000, 1000000 倍となっています．このようなとき，

- コード 2.1 の計算量は $O(N)$ である
- コード 2.2 の計算量は $O(N^2)$ である

というふうにいいます．この記法はランダウ (Landau) の O 記法[注5] とよばれています．単に，オーダー記法とよぶこともあります．ランダウの O 記法の正確な定義は 2.7 節で行いますが，いまのところは以下のような大まかな理解で問題ありません．

計算量と O 記法

「アルゴリズム A の計算時間 $T(N)$ がおおむね $P(N)$ に比例する」ということを $T(N) = O(P(N))$ であると表し，アルゴリズム A の計算量は $O(P(N))$ であるといいます．

次に，コード 2.1, 2.2 の計算時間がそれぞれおおむね N, N^2 に比例する理由を考えます．ただし厳密な議論ではなく，イメージを大まかにつかむための議論となっていることに注意してください．

2.2.2　コード 2.1 の計算量

まず，コード 2.1 の実行に要する計算時間がおおむね N に比例する理由を考えます．for 文中の変数 count をインクリメント[注6]する処理 ++count が行われる回数を数えてみましょう．添字 i がとりうる値を列挙すると

$$i = 0, 1, \ldots, N - 1$$

の N 個となります．よって，++count は N 回行われ，最終的には count $=$ N となっているはずです．以上から，コード 2.1 の計算時間はおおむね N に比例することがわかりました．

なお，実際には，添字 i について i = 0 と初期化したり，i < N であるかどうかを判定したり，++i とインクリメントしたりする部分にも計算時間を要しています．これらの処理が行われる回数は，

- i = 0 と初期化：1 回
- i < N の判定：$N + 1$ 回 (最後に $i = N$ となった場合にも判定することに注意)
- ++i：N 回

注5　O はオーダー (order) の頭文字です．
注6　変数をインクリメントするとは，変数の値を 1 増やすことをいいます．また，変数の値を 1 減らすことをデクリメントといいます．

となっています．変数 count をインクリメントする処理を合わせると，処理回数の合計値は $3N + 2$ 回となります[注7]．結局，おおむね N に比例していることがわかります．「+2」の項が気になるかもしれませんが，N を限りなく大きくしていくと，「+2」の部分はほとんど無視できるようになります．高校数学で学ぶ極限計算になじみのある方であれば，

$$\lim_{N \to \infty} \frac{3N + 2}{N} = 3$$

であることを思い出すと納得できるでしょう．

2.2.3 コード 2.2 の計算量

次に，コード 2.2 の実行に要する時間がおおむね N^2 に比例する理由を考えます．先ほどと同様に，変数 count がインクリメントされる回数を数えましょう．そのためには，for 文の添字 i, j の組として考えられるものが何通りあるかを数えます．$N = 5$ の場合の様子を**図 2.1** に示します．各 $i = 0, 1, 2, \ldots, N-1$ に対して $j = 0, 1, 2, \ldots, N-1$ の処理が行われますので，++count は N^2 回行われます．以上から，コード 2.2 の計算量が $O(N^2)$ であることがわかりました．

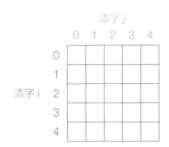

図 2.1 二重 for 文の様子

2.2.4 計算量の実践的な求め方

あるアルゴリズムの計算時間 $T(N)$ が，

$$T(N) = 3N^2 + 5N + 100$$

注 7 　実際には「i < N の判定」や「++i」という処理に要する時間は等しいとは限りませんし，コンピュータ環境や使用コンパイラによっても異なります．しかしここでは簡単のため，一定時間としています．

と表されるとき，その計算量をどのように表したらよいでしょうか．1つには，「そのアルゴリズムはサイズ N の入力に対して $3N^2 + 5N + 100$ の計算時間を要する」という具体的な言い方ができるかもしれません．しかし，このような具体的な言い方は，コンピュータ環境やプログラミング言語によっても変わりますし，コンパイラによっても変わります．このような微妙な問題を吸収するためにも，アルゴリズムの計算時間を議論するときには，定数倍や低次の項の影響を受けないようにすることが望まれます．そこで，ランダウの O 記法が便利です．

$$\lim_{N \to \infty} \frac{3N^2 + 5N + 100}{N^2} = 3$$

であることを考えると，$T(N)$ はおおむね N^2 に比例すると考えることができます．このことを $T(N) = O(N^2)$ であると表します．また，このアルゴリズムの計算量は $O(N^2)$ であるということができます．実践的には，

1. $3N^2 + 5N + 100$ に対して，最高次の項以外を落として $3N^2$ とする
2. $3N^2$ の係数を無視して，N^2 とする

という手順で計算量を求めることができます．

2.2.5　計算量をオーダー記法で表す理由

さて，定数倍や低次の項の影響を受けないように計算量を O 記法で表すことは，前節で述べたような微妙な問題を吸収するだけでなく，実際にアルゴリズムの計算時間を評価するよい尺度になっています．$T(N) = 3N^2 + 5N + 100$ を例にとって説明します．

まず，最高次の項以外を落とすとよい理由については，N を大きくしていくと明らかになります．N が大きくなると，N^2 は N よりも圧倒的に大きくなります（**図 2.2**）．具体的に $N = 100000$ を代入してみるとよくわかります．

$$3N^2 + 5N + 100 = 30000500100$$
$$3N^2 = 30000000000$$

次に，$3N^2$ に対して N^2 というように，係数を落とす理由を述べます．確かに，極限まで高速化を追求する場面においては，係数の差は重要です．しかしその前段階では，係数の差はほとんど無視できます．たとえば N^3 回の計算ステップを要するアルゴリズムに対し，係数は 10 倍だがオーダーは小さい

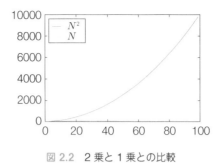

図 2.2　2 乗と 1 乗との比較

$10N^2$ 回ステップのアルゴリズムが得られたとします．ここで $N = 100000$ とすると

$$N^3 = 1000000000000000 \tag{2.1}$$
$$10N^2 = 100000000000 \tag{2.2}$$

というように，係数が 10 倍になっているにもかかわらず 10000 倍の高速化が達成できます．アルゴリズムの計算時間を短縮するためには，まずは計算量を小さくすることが重要であることがわかります．

2.3 ● 計算量を求める例 (1)：偶数の列挙

それでは，具体的なアルゴリズムに対して，計算量を求める例をいくつか見ていきましょう．まず最初の例として，正の整数 N を受け取って，N 以下の正の偶数をすべて出力するアルゴリズムを考えます．それはコード 2.3 のように実装できます．

code 2.3　偶数の列挙

```
1  #include <iostream>
2  using namespace std;
3
4  int main() {
5      int N;
6      cin >> N;
7
8      for (int i = 2; i <= N; i += 2) {
9          cout << i << endl;
10     }
11 }
```

このアルゴリズムの計算量を評価します．for 文の反復回数は，$N/2$ 回 (小数点以下は切り下げ) となります．よって，計算時間がおおむね N に比例すると考えられることから，計算量は $O(N)$ と表せます．

2.4 ● 計算量を求める例 (2)：最近点対問題

次に，計算時間がやや複雑な多項式になる例として，「2 次元平面上の N 個の点のうち最も距離が近い 2 点間の距離を求める問題」を取り上げます．それに対する全探索アルゴリズムを考えてみましょう．

最近点対問題

　正の整数 N と，N 個の座標値 (x_i, y_i) $(i = 0, 1, \ldots, N-1)$ が与えられます．最も距離が近い 2 点間の距離を求めてください．

この問題を，すべての点対に対して距離を計算して，そのうち最小のものを出力する方針で解いてみましょう．それは，コード 2.4 のように実装できます．

まず 21 行目の for 文は，点対のうちの 1 個目の点を N 通り順に試す処理を表しています (添字を i とします)．次に 22 行目の for 文は，2 個目の点を順に試す処理を表しています (添字を j とします)．ここで，調べるべき添字 i, j の範囲は，**図 2.3** のように表すことができます．添字 j が動く範囲は，「0 から $N-1$ まで」ではなく，「$i+1$ から $N-1$ まで」とすれば十分であることに注意しましょう．もちろん「0 から $N-1$ まで」としても正しい答えを導けるのですが，たとえば

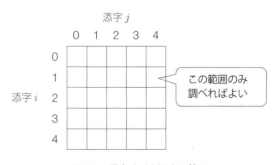

図 2.3　探索すべき添字の範囲

- $i = 2, j = 5$ の場合：(x_2, y_2) と (x_5, y_5) との距離
- $i = 5, j = 2$ の場合：(x_5, y_5) と (x_2, y_2) との距離

を両方求めることになってしまい，無駄が生じます．したがって，$i < j$ を満たす i, j に対して調べれば十分であるといえます．

code 2.4　最近点対問題に対する全探索

```cpp
#include <iostream>
#include <vector>
#include <cmath>
using namespace std;

// 2 点 (x1, y1) と (x2, y2) との距離を求める関数
double calc_dist(double x1, double y1, double x2, double y2) {
    return sqrt((x1 - x2) * (x1 - x2) + (y1 - y2) * (y1 - y2));
}

int main() {
    // 入力データを受け取る
    int N; cin >> N;
    vector<double> x(N), y(N);
    for (int i = 0; i < N; ++i) cin >> x[i] >> y[i];

    // 求める値を，十分大きい値で初期化しておく
    double minimum_dist = 100000000.0;

    // 探索開始
    for (int i = 0; i < N; ++i) {
        for (int j = i + 1; j < N; ++j) {
            // (x[i], y[i]) と (x[j], y[j]) との距離
            double dist_i_j = calc_dist(x[i], y[i], x[j], y[j]);

            // 暫定最小値 minimum_dist を dist_i_j と比べる
            if (dist_i_j < minimum_dist) {
                minimum_dist = dist_i_j;
            }
        }
    }

    // 答えを出力する
    cout << minimum_dist << endl;
}
```

このアルゴリズムの計算量を求めてみましょう．for 文の反復回数を数え上げます．1 個目の for 文における添字 $i = 0, 1, \ldots, N - 1$ それぞれについて，2 個目の for 文の反復回数を考えると，次のようになります．

- $i = 0$ のとき $N - 1$ 回 $(j = 1, 2, \ldots, N - 1)$
- $i = 1$ のとき $N - 2$ 回 $(j = 2, \ldots, N - 1)$
  $\vdots$
- $i = N - 2$ のとき 1 回 $(j = N - 1)$
- $i = N - 1$ のとき 0 回

よって，for 文の反復回数 $T(N)$ は

$$T(N) = (N - 1) + (N - 2) + \cdots + 1 + 0 = \frac{1}{2}N^2 - \frac{1}{2}N$$

となります[注8]．$T(N)$ の最高次以外の項を無視して，さらに最高次の係数も無視すると N^2 となりますので，このアルゴリズムの計算量は $O(N^2)$ と表せます．

なお，発展的話題として，この最近点対問題に対しては**分割統治法** (divide-and-conquer method) に基づく計算量 $O(N \log N)$ のアルゴリズムも知られています．本書ではその詳細については省略しますが，関心のある方は，ブックガイド [5] の「分割統治法」の章などを読んでみてください．分割統治法そのものについては，4.6 節や 12.4 節で簡単に解説します．

2.5 ● 計算量の使い方

実際の問題に対してアルゴリズムを設計するとき，計算量の考え方をどのように適用したらよいかについて説明します．本節の内容は，「計算実行環境に強く依存するものであり普遍的ではない」という点に注意する必要がありますが，大まかな感覚をつかむことは大変重要です．アルゴリズムを設計するうえでは，

- 計算実行時間の制限がどの程度か
- 解きたい問題のサイズがどの程度か

について確認する必要があります．これらがわかっていれば，どの程度の計算量を達成すればよいかを逆算できます．ここでは，仮に計算実行制限時間を 1 秒とします[注9]．使用するコンピュータとして，ごく普通の家庭用パソコ

注 8　N 個のものから 2 個選ぶ組合せの数が ${}_N\mathrm{C}_2 = \frac{1}{2}N(N - 1)$ であることからも求めることができます．

注 9　ここでは計算実行制限時間を 1 秒と想定しますが，検索クエリ処理のように 0.1 秒で済ませたいケースもあれば，大規模シミュレーションのように 1 カ月かける ケースもあります．

ンを仮定した場合，以下の目安が参考になります[注10]．

> **1 秒間で処理できる計算ステップ回数の目安**
>
> 　1 秒間で処理できる計算ステップ回数は $10^9 = 1,000,000,000$ 回程度です．

実際，表 2.1 によると，for 文を N 回反復するのに要する計算時間は，$N = 1,000,000,000$ のときに 2.9 秒となっています．

　次に，各オーダーの計算量をもつアルゴリズムについて，入力サイズ N に応じた計算ステップ回数の変化の様子を，**表 2.2** に示します (定数倍の違いは無視します)．10^9 以上の値となる部分については「-」と記載しています．また，$O(\log N)$ や $O(N \log N)$ という計算量が登場していますが，本書では特に断らない限り，対数 $\log$ の底は 2 とします．ただし，$a > 1$ なる実数 a に対して，底の変換公式によって

$$\log_a N = \frac{\log_2 N}{\log_2 a}$$

が成立することから，底を変更しても定数倍の違いしか生じません．よって

表 2.2　入力サイズ N と計算ステップ回数との関係

N	$\log N$	$N \log N$	N^2	N^3	2^N	$N!$
5	2	12	25	125	32	120
10	3	33	100	1,000	1,024	3,628,800
15	4	59	225	3,375	32,768	-
20	4	86	400	8,000	1,048,576	-
25	5	116	625	15,625	33,554,432	-
30	5	147	900	27,000	-	-
100	7	664	10,000	1,000,000	-	-
300	8	2,468	90,000	27,000,000	-	-
1,000	10	9,966	1,000,000	-	-	-
10,000	13	132,877	100,000,000	-	-	-
100,000	17	1,660,964	-	-	-	-
1,000,000	20	19,931,568	-	-	-	-
10,000,000	23	232,534,967	-	-	-	-
100,000,000	27	-	-	-	-	-
1,000,000,000 (-)	30	-	-	-	-	-

注 10　感覚的な話ですが，CPU のクロック数を表す単位として GHz がよく使われることから納得することができます．

計算量のオーダー記法においては，底の違いは無視できます．

　まず，入力データをすべて読み込むだけでも $O(N)$ の計算量 (およびメモリ容量) を要することに注意が必要です．そのため 10^9 を超えるような極めてサイズの大きい問題を扱う場合には，全データを読み込むのではなく，必要なデータのみを読み取って処理を始める仕組みを用いる場合が多々あります．

　また表 2.2 を見ると，$O(\log N)$ のアルゴリズムは大変高速であることがわかります．N をどれだけ増やしてもほとんど増加しません．それに対して $O(N!)$ は非常に早い段階で 10^9 を超えてしまいました．$O(2^N)$ も早い段階で 10^9 を超えてしまいました．$O(N!)$ や $O(2^N)$ といったオーダーの計算量を要するアルゴリズムは**指数時間** (exponential time) であるといいます．逆に，定数 $d > 0$ が存在して計算量が N^d の定数倍によって上から抑えられるとき，**多項式時間** (polynomial time) であるといいます．注意点としては，$N \log N$ や $N\sqrt{N}$ は多項式ではありませんが，$O(N \log N)$ や $O(N\sqrt{N})$ という計算量は多項式時間です．なぜなら，$N \log N \le N^2$，$N\sqrt{N} \le N^2$ というように，$N \log N$ も $N\sqrt{N}$ も多項式 N^2 によって上から抑えられるからです．

　さて，指数時間アルゴリズムは，N の増加にともない計算時間が急速に大きくなる特徴があります．たとえば $O(2^N)$ の計算量をもつアルゴリズムは，$N = 100$ 程度であっても

$$2^N = 1267650600228229401496703205376 \simeq 10^{30}$$

というように，大変大きな計算ステップ回数となります．1 秒間で 10^9 回分を処理すると仮定すると，1 年間はおよそ 3×10^7 秒ですから，3×10^{13} 年ほど，つまり 30 兆年もの年月を要することになります．宇宙が誕生してから現在までの時間はおよそ 138 億年といわれていることを考えると，途方もない年月です．

　$O(N^2)$ は，$O(2^N)$ などの指数時間アルゴリズムに比べると，比較的大きい N に対しても，現実的な計算時間で動作しますが，$N \ge 10^5$ の領域まで行くと処理に膨大な時間がかかるようになります．これに対して $O(N \log N)$ はとても大きな N に対しても現実的な計算時間で動作することがわかります．現実世界のさまざまな問題において，$O(N \log N)$ と $O(N^2)$ との違いが決定的に重要となる場面は数多くあります．たとえばサイズが 10^6 のデータに対し，$O(N^2)$ の計算量では標準的なコンピュータで 30 分程度の計算時間を要しますが，$O(N \log N)$ の計算量ではわずか 3 ミリ秒程度で計算を終えることができます．$O(N^2)$ のアルゴリズムを $O(N \log N)$ へと改善でき

る例として，12 章ではソートについて解説します.

また，今後 $O(1)$ という計算量も登場します. これは，問題の大きさに依存しない定数時間以内に処理が終了することを意味しています. このような計算量は**定数時間** (constant time) であるといいます. さて，$O(1)$ の計算量をもつ処理は理想的に速いものですが，データ型を雑に扱ってしまった結果 $O(N)$ となってしまい，想定より非常に遅くなってしまう場面をしばしば見かけます. たとえば Python でサイズが 10^5〜10^7 程度の list 型 [注11] の変数 S を用いているときに，

```
1   if v in S:
2       (処理)
```

というように実装してしまう場面をしばしば見かけます. このとき v が S に含まれているかどうかの判定に $O(N)$ の時間がかかってしまいます (8 章で詳しく解説します). この問題を回避するためには，8 章で解説する**ハッシュテーブル** (hash table) を用いる方法などが有効です. Python では list 型の代わりに set 型や dict 型を用います. S を set 型の変数として

```
1   if v in S:
2       (処理)
```

というように実装すれば，v が S に含まれているかどうかの判定に要する計算量は，(平均的に) $O(1)$ となります. S のサイズが大きくなるほど，list 型とするか set 型とするかによって大きな効率差が生じます. 以上のようなデータ型については，8 章で改めて詳しく扱います.

最後に，$O(2^N)$ といった指数時間アルゴリズムは蔑視されがちですが，適用したい場面において $N \leq 20$ であることが確定しているなど，サイズが小さい場合には十分有効です. そのような問題に対していたずらに高速なアルゴリズムを追求する必要はありません. 総じて，解きたい問題のサイズに応じて，実現すべき計算量のオーダーを見極めることが肝要です.

2.6 ● 計算量に関する注釈

計算量に関するいくつかの注意点を述べます.

注 11　8 章で解説しますが，Python の list 型は連結リストではなく，可変長配列であることには注意が必要です.

2.6.1 時間計算量と領域計算量

これまでに議論した計算量は，すべてアルゴリズムの計算時間に関するものでした．その旨を強調したい場合には，特に**時間計算量** (time complexity) とよびます．これに対し，アルゴリズム実行時のメモリ使用量を表す**領域計算量** (space complexity) という概念も，アルゴリズムの良し悪しを測る尺度として頻繁に用いられます．本書では単に計算量といった場合，時間計算量を指すものとします．

2.6.2 最悪時間計算量と平均時間計算量

アルゴリズムの実行時間は，入力データの偏りによっては計算が速く終了する場合もあれば遅く終了する場合もあります．最悪ケースにおける時間計算量を**最悪時間計算量** (worst case time complexity)，平均的なケースにおける時間計算量を**平均時間計算量** (average time complexity) とよびます．ここで平均時間計算量とは，正確には，入力データにある分布を仮定したときの，時間計算量の期待値を指します．12.5 節で解説する**クイックソート** (quick sort) のように，平均的には高速だが最悪時には遅いアルゴリズムもあります．本書では単に計算量という場合，最悪時間計算量を指すものとします．

2.7 ● ランダウの O 記法の詳細 (*)

本章の最後に，ランダウの O 記法の数学的な定義を説明し，それに関連して Ω 記法や Θ 記法[注12]についても解説します．

2.7.1 ランダウの O 記法

ランダウの O 記法

$T(N)$ と $P(N)$ をそれぞれ 0 以上の整数全体のなす集合の上で定義された関数とします．このとき，$T(N) = O(P(N))$ であるとは，ある正の実数 c と 0 以上の整数 N_0 が存在して，N_0 以上の任意の整数 N に対して

$$\left| \frac{T(N)}{P(N)} \right| \le c$$

が成り立つことをいいます．

注 12　Ω はオメガ，Θ はシータと読みます．

この定義に基づいて，計算時間が $T(N) = 3N^2 + 5N + 100$ で表される
アルゴリズムが，$O(N^2)$ というオーダーの計算量をもつことを確かめてみま
しょう．まず，

$$\frac{3N^2 + 5N + 100}{N^2} = 3 + \frac{5}{N} + \frac{100}{N^2}$$

となります．十分大きな整数 N に対しては $\frac{5}{N} + \frac{100}{N^2} \leq 1$ となりますので，

$$\frac{3N^2 + 5N + 100}{N^2} \leq 4$$

が成立します．よって，$T(N) = O(N^2)$ と表せることがわかりました．

なお，注意すべきこととして，$T(N) = 3N^2 + 5N + 100$ に対して
$T(N) = O(N^3)$ や $T(N) = O(N^{100})$ も成立しています．しかし $T(N) =
3N^2 + 8N + 100$ の値が N に応じて増加していくスピードを最も忠実に表
す関数が N^2 であることから，通常 $T(N) = O(N^2)$ と書きます．

2.7.2 Ω 記法

O 記法は「計算時間を上から抑えて評価する」という考え方でした．たと
えば $O(N^2)$ のアルゴリズムは $O(N^3)$ のアルゴリズムでもあります．本節
で紹介する Ω 記法は，逆に「計算時間を下から抑えて評価する」という考え
方です．

Ω 記法

　$T(N)$ と $P(N)$ をそれぞれ 0 以上の整数全体のなす集合の上で定義
された関数とします．このとき，$T(N) = \Omega(P(N))$ であるとは，ある
正の実数 c と 0 以上の整数 N_0 が存在して，N_0 以上の任意の整数 N
に対して

$$\left| \frac{T(N)}{P(N)} \right| \geq c$$

が成り立つことをいいます．

Ω 記法は，アルゴリズムの計算量の下界を評価するときなどに用いられます．
たとえば 12.7 節では，比較に基づいたソートアルゴリズムの計算量の下界が
$\Omega(N \log N)$ となることを示します．

2.7.3 Θ 記法

$T(N) = O(P(N))$ かつ $T(N) = \Omega(P(N))$ であることを $T(N) = \Theta(P(N))$ と書きます.これは,アルゴリズムの計算時間 $T(N)$ を「上からも下からも $P(N)$ の定数倍で抑えられる」ということで,漸近的にタイトな評価をしていることになります.

たとえば,2.3 節の「偶数の列挙」と 2.4 節の「最近点対問題」で示したアルゴリズムの計算量は,それぞれ $O(N)$, $O(N^2)$ であると述べましたが,これらは $\Theta(N)$, $\Theta(N^2)$ でもあります.ただし慣習として,計算量を Θ 記法で表すことができる場面であっても,O 記法を用いることが多々あります.本書でも,計算量を「上からも下からも抑えられること」を特に強調したい場面でない限りは O 記法を用いることにします.

2.8 ● まとめ

本章では,アルゴリズムの性能を評価する重要な指標である計算量について解説しました.実践的には,「定数倍や低次の項の影響を無視する」という性質のおかげで,for 文の反復回数を評価するなどの大雑把な方法で計算量を求めることができます.また,そのようにして求めた計算量は,実際にアルゴリズムの計算時間を評価するよい尺度になっています.

計算量は,最初のうちはつかみ所がない概念と感じられるかもしれませんが,今後すべての章で,アルゴリズムの計算量解析を行います.それらを通して慣れていきましょう.

● ● ● ● ● ● ● **章末問題** ● ● ● ● ● ● ●

2.1 以下の計算時間 (入力サイズは N) をランダウの O 記法を用いて示してください.(難易度★☆☆☆☆)

$$T_1(N) = 1000N$$
$$T_2(N) = 5N^2 + 10N + 7$$
$$T_3(N) = 4N^2 + 3N\sqrt{N}$$
$$T_4(N) = N\sqrt{N} + 5N\log N$$
$$T_5(N) = 2^N + N^{2019}$$

2.2 以下の手続きの計算量を求め，ランダウの O 記法を用いて表してください．なおこの手続きは，N 個のものから 3 個選ぶ方法をすべて列挙するものとなっています．（難易度★★☆☆☆）

```
1   for (int i = 0; i < N; ++i) {
2       for (int j = i + 1; j < N; ++j) {
3           for (int k = j + 1; k < N; ++k) {
4
5           }
6       }
7   }
```

2.3 以下の手続きの計算量を求め，ランダウの O 記法を用いて表してください．なおこの関数は，正の整数 N が素数かどうかを判定するものとなっています．（難易度★★★☆☆）

```
1   bool is_prime(int N) {
2       if (N <= 1) return false;
3       for (int p = 2; p * p <= N; ++p) {
4           if (n % p == 0) return false;
5       }
6       return true;
7   }
```

2.4 年齢当てゲームにおいて，A さんの年齢が 0 歳以上 2^k 歳未満のいずれかであったとき，二分探索法によって k 回で当てられることを確認してください．（難易度★★☆☆☆）

2.5 年齢当てゲームにおいて，A さんの年齢が 0 歳以上 N 歳未満のいずれかであったとき，二分探索法によって $O(\log N)$ 回で当てられることを示してください．（難易度★★★☆☆）

2.6 $1 + \frac{1}{2} + \cdots + \frac{1}{N} = O(\log N)$ が成立することを示してください．（難易度★★★☆☆）

第 **3** 章

設計技法(1)：
全探索

　本章から 7 章までは，アルゴリズムを設計するための技法について
解説します．これらの設計技法に習熟することが，本書の最大の狙い
です．8 章以降の話題に対しても，これらの設計技法を随所で活用し
ます．

　まず本章では，あらゆるアルゴリズムを設計するうえで重要な基礎
となる全探索について解説します．**全探索**とは，解きたい問題に対し
て，考えられる可能性をすべて調べ上げることによって解決する手法
です．高速なアルゴリズムを設計したい場面であっても，まず最初に
力任せの全探索手法を考えることがしばしば有効です．

3.1 ● 全探索を学ぶ意義

　世の中における多くの問題は，考えられる場合をすべて調べ上げることに
よって原理的には解決できます．たとえば，現在地から目的地まで最速でた
どり着く方法を求める問題は，原理的には，現在地から目的地へ到達する経
路をすべて調べ上げることで解決できます[注1]．将棋や囲碁の必勝法を求める
問題は，原理的には，考えられる局面と局面遷移をすべて調べ上げることで
解決できます[注2]．

　このように，解決したい問題に対してアルゴリズムを設計するとき，まず
は「どうしたらすべての場合を考慮しつくせるか」を検討することは大変有
効です．2.5 節の最後で述べたように，全探索すると指数時間を要する問題で

注 1　実際は，そのような経路数は交差点数に対して指数的に増大するため，すべて列挙して調べ上げること
　　　は難しく，より効率のよい方法が用いられます (14 章参照)．
注 2　実際は，将棋や囲碁の局面数は地球上に存在する原子の個数よりも多く，単純な全探索手法を用いると，
　　　現在のコンピュータでは現実的な時間では解析不可能です．また，他の効率よく解析できる手法も現在
　　　のところ知られていません．

あっても，サイズが小さい場合に対しては十分有効です．たとえば，3.5 節で紹介する部分和問題に対する全探索アルゴリズムは，ありうる場合の数が 2^N 通りあることから $O(N2^N)$ という指数時間の計算量を要しますが，$N \leq 20$ 程度であれば 1 秒以内に処理を終えることができます．さらにいえば，全探索アルゴリズムを考案することによって，解きたい問題の構造に対する深い理解を獲得できることがよくあります．それによって，結果的に高速なアルゴリズムの設計へと結び付くことは珍しくありません．本章ではそんな全探索手法を解説します．

3.2 ● 全探索 (1)：線形探索法

まずは，あらゆる探索問題の中でも最も簡単で一般的な「多量のデータの中から特定のデータを探し出す」という問題を扱います．データベースの中から特定のデータを探索する問題はありふれたものですし，日常生活においても，英単語を辞書で調べる行為などが該当します．そのような問題を以下のように定式化しておきます．

基本的な探索問題

N 個の整数 $a_0, a_1, \ldots, a_{N-1}$ と整数値 v が与えられます．$a_i = v$ となるデータが存在するかどうかを判定してください．

この問題に対する素朴なアプローチとして，**線形探索法** (linear search method) を解説します[注3]．線形探索法とは「1 つ 1 つの要素を順に調べていく」という探索法です．たとえば**図 3.1** は，数列 $a = (4, 3, 12, 7, 11)$ の中に値 $v = 7$ が含まれるかどうかを，線形探索法を用いて判定する手続きを表しています．線形探索法はこのように単純なものですが，すべての基礎となる重要なアルゴリズムですから，実装も含めて完璧に習得したいところです．

さて，$a_i = v$ となるデータが存在するかどうかを調べるための線形探索法の手続きは，コード 3.1 のように実装できます．for 文を用いて数列 a の各要素を順に調べています．このとき，exist という変数に「これまで調べた中に v があったか」という情報を保持しておくようにします．最初は false

---

注 3　多くの書籍では，このような問題に対して「線形探索法は効率が悪いことを示し，より効率のよい手法として二分探索法やハッシュ法を紹介する」という構成をとっています．本書でも二分探索法を用いた探索法を 6.1 節，ハッシュ法を用いた探索法を 8.6 節で解説します．ただし本書では，二分探索法やハッシュ法を，単なる「配列の探索」に関する手法としてとらえるだけでなく，より応用範囲の広い設計手法として解説する方針をとったために，多くの書籍と異なる構成としました．

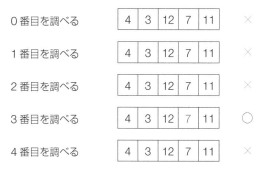

結果：7 がある

図 3.1　線形探索法の概念図

に初期化しておいて，v が見つかったら **true** にします．このように「所定のイベントに応じてオンオフを切り替える変数」のことを**フラグ** (flag) とよびます．

code 3.1　線形探索法

```cpp
#include <iostream>
#include <vector>
using namespace std;

int main() {
    // 入力を受け取る
    int N, v;
    cin >> N >> v;
    vector<int> a(N);
    for (int i = 0; i < N; ++i) cin >> a[i];

    // 線形探索
    bool exist = false; // 初期値は false に
    for (int i = 0; i < N; ++i) {
        if (a[i] == v) {
            exist = true; // 見つかったらフラグを立てる
        }
    }

    // 結果出力
    if (exist) cout << "Yes" << endl;
    else cout << "No" << endl;
}
```

さて，このアルゴリズムの計算量は N 個の値を順に調べているので $O(N)$ となります．

なお，コード 3.1 において，「探索中に v が見つかったら探索を打ち切って break する」という工夫が考えられます．条件を満たすものが早期に見つかった場合には計算が早く終了するメリットがあります．しかしこの工夫を施しても，計算量のオーダーという意味でのアルゴリズムの良さは変わりません．2.6 節で見たように，計算量は通常最悪ケースについて考えます．数列中に条件を満たすものが存在しない場合には，結局数列全体を探索することになりますので，最悪時間計算量は $O(N)$ で変わりません．

3.3 ● 線形探索法の応用

線形探索法の解説で登場したフラグ変数に関連する考え方をいくつか解説します．これらは今後，さまざまなアルゴリズムを実装するときに重要な基礎となります．

3.3.1 条件を満たすものがある場所も知る

数列の中に条件を満たすものがあるかどうかを判定するだけでなく，その場所を知ることも実用上大切です．つまり，$a_i = v$ を満たすデータが存在するかどうかを判定するだけではなく，$a_i = v$ を満たす添字 i を具体的に求めたい場合が多々あります．それはコード 3.2 のように，ほんの少しプログラムを修正するだけで実現できます．条件を満たす添字 i を見つけたら，それを found_id という変数に格納します．ここで 13 行目のように，found_id = -1; と，変数 found_id の初期値をありえない値に設定しておきます[注4]．これにより，変数 found_id 自体が「条件を満たすものがあったかどうか」を表すフラグ変数としての役割も果たすことができます．もし，線形探索を終了した時点で found_id == -1 となっていたならば，数列の中に条件を満たすものが存在しないことがわかります．

code 3.2 特定の要素の存在する「添字」も取得する

```
1   #include <iostream>
2   #include <vector>
3   using namespace std;
4
5   int main() {
```

注 4 −1 という値をマジックナンバーのように感じて抵抗感を抱く方もいるかもしれません．その場合は同じ意味をもつ定数を宣言しましょう．

```
6       // 入力を受け取る
7       int N, v;
8       cin >> N >> v;
9       vector<int> a(N);
10      for (int i = 0; i < N; ++i) cin >> a[i];
11
12      // 線形探索
13      int found_id = -1; // 初期値は -1 などありえない値に
14      for (int i = 0; i < N; ++i) {
15          if (a[i] == v) {
16              found_id = i; // 見つかったら添字を記録
17              break; // ループを抜ける
18          }
19      }
20
21      // 結果出力 (-1 のときは見つからなかったことを表す)
22      cout << found_id << endl;
23  }
```

3.3.2 最小値を求める

次に，数列の最小値を求める問題を取り上げます．これも同様にコード 3.3 によって実現できます．for 文による反復を行っている間，min_value という変数に，「これまでで最も小さい値」を保持するようにします．min_value よりも小さな値 a[i] が来たら，min_value の値を更新します．min_value の初期値は，問題に応じて無限大を表す定数 INF を適切に定め，その値に設定します[注5]．具体的には，a[i] の値として考えられる最大の値よりも大きな値に設定します．コード 3.3 では，a[i] の値は 20000000 未満であることが保証されているものとしています．

code 3.3 最小値を求める

```
1   #include <iostream>
2   #include <vector>
3   using namespace std;
4   const int INF = 20000000; // 十分大きな値に
5
6   int main() {
7       // 入力を受け取る
8       int N;
9       cin >> N;
```

注 5　この問題の場合は min_value = a[0]; と初期化することで，INF の値について悩む必要はなくなるのですが，登場しうる値の最大値を見積もることは実用上重要です．また，今回の場合は INF = INT_MAX という値に設定すればよさそうですが，INF に値を加算するケースもあり，そのような場合に INT_MAX を用いると，オーバーフローを引き起こすことに注意が必要です．

```
10        vector<int> a(N);
11        for (int i = 0; i < N; ++i) cin >> a[i];
12
13        // 線形探索
14        int min_value = INF;
15        for (int i = 0; i < N; ++i) {
16            if (a[i] < min_value) min_value = a[i];
17        }
18
19        // 結果出力
20        cout << min_value << endl;
21    }
```

3.4 ● 全探索 (2)：ペアの全探索

前節で扱った問題は「与えられたデータの中から特定のものを探す」という最も基本的な探索問題でした．少し発展した問題として，次のような問題が考えられます．

- 与えられたデータの中から最適なペアを探索する問題
- 与えられた 2 組のデータの中からそれぞれ要素を抜き出す方法を最適化する問題

このような問題は二重の for 文を用いることで解くことができます．2.7 節で登場した最近点対問題は，まさに前者の例となっていました．ここでは後者の例として，以下の問題を考えてみましょう．

ペア和の K 以上の中での最小値

N 個の整数 $a_0, a_1, \ldots, a_{N-1}$ と，N 個の整数 $b_0, b_1, \ldots, b_{N-1}$ が与えられます．2 組の整数列からそれぞれ 1 個ずつ整数を選んで和をとります．その和として考えられる値のうち，整数 K 以上の範囲内での最小値を求めてください．ただし，$a_i + b_j \geq K$ を満たすような (i, j) の組が少なくとも 1 つ以上存在するものとします．

たとえば $N = 3$, $K = 10$, $a = (8, 5, 4)$, $b = (4, 1, 9)$ のとき，a から 8，b から 4 を選んで $8 + 4 = 12$ とすると最小になります．この問題は

- $a_0, \ldots, a_{N-1}$ から a_i を選ぶ $(i = 0, \ldots, N-1)$

- $b_0, \ldots, b_{N-1}$ から b_j を選ぶ $(j = 0, \ldots, N-1)$

という方法をすべて調べ上げることで解くことができます．コード 3.4 のように実現できます．考えられる場合の数は N^2 通りですから，計算量は $O(N^2)$ となります．

なお，実はこの問題は二分探索法を用いることで，$O(N \log N)$ で解くこともできます．それについては 6.6 節で解説します．

code 3.4 ペア和の最小値を求める（K 以上の範囲）

```cpp
#include <iostream>
#include <vector>
using namespace std;
const int INF = 20000000; // 十分大きな値に

int main() {
    // 入力を受け取る
    int N, K;
    cin >> N >> K;
    vector<int> a(N), b(N);
    for (int i = 0; i < N; ++i) cin >> a[i];
    for (int i = 0; i < N; ++i) cin >> b[i];

    // 線形探索
    int min_value = INF;
    for (int i = 0; i < N; ++i) {
        for (int j = 0; j < N; ++j) {
            // 和が K 未満の場合は捨てる
            if (a[i] + b[j] < K) continue;

            // 最小値を更新
            if (a[i] + b[j] < min_value) {
                min_value = a[i] + b[j];
            }
        }
    }

    // 結果出力
    cout << min_value << endl;
}
```

3.5 ● 全探索 (3)：組合せの全探索 (*)

いよいよ本格的な探索問題として，以下の問題を考えてみましょう．

　N 個の正の整数 $a_0, a_1, \ldots, a_{N-1}$ と正の整数 W が与えられます. $a_0, a_1, \ldots, a_{N-1}$ の中から何個かの整数を選んで総和を W とすることができるかどうかを判定してください.

　たとえば $N = 5$, $W = 10$, $a = \{1, 2, 4, 5, 11\}$ の場合には, $a_0 + a_2 + a_3 = 1 + 4 + 5 = 10$ ですから "Yes" となります. $N = 4$, $W = 10$, $a = \{1, 5, 8, 11\}$ の場合には, a からどのように抜き出しても総和を 10 にできないことから "No" となります.

　N 個の整数からなる集合の部分集合は 2^N 通りあります. たとえば $N = 3$ の場合には, $\{a_0, a_1, a_2\}$ の部分集合は, $\emptyset$, $\{a_0\}$, $\{a_1\}$, $\{a_2\}$, $\{a_0, a_1\}$, $\{a_1, a_2\}$, $\{a_0, a_2\}$, $\{a_0, a_1, a_2\}$ の 8 通りがあります. これらを全探索する方法を考えましょう. ここでは, 整数の二進法表現とビット演算[注6]を用いる方法を紹介します. より汎用的な全探索方法としては, **再帰関数** (recursive function) を用いる方法も考えられますので, それについては 4.5 節で改めて扱います. 再帰関数を用いた全探索手法は, 5 章で解説する動的計画法にもつながるので大変重要です[注7].

　整数の二進法表現に戻りましょう. N 個の要素からなる集合 $\{a_0, a_1, \ldots, a_{N-1}\}$ の部分集合は, 整数の二進法表現を用いることで, 二進法で N 桁以下の値に対応付けることができます. たとえば $N = 8$ として, $\{a_0, a_1, a_2, a_3, a_4, a_5, a_6, a_7\}$ の部分集合 $\{a_0, a_2, a_3, a_6\}$ は, 二進法表現の整数値 01001101 (0 桁目, 2 桁目, 3 桁目, 6 桁目が 1) に対応付けることができます. また, 二進法表現で N 桁以下となる整数は, 通常の十進法で表すと 0 以上 2^N 未満の値となります. $N = 3$ の場合は**表 3.1** のようになります.

　部分和問題に戻りましょう. 部分和問題は, $\{a_0, a_1, \ldots, a_{N-1}\}$ の部分集合として考えられる 2^N 通りのものをすべて調べ上げることによって解くことができます. これらの部分集合は, 0 以上 2^N 未満の整数値に対応付けることができるのでした. したがって C++ では, int 型や unsigned int 型を用いて, 0 以上 2^N 未満の整数値として表すことができます[注8].

注 6　整数同士のビット演算は, 整数を二進法表現したときに各桁ごとにビット演算を行うことを表します. たとえば, 45, 25 を二進法で表すと, それぞれ 00101101, 00011001 となります. これらを各桁ごとに AND 演算を行うと, 00001001 となりますので, 45 AND 25 = 9 となることがわかります. また C++では, このような AND 演算を演算子&で表します.

注 7　5.4 節では, ナップサック問題に対する動的計画法を検討します. ナップサック問題は部分和問題を本質的に含む問題となっています.

注 8　std::bitset や std::vector<bool> を用いることも考えられます.

表 3.1　部分集合を整数の二進法表現に対応付ける

部分集合	二進法での値	十進法での値
$\emptyset$	000	0
$\{a_0\}$	001	1
$\{a_1\}$	010	2
$\{a_0, a_1\}$	011	3
$\{a_2\}$	100	4
$\{a_0, a_2\}$	101	5
$\{a_1, a_2\}$	110	6
$\{a_0, a_1, a_2\}$	111	7

次に，0 以上 2^N 未満の整数値 bit が与えられたときに，それに対応する部分集合を復元する方法を考えましょう．方針としては，各 $i = 0, 1, \ldots, N-1$ に対して，整数 bit の表す部分集合に i 番目の要素 a_i が含まれるかどうかを判定することとします．そのためには，整数 bit を二進法表現で表したときに，bit の i 桁目が 1 になっているかどうかを判定します．それは，コード 3.5 のように判定できます[注9]．

code 3.5　整数 bit の表す部分集合に i 番目の要素が含まれるかどうかを判定する

```
1  // bit の表す部分集合に i 番目の要素が含まれる場合
2  if (bit & (1 << i)) {
3
4  }
5  // 含まれない場合
6  else {
7
8  }
```

たとえば $N = 8$ として部分集合 $\{a_0, a_2, a_3, a_6\}$ に対応する整数 bit = 01001101 (二進法) を考えます．このとき $i = 0, 1, \ldots, N-1$ に対して，bit & (1 << i) の値を求めると**表 3.2** のようになります．「コード 3.5 によって，整数 bit で表される部分集合に i 番目の要素が含まれているかどうかを判定できること」が見てとれます[注10]．

以上のことを踏まえて，部分和問題に対する全探索解法は，コード 3.6 のように実装できます．まず，14 行目の (1 << N) は，整数値 2^N を表していま

注9　1 << i は，二進法表現で右から i 桁目 (最も右を 0 桁目とする) のみが 1 であるような値を表します．たとえば，1 << 4 は二進法表現では 10000 を表し，十進法での値は 16 となります．

注10　C++では，0 以外の整数値は true を表し，0 は false を表すことに注意しましょう．

表 3.2 部分集合 $\{a_0, a_2, a_3, a_6\}$ に i 番目の要素 a_i が含まれるかどうかを判定する

i	$1 << i$	bit & $(1 << i)$
0	00000001	01001101 & 00000001 = 00000001 (true)
1	00000010	01001101 & 00000010 = 00000000 (false)
2	00000100	01001101 & 00000100 = 00000100 (true)
3	00001000	01001101 & 00001000 = 00001000 (true)
4	00010000	01001101 & 00010000 = 00000000 (false)
5	00100000	01001101 & 00100000 = 00000000 (false)
6	01000000	01001101 & 01000000 = 01000000 (true)
7	10000000	01001101 & 10000000 = 00000000 (false)

す. つまり 14 行目の for 文は, 整数変数 bit が 0 以上 2^N 未満の整数値を順に走査することがわかります. これはサイズ N の集合 $\{a_0, a_1, \ldots, a_{N-1}\}$ の部分集合をすべて調べ上げることを意味しています. 次に 19 行目の bit & (1 << i) によって, 「i 番目の要素 a_i が, 整数 bit で表される集合に含まれるかどうか」を判定しています. したがって 16 行目で定義された変数 sum には, 「整数 bit で表される集合に含まれる値の総和」が格納されることになります. まとめると, コード 3.6 は, サイズ N の集合 $\{a_0, a_1, \ldots, a_{N-1}\}$ の部分集合すべてについて, その要素の総和が W に一致することがありうるかどうかを調べています.

最後に, コード 3.6 の計算量を評価します. このアルゴリズムは, 2^N 通りの場合について, 添字 i が $i = 0, 1, \ldots, N-1$ の範囲を動く (17 行目) ので, 計算量は $O(N2^N)$ となります. これは指数時間であり, けっして効率的とはいえません.

なお, 5 章で解説する動的計画法を用いると, 計算量を $O(NW)$ にできます. W の大きさ次第ですが, N に対しては線形時間となり, 劇的な高速化が達成できます.

code 3.6　部分和問題に対するビットを用いる全探索解法

```
1  #include <iostream>
2  #include <vector>
3  using namespace std;
4
5  int main() {
6      // 入力受け取り
7      int N, W;
8      cin >> N >> W;
9      vector<int> a(N);
10     for (int i = 0; i < N; ++i) cin >> a[i];
```

```
11
12        // bit は 2^N 通りの部分集合全体を動きます
13        bool exist = false;
14        for (int bit = 0; bit < (1 << N); ++bit)
15        {
16            int sum = 0; // 部分集合に含まれる要素の和
17            for (int i = 0; i < N; ++i) {
18                // i 番目の要素 a[i] が部分集合に含まれているかどうか
19                if (bit & (1 << i)) {
20                    sum += a[i];
21                }
22            }
23
24            // sum が W に一致するかどうか
25            if (sum == W) exist = true;
26        }
27
28        if (exist) cout << "Yes" << endl;
29        else cout << "No" << endl;
30    }
```

3.6 ● まとめ

　本章で解説した全探索手法は，解きたい問題に対して，考えられる可能性
をすべて調べ上げることによって解決する手法です．今後すべての基礎とな
る重要なものです．しかし，より複雑な対象を探索するためには，より高度
な探索技法が必要になります．まずは 4 章で解説する**再帰** (recursion) を習
得すると，複雑な対象に対しても明快な探索アルゴリズムを記述できるよう
になります．3.5 節で取り上げた部分和問題に対しても，再帰関数を用いた解
法を改めて解説します．

　さらに，10 章では**グラフ** (graph) という概念を解説します．グラフとは図

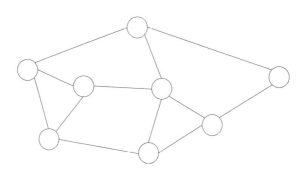

図 3.2　グラフの概念図

3.2 のように物事の関係性を**頂点** (vertex) と**辺** (edge) で表したものです．たとえば人の集団における友人関係は，人を頂点に対応させ，友人関係を辺に対応させることで，グラフと考えることができます．

物事をグラフとして表すことのメリットとしては，さまざまな問題をグラフ上の探索問題として扱えるようになり，見通しが大変よくなることが挙げられます．13 章以降で詳しく解説します．

● ● ● ● ● ● ● ● 章末問題 ● ● ● ● ● ● ● ●

3.1 N 個の整数 $a_0, \ldots, a_{N-1}$ から整数値 $a_i = v$ を満たす i を探す以下のコードについて考えます．これは，コード 3.2 において，`break` する処理を省略したものとなっています．もし条件を満たす i が複数通りあった場合には，変数 `found_id` には，そのうち i の値が最大のものが格納されることを確認してください．（難易度★☆☆☆☆）

```
1  int found_id = -1; // 初期値は -1 などありえない値に
2  for (int i = 0; i < N; ++i) {
3      if (a[i] == v) {
4          found_id = i; // 見つかったら添字を記録
5      }
6  }
```

3.2 N 個の整数 $a_0, a_1, \ldots, a_{N-1}$ のうち，整数値 v が何個含まれるかを求める $O(N)$ のアルゴリズムを設計してください．（難易度★☆☆☆☆）

3.3 $N (\geq 2)$ 個の相異なる整数 $a_0, a_1, \ldots, a_{N-1}$ が与えられます．このうち 2 番目に小さい値を求める $O(N)$ のアルゴリズムを設計してください．（難易度★★☆☆☆）

3.4 N 個の整数 $a_0, a_1, \ldots, a_{N-1}$ が与えられます．この中から 2 つ選んで差をとります．その差の最大値を求める $O(N)$ のアルゴリズムを設計してください．（難易度★★☆☆☆）

3.5 N 個の正の整数 $a_0, a_1, \ldots, a_{N-1}$ が与えられます．これらに対して「N 個の整数がすべて偶数ならば 2 で割った値に置き換える」という操作を，操作が行えなくなるまで繰り返します．何回の操作を行うことになるかを求めるアルゴリズムを設計してください．（出典: AtCoder Beginner Contest 081 B - Shift Only, 難易度★★☆☆☆）

3.6 2 つの正の整数 K, N が与えられます. $0 \le X, Y, Z \le K$ を満たす整数 (X, Y, Z) の組であって $X + Y + Z = N$ を満たすものが何通りあるかを求める $O(N^2)$ のアルゴリズムを設計してください.

(出典: AtCoder Beginner Contest 051 B - Sum of Three Integers, 難易度★★☆☆☆)

3.7 各桁の値が 1 以上 9 以下の数値のみである整数とみなせるような, 長さ N の文字列 S が与えられます. この文字列の中で, 文字と文字の間のうちのいくつかの場所に「+」を入れることができます. 1 つも入れなくてもかまいませんが, 「+」が連続してはいけません. このようにしてできるすべての文字列を数値とみなして, 総和を計算する $O(N2^N)$ のアルゴリズムを設計してください. たとえば $S =$ "125" のときは, $125, 1 + 25 \, (= 26), 12 + 5 \, (= 17), 1 + 2 + 5 \, (= 8)$ の総和をとって 176 となります.

(出典: AtCoder Beginner Contest 045 C - たくさんの数式, 難易度★★★☆☆)

第 **4** 章

設計技法(2)：
再帰と分割統治法

手続きの中で自分自身を呼び出すことを再帰呼び出しといいます．再帰は，今後ほとんどすべての章で用いられる重要なものです．再帰を用いることで，さまざまな問題に対して，簡潔かつ明快なアルゴリズムを記述できます．本章では再帰呼び出しの実例を通して，その考え方に慣れることを目指します．また，再帰を活用したアルゴリズム設計技法として，分割統治法の考え方を解説します．

4.1 ● 再帰とは

手続きの中で自分自身を呼び出すことを**再帰呼び出し** (recursive call) といいます．再帰呼び出しを行う関数のことを**再帰関数** (recursive function) といいます．しかし最初は，このように「自分自身を呼び出す」と抽象的にいわれてもイメージがつかめないかもしれません．そこで，最初に再帰関数の簡単な例を見て，再帰のイメージをつかむことにします．次のコード 4.1 について考えます．関数 func の内部で func を呼び出していることが見てとれます．これは，1 から N までの総和 $1 + 2 + \cdots + N$ を計算する関数となっています．

code 4.1 1 から N までの総和を計算する再帰関数

```
1  int func(int N) {
2      if (N == 0) return 0;
3      return N + func(N - 1);
4  }
```

この再帰関数 func に対して，具体的に func(5) を呼び出したときの挙動を

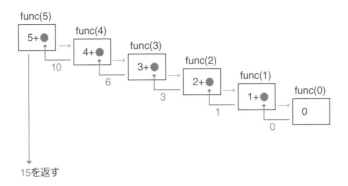

15を返す

図 4.1　再帰関数の概念図

詳しく見ていきましょう．その様子を**図 4.1** に示します．まず func(5) を
呼び出したとき，コード 4.1 の 2 行目の if 文の条件「N == 0」を満たさな
いので 3 行目に飛びます．3 行目は 5 + func(4) を計算して，それを返す
処理を行っています．つまり，func(5) = 5 + func(4) ということになり
ます．

　ここで func(4) を再帰的に呼び出すことになるので，次に func(4) につい
て考えます．func(4) においても 2 行目の if 文の条件を満たさないので 3 行
目に飛び，4 + func(3) を計算して，それを返す処理を行っています．つまり，
func(4) = 4 + func(3) ということになります．同様にして，func(3)，
func(2)，func(1) が順次再帰的に呼び出されて func(3) = 3 + func(2)，
func(2) = 2 + func(1)，func(1) = 1 + func(0) という関係が成り立
ちます．最後に func(0) が呼び出されたとき，ようやく 2 行目の if 文の条
件「N == 0」を満たし，func(0) は 0 を返します．以上をまとめると，

0. func(0) は 0 を返し，
1. func(1) は 1 + func(0) = 1 を返し，
2. func(2) は 2 + func(1) = 2 + 1 = 3 を返し，
3. func(3) は 3 + func(2) = 3 + 2 + 1 = 6 を返し，
4. func(4) は 4 + func(3) = 4 + 3 + 2 + 1 = 10 を返し，
5. func(5) は 5 + func(4) = 5 + 4 + 3 + 2 + 1 = 15 を返します．

最初に呼び出すのは func(5) ですが，最初に値を返すのは func(0) である
ことに注意しましょう．func(0) が値を返し，func(1) がそれを用いて値を
返し，func(2) がそれを用いて値を返し… と繰り返して，最後に func(5)
が最終的な値を返します．

以上の挙動を確かめるために，コード 4.2 を実行してみましょう．コード 4.2 では，再帰関数の途中の挙動を出力するために，N + func(N - 1) の値を変数 result に一度格納して，それを出力するようにしています．

code 4.2 1 から N までの総和を計算する再帰関数

```cpp
#include <iostream>
using namespace std;

int func(int N) {
    // 再帰関数を呼び出したことを報告する
    cout << "func(" << N << ") を呼び出しました" << endl;

    if (N == 0) return 0;

    // 再帰的に答えを求めて出力する
    int result = N + func(N - 1);
    cout << N << " までの和 = " << result << endl;

    return result;
}

int main() {
    func(5);
}
```

実行結果は以下のようになります．

```
func(5) を呼び出しました
func(4) を呼び出しました
func(3) を呼び出しました
func(2) を呼び出しました
func(1) を呼び出しました
func(0) を呼び出しました
1 までの和 = 1
2 までの和 = 3
3 までの和 = 6
4 までの和 = 10
5 までの和 = 15
```

ここで，再帰関数の構成要素について，整理してみましょう．再帰関数は多くの場合，以下のような形をしています．ここで，ベースケースとは，再帰関数の中で再帰呼び出しを行わずに return するケースのことを指します．

```
再帰関数のテンプレート
(戻り値の型) func(引数) {
    if (ベースケース) {
        return ベースケースに対する値;
    }

    // 再帰呼び出しを行います
    func(次の引数);
    return 答え;
}
```

先ほどの「$1 + \cdots + N$ を計算する再帰関数」の場合，$N = 0$ の場合がベースケースとなります．$N = 0$ の場合は再帰呼び出しを行わず，直接 0 を返しています．この「ベースケースに対する処理」がとても大切です．ベースケースの処理を行わないと，再帰呼び出しを無限に繰り返すことになります[注1]．

もう 1 つのポイントは，再帰呼び出しを行ったときの引数が，ベースケースに近付くようにすることです．たとえば似た関数としてコード 4.3 を見てみましょう．func(5) を呼び出したとき，再帰呼び出し時の引数が $6, 7, 8, \ldots$ と延々と増えてしまうことになります．

code 4.3　再帰呼び出しが止まらない再帰関数

```
1 │ int func(int N) {
2 │     if (N == 0) return 0;
3 │     return N + func(N + 1);
4 │ }
```

4.2 ● 再帰の例 (1)：ユークリッドの互除法

再帰関数を用いることで明快な記述ができるアルゴリズムの例として，**ユークリッド** (Euclid) **の互除法**を見ていきましょう．ユークリッドの互除法とは，2 つの整数 m, n の最大公約数 ($GCD(m, n)$ と書くことにします) を求めるアルゴリズムです．次の性質を活用します．

注 1　実際は，再帰関数の引数などが「スタック領域」とよばれる場所に格納されていきますので，再帰呼び出しを行うたびに，徐々にスタック領域をつぶしてメモリを消費していくことになります．したがって呼び出し回数が積み重なると，有限資源を用いている限りはいつかはスタックオーバーフローを起こします．

最大公約数の性質

m を n で割ったときのあまりを r とすると，

$$\mathrm{GCD}(m, n) = \mathrm{GCD}(n, r)$$

が成立します．

この性質を活用すると，以下の手続きによって，2 つの整数 m, n の最大公約数を求められることがわかります．この手続きがユークリッドの互除法とよばれているものです．

1. m を n で割ったときのあまりを r とします
2. $r = 0$ であれば，この時点での n が求める最大公約数であり，これを出力して手続きを終了します
3. $r \neq 0$ の場合には，$m \leftarrow n, n \leftarrow r$ として，1 に戻ります

たとえば $m = 51$ と $n = 15$ の最大公約数は，以下の流れで求められます．

- $51 = 15 \times 3 + 6$ ですので，$(51, 15)$ を $(15, 6)$ で置き換えます
- $15 = 6 \times 2 + 3$ ですので，$(15, 6)$ を $(6, 3)$ で置き換えます
- $6 = 3 \times 2$ と割り切れますので，最大公約数は 3 です

以上の手続きを再帰関数を用いて実現してみましょう．上記の「最大公約数の性質」で示した数式を，素直に実装すると，コード 4.4 のようになります．なお，ユークリッドの互除法の計算量は，$m \geq n > 0$ として，$O(\log n)$ となります．対数オーダーであり非常に高速であることがわかります．対数オーダーになることの証明は省略しますが，関心のある方は，たとえばブックガイド [9] の「整数論的アルゴリズム」の章を読んでみてください．

code 4.4　ユークリッドの互除法によって最大公約数を求める

```cpp
#include <iostream>
using namespace std;

int GCD(int m, int n) {
    // ベースケース
    if (n == 0) return m;

    // 再帰呼び出し
    return GCD(n, m % n);
```

```
10   }
11
12   int main() {
13       cout << GCD(51, 15) << endl; // 3 が出力される
14       cout << GCD(15, 51) << endl; // 3 が出力される
15   }
```

4.3 ● 再帰の例 (2) : フィボナッチ数列

これまでの再帰関数の例では，再帰関数中で再帰呼び出しを行うのは 1 回
だけでした．ここで，再帰関数内で再帰呼び出しを複数回行う例も見てみま
しょう．例として**フィボナッチ** (Fibonacci) **数列**を求める再帰関数を考えま
す．フィボナッチ数列は

- $F_0 = 0$
- $F_1 = 1$
- $F_N = F_{N-1} + F_{N-2}$ $(N = 2, 3, \dots)$

によって定義される数列です．$0, 1, 1, 2, 3, 5, 8, 13, 21, 34, 55, \dots$ と続いてい
きます．フィボナッチ数列の第 N 項 F_N を計算する再帰関数は，上記の漸
化式を参考に，コード 4.5 のように記述できます (ここでは，再帰関数の関数
名を fibo としています).

code 4.5　フィボナッチ数列を求める再帰関数
```
1   int fibo(int N) {
2       // ベースケース
3       if (N == 0) return 0;
4       else if (N == 1) return 1;
5
6       // 再帰呼び出し
7       return fibo(N - 1) + fibo(N - 2);
8   }
```

今回は，再帰関数の中で再帰呼び出しを 2 回行っていることから，再帰呼
び出しの流れは複雑なものになります．fibo(6) を呼び出したときの，関数
fibo の引数の流れを**図 4.2** に示します．このように再帰呼び出しの流れが
複雑になっていることを確かめるために，以下のコード 4.6 を実行してみま
しょう．再帰呼び出しが行われた瞬間と，再帰関数が値を返そうとする瞬間
を，それぞれ出力しています．

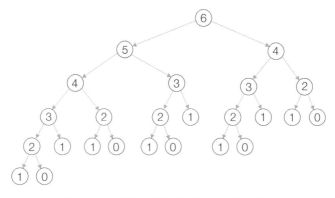

図 4.2　フィボナッチ数列を求める再帰呼び出し

code 4.6　フィボナッチ数列を求める再帰関数の再帰呼び出しの様子

```cpp
#include <iostream>
using namespace std;

int fibo(int N) {
    // 再帰関数を呼び出したことを報告する
    cout << "fibo(" << N << ") を呼び出しました" << endl;

    // ベースケース
    if (N == 0) return 0;
    else if (N == 1) return 1;

    // 再帰的に答えを求めて出力する
    int result = fibo(N - 1) + fibo(N - 2);
    cout << N << " 項目 = " << result << endl;

    return result;
}

int main() {
    fibo(6);
}
```

実行結果は以下のようになります.

```
fibo(6) を呼び出しました
fibo(5) を呼び出しました
fibo(4) を呼び出しました
fibo(3) を呼び出しました
fibo(2) を呼び出しました
```

```
fibo(1) を呼び出しました
fibo(0) を呼び出しました
2 項目 = 1
fibo(1) を呼び出しました
3 項目 = 2
fibo(2) を呼び出しました
fibo(1) を呼び出しました
fibo(0) を呼び出しました
2 項目 = 1
4 項目 = 3
fibo(3) を呼び出しました
fibo(2) を呼び出しました
fibo(1) を呼び出しました
fibo(0) を呼び出しました
2 項目 = 1
fibo(1) を呼び出しました
3 項目 = 2
5 項目 = 5
fibo(4) を呼び出しました
fibo(3) を呼び出しました
fibo(2) を呼び出しました
fibo(1) を呼び出しました
fibo(0) を呼び出しました
2 項目 = 1
fibo(1) を呼び出しました
3 項目 = 2
fibo(2) を呼び出しました
fibo(1) を呼び出しました
fibo(0) を呼び出しました
2 項目 = 1
4 項目 = 3
6 項目 = 8
```

4.4 ● メモ化して動的計画法へ

　実は，前節で紹介したフィボナッチ数列の N 項目を求める再帰関数は「同じ計算を何度も実行していて効率が極めて悪い」という問題を抱えています．

　図 4.2 を見ると，fibo(6) を計算するのに 25 回もの関数呼び出しを行っていることがわかります．25 回程度であればまだよいのですが，fibo(50) ともなると計算量が爆発してしまい，とても現実的な時間で答えを求めることができなくなってしまいます．詳細な解析は章末問題 4.3，4.4 に譲りますが，fibo(N) の計算に要する計算量は $O((\frac{1+\sqrt{5}}{2})^N)$ となります．N について指数的に計算時間が増大することがわかります．しかし一方では，フィボナッチ数列の計算は，コード 4.7 のように，$F_0 = 0, F_1 = 1$ から出発して「前

の 2 項を順々に足していく」というようにすれば簡単に計算できます.

code 4.7　フィボナッチ数列を for 文による反復で求める

```
1   #include <iostream>
2   #include <vector>
3   using namespace std;
4
5   int main() {
6       vector<long long> F(50);
7       F[0] = 0, F[1] = 1;
8       for (int N = 2; N < 50; ++N) {
9           F[N] = F[N - 1] + F[N - 2];
10          cout << N << " 項目: " << F[N] << endl;
11      }
12  }
```

このような for 文ループを用いた反復法により,フィボナッチ数列の N 項目を求めるまでに実施する足し算の回数はわずか $N - 1$ 回で済みます.再帰関数を用いた方法では指数時間 $(O((\frac{1+\sqrt{5}}{2})^N))$ を要するのに対し,for 文ループを用いた反復法では $O(N)$ の計算量となっています.

　なぜ再帰関数を用いたフィボナッチ数列の計算では,計算量が爆発してしまうのでしょうか.それは,たとえば**図 4.3** に示すような無駄があるからです.fibo(4) に限らず,fibo(3) の計算なども 3 回実施していることがわかります.このような無駄を省くためには「同じ引数に対する答えを**メモ化**する」という方法が有効です.具体的には

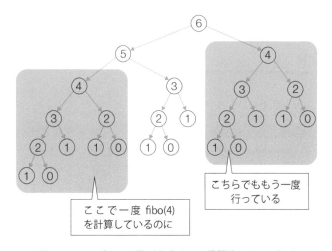

こちらでももう一度
行っている

ここで一度 fibo(4)
を計算しているのに

図 4.3　フィボナッチ数列を求める再帰関数における無駄

再帰関数の同じ計算をする無駄を省くためのメモ化

memo[v] ← fibo(v) の答えを格納 (未計算時は −1 を格納)

という配列を用意して，再帰関数の中で計算済みであれば再帰呼び出しを行わずにメモ化した値を直接返すようにします．いわゆる**キャッシュ**とよばれる考え方でもあり，大幅な高速化を達成できます．このメモ化を行うことで，計算量は $O(N)$ となります．これは for 文ループを用いた方法と同じ計算量です．具体的にはコード 4.8 のように実装できます 注2.

code 4.8 フィボナッチ数列を求める再帰関数をメモ化

```cpp
#include <iostream>
#include <vector>
using namespace std;

// fibo(N) の答えをメモ化する配列
vector<long long> memo;

long long fibo(int N) {
    // ベースケース
    if (N == 0) return 0;
    else if (N == 1) return 1;

    // メモをチェック (すでに計算済みならば答えをリターンする)
    if (memo[N] != -1) return memo[N];

    // 答えをメモ化しながら，再帰呼び出し
    return memo[N] = fibo(N - 1) + fibo(N - 2);
}

int main() {
    // メモ化用配列を -1 で初期化する
    memo.assign(50, -1);

    // fibo(49) をよびだす
    fibo(49);

    // memo[0], ..., memo[49] に答えが格納されている
    for (int N = 2; N < 50; ++N) {
```

注2　ここでは簡単のため，配列 memo をグローバル変数としていますが，実際はグローバル変数を乱用するのは好ましくないこととされています．対策として，たとえば配列 memo を再帰関数の参照引数とするなどの工夫を行うことが考えられます．

```
29          cout << N << " 項目: " << memo[N] << endl;
30      }
31  }
```

以上のメモ化は，**動的計画法** (dynamic programming) とよばれるフレームワークを再帰関数を用いて実現したものとみなすことができます．動的計画法は汎用的で強力なアルゴリズムです．5 章で詳しく解説します．

4.5 ● 再帰の例 (3)：再帰関数を用いる全探索

3 章では，あらゆるアルゴリズムの基礎として，全探索の重要性を強調しました．再帰関数を用いることで，複雑な対象に対しても明快な探索アルゴリズムを記述できるようになります．そのような問題例として，3.5 節でも解いた部分和問題を再び取り上げます．

4.5.1 部分和問題

部分和問題を以下に再掲します．

部分和問題 (再掲)

N 個の正の整数 $a_0, a_1, \ldots, a_{N-1}$ と正の整数 W が与えられます．$a_0, a_1, \ldots, a_{N-1}$ の中から何個かの整数を選んで総和を W とすることができるかどうかを判定してください．

3.5 節では「整数の二進法表現とビット演算」を用いた全探索アルゴリズムを設計しました．本節では，再帰関数を用いる全探索アルゴリズムを設計してみましょう．

部分和問題を解く再帰的アルゴリズムについて，最初に大まかなイメージをつかんでおきます．まず，以下の 2 つの場合に分けて考えます[注3]．

- a_{N-1} を選ばないとき
- a_{N-1} を選ぶとき

まず前者については，$a_0, a_1, \ldots, a_{N-1}$ から a_{N-1} を除いた残りの $N-1$ 個

注 3　ここでは，a_{N-1} を選ぶ場合と選ばない場合とに分けて考えていますが，a_0 を選ぶ場合と選ばない場合とに分けて考える方が自然だと感じられる方もいるでしょう．どちらで考えても解くことができますが，ここでは 5 章で学ぶ動的計画法とのつながりを意識して，a_{N-1} について場合分けすることとしました．

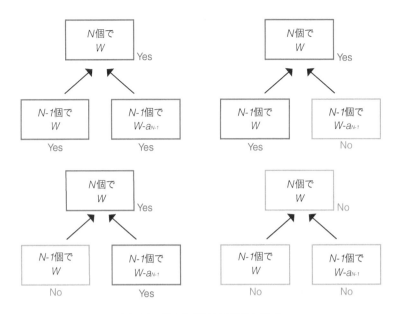

図 4.4　部分和問題を再帰的に解く

の整数から，何個かを選んで総和を W にできるかどうかを問う小問題に帰着
されます．後者についても同様に，$a_0, a_1, \ldots, a_{N-1}$ から a_{N-1} を除いた残
りの $N-1$ 個の整数から，何個かを選んで総和を $W - a_{N-1}$ にできるかど
うかを問う小問題に帰着されます．以上をまとめると，**図4.4** に示すように，

- $N-1$ 個の整数 $a_0, a_1, \ldots, a_{N-2}$ から W を作れるかどうか
- $N-1$ 個の整数 $a_0, a_1, \ldots, a_{N-2}$ から $W - a_{N-1}$ を作れるかどうか

という 2 つの小問題のうち，少なくとも一方が "Yes" であれば元の問題の
答えも "Yes" となり，両方とも "No" であれば元の問題の答えも "No" と
なります．

　こうして元の問題は，N 個の整数 $a_0, a_1, \ldots, a_{N-1}$ についての問題から，
$N-1$ 個の整数 $a_0, a_1, \ldots, a_{N-2}$ に関する 2 つの問題へと帰着されました．
以下同様にして，$N-1$ 個の整数についての問題を $N-2$ 個の整数について
の問題へと帰着し，それを $N-3$ 個の整数についての問題へと帰着し... と
再帰的に繰り返していきます．

　たとえば $N = 4$, $a = (3, 2, 6, 5)$, $W = 14$ という入力データに対しては，
図 4.5 のようにして再帰的に解くことができます．大元の問題「4 個の整数
を用いて 14 を作りたい」は，「3 個の整数を用いて 14 または 9 を作りたい」

図 4.5 部分和問題を再帰的に解く様子. 図中の各ノードについて, 上の数値は「何個の整数についての問題か」を表していて, 下の数値は「何の値を作りたいか」を表しています. 元の問題は「4 個の整数を用いて 14 を作りたい」というのを表していて, それが「3 個の整数を用いて 14 を作りたい」という小問題と「3 個の整数を用いて 9 を作りたい」という小問題とに分解できることを表しています.

という問題に帰着されます. そしてさらにこれは, 「2 個の整数を用いて 14, 8, 9, 3 のいずれかを作りたい」という問題に帰着されます. 最終的には, 「0 個の整数を用いて 14, 11, 12, 9, 8, 5, 6, 3, 9, 6, 7, 4, 3, 0, 1, -2 のいずれかを作りたい」という問題に行き着きます. 0 個の整数の総和は常に 0 であることから, これらの 16 個の整数の中に 0 が含まれていれば "Yes" であり, 0 が含まれていない場合には "No" であるということになります. 今回は 0 が含まれていますので, 元の問題の答えも "Yes" となります (**図 4.6**).

さて, いよいよ部分和問題を解く再帰的アルゴリズムを実装してみましょう. 再帰関数を次のように定義します.

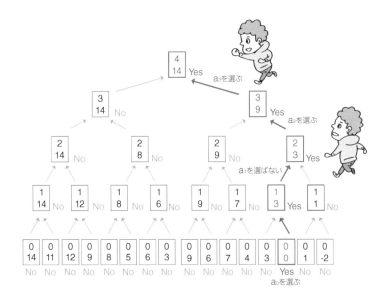

図 4.6 部分和問題のベースケースから答えが上がっていく様子. 具体的に「a_3 を選ぶ」「a_2 を選ぶ」「a_1 を選ばない」「a_0 を選ぶ」という選択をすることで, 選んだ整数の総和が W になることも見てとれます.

部分和問題を解く再帰関数

bool func(int i, int w) ← $a_0, a_1, \ldots, a_{N-1}$ のうちの最初の i 個 ($a_0, a_1, \ldots, a_{i-1}$) から何個か選んで, 総和を w にできるかどうかをブール値で返す関数

このとき, $\mathrm{func}(N, W)$ が最終的な答えとなります. 一般に, $\mathrm{func}(i, w)$ の値は, $\mathrm{func}(i-1, w)$ と $\mathrm{func}(i-1, w-a_{i-1})$ のうちのどちらかの値が true である場合に true となります. 最後に, ベースケースとして $\mathrm{func}(0, w)$ が呼び出された状態を考えます. これは「0 個の整数から w が作れるかどうか」という問題を表しています. 0 個の整数の総和は常に 0 ですので, $w = 0$ である場合には true を返し, それ以外の場合には false を返します. なお, ベースケースが呼び出される回数が最悪 2^N 回となることもわかります. それらのベースケースは, N 個の整数 $a_0, a_1, \ldots, a_{N-1}$ のそれぞれについて「選ぶ」「選ばない」という二択を繰り返す方法に対応しています. その方法が 2^N 通りあることから, ベースケースも最悪 2^N 通りとなります.

以上をまとめると，コード 4.9 のように実装できます．再帰関数 func の引数として，入力配列 a も与えています．また注意点として，$\text{func}(i, w)$ の処理において，もし $\text{func}(i-1, w)$ の値が true であったならば，$\text{func}(i-1, w-a_{i-1})$ の値を調べるまでもなく $\text{func}(i, w)$ が true であることが確定するため，その時点で true を返すようにしています (13 行目)．また，この再帰的アルゴリズムの計算量は $O(2^N)$ となります．その詳細は次節で解説します．

code 4.9 部分和問題を再帰関数を用いる全探索で解く

```cpp
#include <iostream>
#include <vector>
using namespace std;

bool func(int i, int w, const vector<int> &a) {
    // ベースケース
    if (i == 0) {
        if (w == 0) return true;
        else return false;
    }

    // a[i - 1] を選ばない場合
    if (func(i - 1, w, a)) return true;

    // a[i - 1] を選ぶ場合
    if (func(i - 1, w - a[i - 1], a)) return true;

    // どちらも false の場合は false
    return false;
}

int main() {
    // 入力
    int N, W;
    cin >> N >> W;
    vector<int> a(N);
    for (int i = 0; i < N; ++i) cin >> a[i];

    // 再帰的に解く
    if (func(N, W, a)) cout << "Yes" << endl;
    else cout << "No" << endl;
}
```

4.5.2　部分和問題に対する再帰的全探索の計算量 (*)

コード 4.9 の計算量を解析します．最悪ケースとして，答えが "No" であ

る場合，すなわち，2^N 通りの選択肢をすべて調べ上げる場合について考えます．このとき，再帰呼び出しの様子が図 4.5 のように表せることから，関数 func が呼び出される回数は

$$1 + 2 + 2^2 + \cdots + 2^N = 2^{N+1} - 1 = O(2^N)$$

となります．また，関数 func(i, w) の処理を注意深く観察すると，その中で再帰呼び出しを行っている部分以外の処理の計算量は定数とみなせることがわかります．よって全体の計算量は $O(2^N)$ となります．

4.5.3 部分和問題に対するメモ化 (*)

さて，部分和問題を解く再帰的全探索アルゴリズムは $O(2^N)$ の計算量を要することがわかりました．指数時間であり，けっして効率的とはいえません．しかし，実は，4.4 節で見たようなメモ化を行うことで $O(NW)$ の計算量に改善できます．章末問題 4.6 に挙げていますので，ぜひ考えてみてください．これも動的計画法とよばれる方法を再帰関数を用いて実現したものとみなすことができます．また，5.4 節では，部分和問題を本質的に含むナップサック問題に対して，動的計画法に基づく $O(NW)$ の計算量のアルゴリズムを示します．

4.6 ● 分割統治法

最後に，再帰を活用したアルゴリズム設計技法として，分割統治法の考え方を説明します．まず，4.5 節で見た，部分和問題に対する再帰を用いた解法を振り返ります．私たちは N 個の整数 $a_0, a_1, \ldots, a_{N-1}$ についての問題を，$N-1$ 個の整数 $a_0, a_1, \ldots, a_{N-2}$ に関する 2 つの小問題へと分解しました．同様に，$N-1$ 個の整数についての問題を $N-2$ 個の整数についての小問題へと帰着し，それを $N-3$ 個の整数についての小問題へと帰着し... と再帰的に繰り返していきました．このように，与えられた問題をいくつかの部分問題に分解し，各部分問題を再帰的に解き，それらの解を組合せて元の問題の解を構成するアルゴリズム技法を総称して，**分割統治法** (divide-and-conquer method) とよびます．

分割統治法は非常に基礎的な考え方であり，多くの場面で無意識的に用いられています．上述の「部分和問題に対する再帰を用いた $O(2^N)$ の計算量を要するアルゴリズム」も，分割統治法の適用事例の一種といえます．一方，分割統治法が真価を発揮するのは，すでに多項式時間アルゴリズムが得られ

ている問題に対して，より高速なアルゴリズムを設計するために，分割統治法が意識的に用いられる際だといえます．そのような例として，12.4 節では，$O(N^2)$ の計算量を要する単純なソートアルゴリズムに対して，分割統治法に基づくより高速なマージソートアルゴリズム (計算量は $O(N \log N)$) を設計します．

なお，分割統治法に基づくアルゴリズムの計算量を解析するときには，しばしば入力サイズ N に関する計算時間 $T(N)$ に関する漸化式を考えます．そのような計算量解析の方法論については，12.4.3 節で解説します．

4.7 ● まとめ

再帰は，今後ほとんどすべての章に登場する重要なものです．ぜひとも習熟しておきたいところです．

4.4 節では，フィボナッチ数列の第 N 項を求める再帰的アルゴリズムに対し，メモ化による高速化を行いました．この発想は**動的計画法**の一種ととらえることができます．動的計画法については 5 章で再び詳しく解説します．

さらに，再帰関数を用いる本来の目的である「問題をより小さな問題に分割して解く」という考え方に基づくフレームワークとして**分割統治法**の考え方を紹介しました．分割統治法を有効に適用する例として，12 章ではマージソートアルゴリズムについて解説し，その計算量を解析します．

● ● ● ● ● ● ● ● 　章末問題　● ● ● ● ● ● ● ●

4.1 **トリボナッチ数列**とは，

- $T_0 = 0$
- $T_1 = 0$
- $T_2 = 1$
- $T_N = T_{N-1} + T_{N-2} + T_{N-3}$ $(N = 3, 4, \dots)$

によって定義される数列です．$0, 0, 1, 1, 2, 4, 7, 13, 24, 44, \dots$ と続いていきます．トリボナッチ数列の第 N 項の値を求める再帰関数を設計してください．（難易度★☆☆☆☆）

4.2 問題 4.1 で設計した再帰関数をメモ化によって効率化してください. また, メモ化を実施後の計算量を評価してください. (難易度★★☆☆☆)

4.3 フィボナッチ数列の一般項が $F_N = \frac{1}{\sqrt{5}}\left(\left(\frac{1+\sqrt{5}}{2}\right)^N - \left(\frac{1-\sqrt{5}}{2}\right)^N\right)$ で表されることを示してください. (難易度★★★☆☆)

4.4 コード 4.5 で示したアルゴリズムの計算量が $O\left(\left(\frac{1+\sqrt{5}}{2}\right)^N\right)$ で与えられることを示してください. (難易度★★★☆☆)

4.5 十進法表記で各桁の値が $7, 5, 3$ のいずれかであり, かつ $7, 5, 3$ がいずれも一度以上は登場する整数を「753 数」とよぶこととします. 正の整数 K が与えられたときに, K 以下の 753 数が何個あるかを求めるアルゴリズムを設計してください. ただし K の桁数を d として $O(3^d)$ 程度の計算量を許容できるものとします.
(出典: AtCoder Beginner Contest 114 C - 755, 難易度★★★☆☆)

4.6 部分和問題に対する再帰関数を用いる計算量 $O(2^N)$ のコード 4.9 に対しメモ化して, $O(NW)$ の計算量で動作するようにしてください.
(難易度★★★☆☆, 本問題は 5 章で解説する動的計画法につながります.)

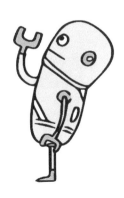

第 **5** 章

設計技法(3)：
動的計画法

　いよいよ，本書前半のメインともいえる動的計画法に入ります．動的計画法は非常に汎用性の高い手法であり，コンピュータ科学上の重要な問題から，世の中のさまざまな現場における最適化問題まで，広範囲の応用があります．動的計画法は非常に解法パターンが多く，特殊なテクニックも数多く知られています．しかし，1つ1つの構造をひも解くと，意外といくつかの定型的なパターンによって成り立っていることがわかります．本章では「習うより慣れろ」の精神で動的計画法の世界に踏み出してみましょう．

5.1 ● 動的計画法とは

　4.4 節や 4.5.3 節では，再帰関数を用いるアルゴリズムに対し，メモ化を行うことで効率化できることを示しました．これらは，**動的計画法** (dynamic programming, DP) を再帰関数を用いて実現したものとみなすことができます．しかし，再帰関数を用いる方法以外にも，動的計画法の実現方法にはさまざまなものがあります．

　このように，動的計画法は視点を変えることで多様な見方ができるため，「動的計画法とは何か」と一言で説明することは難しいことです．抽象的に述べると，与えられた問題全体を一連の部分問題に上手に分解し，各部分問題に対する解をメモ化しながら，小さな部分問題からより大きな部分問題へと順に解を求めていく手法といえます．このとき，考えられる無数の状態をいかに上手にまとめて部分問題を構成するかが肝となります．

　たとえば，4.5 節で扱った部分和問題を例にとって考えてみます．4.5 節では，N 個の整数 $a_0, a_1, \ldots, a_{N-1}$ に関する問題に対し，最初の i 個の整数

$a_0, a_1, \ldots, a_{i-1}$ に関する部分問題を考えました. そして, その部分問題を解く再帰関数 $\mathrm{func}(i, w)$ $(w = 0, 1, \ldots, W)$ を定義し, その解を $\mathrm{func}(i-1, w)$ $(w = 0, 1, \ldots, W)$ を用いて表しました. それによって $i = 0, 1, \ldots, N$ と順に解を構成できる状態にしました[注1]. 以上の一連の流れは動的計画法の考え方そのものですが, まだ他の問題に対してどのように適用できるかのイメージがわかないかもしれません. 本章では多数の例題を通して, 動的計画法に関するさまざまな考え方を有機的に結び付けることを試みます.

また, 動的計画法を用いて効率的に解くことのできる問題は, 以下のように数多くあります. 分野横断的に適用できることが大きな特長となっています. 「実問題を解決するための実践的なアルゴリズム設計技能の錬成」を目的とする本書においては, まさに中核を担うテーマといえるでしょう.

- ナップサック問題
- スケジューリング問題
- 発電計画問題
- 編集距離 (diff コマンド)
- 音声認識パターンマッチング問題
- 文章の分かち書き
- 隠れマルコフモデル

解決できる問題の幅が広いことの裏返しとして, 手法を適用するバリエーションが多彩で習得が難しいという事情があります. しかし, 動的計画法における「一連の部分問題への分解の仕方」という部分に着目すると, 知られているパターンはそれほど多くありません. 十分に練習を積みさえすれば, ほんの数パターンを意識するだけで, 多くの問題を解決できるようになるでしょう.

5.2 ● 動的計画法の例題

最初に簡単な例題を解くことによって, 動的計画法における諸概念を整理します. 出典は AtCoder Educational DP Contest の A 問題 (Frog1) です.

AtCoder Educational DP Contest A - Frog 1

図 5.1 のように N 個の足場があって, i $(= 0, 1, \ldots, N-1)$ 番目の

注1 高校数学における「漸化式」や「数学的帰納法」を思い出した方も多いかもしれません.

足場の高さは h_i で与えられます．最初 0 番目の足場にカエルがいて，以下のいずれかの行動を繰り返して $N-1$ 番目の足場を目指します．

- 足場 i から足場 $i+1$ へと移動する (コストは $|h_i - h_{i+1}|$)
- 足場 i から足場 $i+2$ へと移動する (コストは $|h_i - h_{i+2}|$)

カエルが $N-1$ 番目の足場にたどり着くまでに要するコストの総和の最小値を求めてください．

図 5.1　A 問題 (Frog 1)

　カエルは各ステップにおいて「次の足場にいく」「1 個飛ばした足場にいく」という 2 通りの選択肢を選んでいくことになります．

　具体例として，$N = 7$ で高さが $h = (2, 9, 4, 5, 1, 6, 10)$ の場合を考えてみます．ここで，「足場を移動する」という問題特有の事情を抽象化して，純粋に数学的な問題として考えてみましょう．**図 5.2** のように，足場を「丸」で表し，足場間の移動を「矢印」で表すことにします．また「矢印」には，足場間の移動に要するコストを「重み」として表記しています．たとえば，$N = 7, h = (2, 9, 4, 5, 1, 6, 10)$ のとき，足場 0 から足場 1 へと移動するコストは $|2 - 9| = 7$ となり，足場 0 から足場 2 へと移動するコストは $|2 - 4| = 2$ となります．

　なお，このように対象物の関係性を「丸」と「矢印」で表したものを**グラフ**

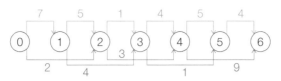

図 5.2 Frog 問題を表すグラフ

とよびます.「丸」のことを**頂点**とよび,「矢印」のことを**辺**とよびます.グ
ラフについては 10 章と 13 章以降で詳しく解説します.さて,グラフの言葉
で表すと,$N = 7$,$h = (2, 9, 4, 5, 1, 6, 10)$ の場合の Frog 問題は,以下のよ
うにとらえ直すことができます.

> **Frog 問題をグラフの問題としてとらえ直す**
>
> 図 5.2 のグラフにおいて,頂点 0 から頂点 6 まで辺をたどっていく
> 方法のうち,たどった各辺の重みの総和の最小値を求めてください.

このように,解きたい問題を,グラフの問題として定式化し直すことに
よって,見通しよく扱うことができるようになります.さて,カエルが頂点
$0, 1, 2, 3, \ldots, 6$ に到達するまでの最小コストをそれぞれ順に求めてみましょ
う.最終的には,頂点 6 にたどり着くまでの最小コストを求めたいのですが,
いきなり頂点 6 へいたる方法を考えるとよくわかりません.そこで,頂点
$0, 1, 2, \ldots$ への最小コストを順に考えていきます.そしてそれらを,**図 5.3**
のような配列 dp にメモ化していくことにします.まず,頂点 0 はスタート
地点ですから,コストは 0 になります.よって dp[0] = 0 です.

図 5.3 DP 初期条件

次に頂点 1 にたどり着くまでの最小コストを考えます.頂点 1 にたどり着
く方法は,**図 5.4** に示すように「頂点 0 から行く」という方法しかありませ
ん.そのコストは $0 + 7 = 7$ になります.よって dp[1] = 7 です.

次に頂点 2 にたどり着く最小コストを考えます.頂点 2 にたどり着くため

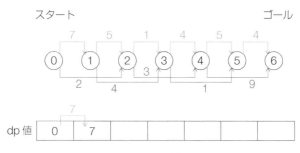

図 5.4 頂点 1 にたどり着く最小コスト

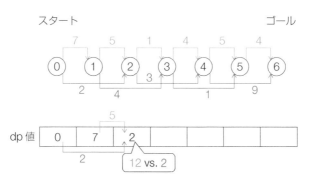

図 5.5 頂点 2 にたどり着く最小コスト

の直前の状態を場合分けすると，次の 2 パターンがあることがわかります．

- 頂点 1 から右隣の頂点 2 へ移動する方法
- 頂点 0 から 1 つ飛ばしで頂点 2 へ移動する方法

前者の方法を用いると最小コストは $dp[1] + 5 = 12$ となります．後者の方法を用いると最小コストは $dp[0] + 2 = 2$ となります．このうち後者の方が小さいので，$dp[2] = 2$ (**図 5.5**) となります．

次に，頂点 3 にたどり着く最小コストを考えます．やはり直前の状態を場合分けすると，以下の 2 パターンがあります．

- 頂点 2 から右隣の頂点 3 へ移動する方法
- 頂点 1 から 1 つ飛ばしで頂点 3 へ移動する方法

前者の最小コストは $dp[2] + 1 = 3$，後者の最小コストは $dp[1] + 4 = 11$ となります．このうち前者の方が小さいので $dp[3] = 3$ となります．

この調子で，同様のプロセスを頂点 4, 5, 6 に対して順に実施すると，

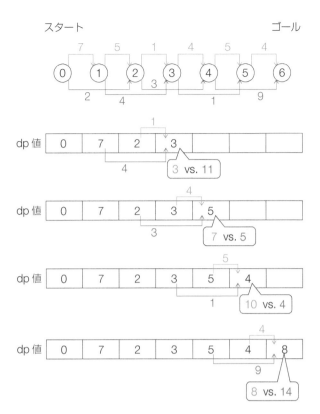

図 5.6　頂点 3, 4, 5, 6 にたどり着く最小コスト

dp[4] = 5, dp[5] = 4 となり, 最終的には dp[6] = 8 であることがわかりました (**図 5.6**). 以上の処理は, コード 5.1 のように実装できます. 各頂点に対して定数時間の処理を実施していますので, 計算量は $O(N)$ となります.

code 5.1　Frog 問題を動的計画法で解く

```
1  #include <iostream>
2  #include <vector>
3  using namespace std;
4  const long long INF = 1LL << 60; // 十分大きい値とする（ここでは 2^60）
5
6  int main() {
7      // 入力
8      int N;
9      cin >> N;
10     vector<long long> h(N);
11     for (int i = 0; i < N; ++i) cin >> h[i];
12
```

```
13        // 配列 dp を定義（配列全体を無限大を表す値に初期化）
14        vector<long long> dp(N, INF);
15
16        // 初期条件
17        dp[0] = 0;
18
19        // ループ
20        for (int i = 1; i < N; ++i) {
21            if (i == 1) dp[i] = abs(h[i] - h[i - 1]);
22            else dp[i] = min(dp[i - 1] + abs(h[i] - h[i - 1]),
23                             dp[i - 2] + abs(h[i] - h[i - 2]));
24        }
25
26        // 答え
27        cout << dp[N - 1] << endl;
28    }
```

　以上の流れでポイントとなった点を整理します．今回は，「頂点 i にいたる最小コストを求める」という「大きな」問題を，

- 頂点 $i-1$ にいたる最小コストを求める (頂点 $i-1$ から i へ移動する場合)
- 頂点 $i-2$ にいたる最小コストを求める (頂点 $i-2$ から i へ移動する場合)

という 2 つの「小さな」部分問題に分解しました．前者の最小コストを求める過程は $dp[i-1]$ という値に集約されていて，後者の最小コストを求める過程は $dp[i-2]$ という値に集約されています．ここで，たとえば前者については，「頂点 $i-1$ にたどり着く方法は無数にあるが，そのうちコストが最小のものだけを考えればよい」という点がポイントとなります．つまり，もし，頂点 i へいたる最小コストの経路 P が存在して，P の直前の移動が「頂点 $i-1$ から頂点 i への移動」であるならば，経路 P のうち頂点 $i-1$ までの部分についても，最小コストを達成している必要があります．このように「元の問題の最適性を考えるときに，小さな部分問題についても最適性が要請される」という構造を，**部分構造最適性** (optimal substructure) とよびます．このような構造を利用して各部分問題に対する最適値を順に決定していく手法を**動的計画法** (dynamic programming, DP) とよびます．部分構造最適性は「まとめられる処理をまとめることで同じ計算を行わないようにして高速化する」という動的計画法の考え方を表すものとなっています．

5.3 ● 動的計画法に関連する諸概念

次に，動的計画法に関する諸概念を整理します．

5.3.1　緩和

まず，動的計画法の中核概念でもある**緩和** (relaxation) という考え方を紹介します．なお，「緩和」の意味については，14 章で改めて詳しく解説します．本章においては，以下に述べるように，配列 dp の各値が徐々に小さい値へと更新されていくイメージを抱くことができれば十分です．

さて，先ほどの動的計画法を実装したコード 5.1 において，頂点 3 に関する dp 値を更新する様子を細かく分解すると次のようになっています (**図 5.7**)．

- まず，dp[3] の値を INF (∞ を表す量) に初期化しておきます．
- 「頂点 2 から移動してきた場合」を考慮したコスト dp[2] + 1(= 3) を，dp[3](= ∞) と比べます．dp[2] + 1(= 3) の方が小さいので，dp[3] の値を ∞ から 3 に更新します．
- 「頂点 1 から移動してきた場合」を考慮したコスト dp[1] + 4(= 11) を，dp[3](= 3) と比べます．dp[3](= 3) の方が小さいので，dp[3] の値を更新せずに 3 のままにします．

たとえるなら，dp[3] は「現時点で考えられる最小値」という「チャンピオン」を保持していて，dp[2] + 1 や dp[1] + 4 といった「挑戦者」と戦うイメージです．挑戦者の方がチャンピオンよりも小さな値をもてば，dp[3] の

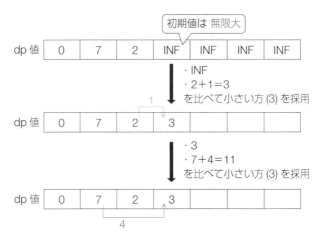

図 5.7　頂点 3 に対する更新の様子を分解する

値は挑戦者の値に更新されます．このような処理を実装するためには，コード 5.2 の関数 chmin を用いると簡便です [注2]．関数の第 1 引数 a は先ほどの比喩におけるチャンピオンを表しており，第 2 引数 b は挑戦者を表しています．また，a や b としては整数型や浮動小数点型など，さまざまな型をとりうることを考慮して，**テンプレート関数**としています．

code 5.2 緩和処理を実現するための関数 chmin

```
1  template<class T> void chmin(T& a, T b) {
2      if (a > b) {
3          a = b;
4      }
5  }
```

この関数 chmin を用いると，先ほどの dp[3] の値を更新する処理は

- $dp[3] \leftarrow \infty$ と初期化
- $\mathrm{chmin}(dp[3], dp[2] + 1)$
- $\mathrm{chmin}(dp[3], dp[1] + 4)$

というように，簡潔に書くことができます．一般に，グラフ上で頂点 u から頂点 v へと遷移する辺があって，その遷移のコストを c と表したときに，

$$\mathrm{chmin}(dp[v], dp[u] + c)$$

とする処理を，その辺に関する**緩和** (relaxation) といいます．なお，関数 chmin の第 1 引数を**参照型**としていることに注意しましょう．これによって，$\mathrm{chmin}(dp[v], dp[u] + c)$ を実行したときに，更新時には $dp[v]$ の値が書き換わることになります [注3]．

それでは Frog 問題に対して，「緩和」を意識して動的計画法を実装してみましょう．コード 5.3 のように実装できます [注4]．各頂点に対して定数時間の処理を実施していますので，計算量は $O(N)$ となります．

注 2　chmin は choose minimum の略です．

注 3　参照について聞いたことのない方もいるかもしれません．その場合には，たとえば AtCoder 上で C++ を学べる教材 APG4b の「参照」の項を読んでみてください．

注 4　29 行目の if(i > 1) によるチェックは，配列 dp が配列外参照を起こさないようにするために入れています．$i = 1$ のとき，dp[i-2] の添字の値が -1 になることに注意しましょう．

code 5.3 Frog 問題を「緩和」を意識した動的計画法で解く

```cpp
#include <iostream>
#include <vector>
using namespace std;

template<class T> void chmin(T& a, T b) {
    if (a > b) {
        a = b;
    }
}

const long long INF = 1LL << 60; // 十分大きい値とする（ここでは 2^60）

int main() {
    // 入力
    int N;
    cin >> N;
    vector<long long> h(N);
    for (int i = 0; i < N; ++i) cin >> h[i];

    // 初期化（最小化問題なので INF に初期化）
    vector<long long> dp(N, INF);

    // 初期条件
    dp[0] = 0;

    // ループ
    for (int i = 1; i < N; ++i) {
        chmin(dp[i], dp[i - 1] + abs(h[i] - h[i - 1]));
        if (i > 1) {
            chmin(dp[i], dp[i - 2] + abs(h[i] - h[i - 2]));
        }
    }

    // 答え
    cout << dp[N - 1] << endl;
}
```

5.3.2 貰う遷移形式と配る遷移形式

さらに別解として，動的計画法の緩和の仕方を少し変えた実装をしてみましょう．ここまでの緩和処理は，**図 5.8** 左に示すように，「頂点 i に対して向かってくる遷移を考える」という形式（英語で pull-based，ここでは**貰う遷移形式**とよぶことにします）で考えていました．これに対して，図 5.8 右のように「頂点 i から伸びていく遷移を考える」という形式（英語で push-based，

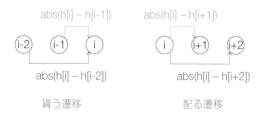

abs(h[i] − h[i-1])　　　abs(h[i] − h[i+1])

abs(h[i] − h[i-2])　　　　abs(h[i] − h[i+2])

貰う遷移　　　　　　　配る遷移

図 5.8　貰う遷移形式と配る遷移形式

ここでは**配る遷移形式**とよぶことにします) で考えることもできます. 貰う遷移形式は, $\mathrm{dp}[i-2]$ や $\mathrm{dp}[i-1]$ の値が確定しているときに $\mathrm{dp}[i]$ の値を更新する考え方でしたが, 配る遷移形式は, $\mathrm{dp}[i]$ の値が確定しているときにその値を用いて $\mathrm{dp}[i+1]$ や $\mathrm{dp}[i+2]$ の値を更新する考え方です. 配る遷移形式を用いて動的計画法を実装するとコード 5.4 のように書けます. 計算量は貰う遷移形式で記述した場合と同じく $O(N)$ となります.

code 5.4　Frog 問題を「配る遷移形式」で解く

```
1   #include <iostream>
2   #include <vector>
3   using namespace std;
4
5   template<class T> void chmin(T& a, T b) {
6       if (a > b) {
7           a = b;
8       }
9   }
10
11  const long long INF = 1LL << 60; // 十分大きい値とする（ここでは 2^60）
12
13  int main() {
14      // 入力
15      int N;
16      cin >> N;
17      vector<long long> h(N);
18      for (int i = 0; i < N; ++i) cin >> h[i];
19
20      // 初期化（最小化問題なので INF に初期化）
21      vector<long long> dp(N, INF);
22
23      // 初期条件
24      dp[0] = 0;
25
26      // ループ
27      for (int i = 0; i < N; ++i) {
```

```
28        if (i + 1 < N) {
29            chmin(dp[i + 1], dp[i] + abs(h[i] - h[i + 1]));
30        }
31        if (i + 2 < N) {
32            chmin(dp[i + 2], dp[i] + abs(h[i] - h[i + 2]));
33        }
34    }
35
36    // 答え
37    cout << dp[N - 1] << endl;
38 }
```

5.3.3 貰う遷移形式と配る遷移形式の比較

ここまで，貰う遷移形式と配る遷移形式の両方について見ていきました．いずれの場合も，図 5.2 (63 ページ) のようなグラフのすべての辺に対して，緩和処理を 1 回ずつ行っていることになります．貰う遷移形式と配る遷移形式は，緩和する辺の順序のみが異なります．いずれの形式においても重要なことは以下になります．

緩和処理の順序のポイント

　頂点 u から頂点 v へと遷移する辺に関する緩和処理を成立させるためには，$dp[u]$ の値が確定していることが必要です．

---

14 章では，より一般的なグラフに関する最短路問題を扱います．そこで解説するベルマン・フォード法やダイクストラ法では，いかにして，この前提条件を満たす状態にもっていけるかがポイントになります．

5.3.4 全探索のメモ化としての動的計画法

　ここまで検討した Frog 問題について，さらにもう 1 つの考え方を解説します．動的計画法はしばしば，単純な全探索アルゴリズムを設計すると指数時間となるような問題に対しても，多項式時間アルゴリズムを導けるような強力な道具となっています．実際 Frog 問題においても，図 5.2 (63 ページ) のようなグラフにおいて，頂点 0 から頂点 $N - 1$ へといたる経路としてありうるものの本数は，指数オーダーです [注5]．では，これらの経路について全

注 5　大雑把な解析を行うならば，ステップごとに 2 通りの選択肢があるので，全体で 2^N 通り程度の経路がありそうです．もう少しきちんと解析を行うと，フィボナッチ数列の一般項を求める問題となり，$O((\frac{1+\sqrt{5}}{2})^N)$ 通りとなることがわかります．

探索を行う方針で Frog 問題を解いてみましょう．4 章で解説した再帰関数を用いて，コード 5.5 のように実装できます[注6]．

code 5.5　Frog 問題に対する，再帰関数を用いる単純な全探索

```
 1 | // rec(i): 足場 0 から足場 i までいたるまでの最小コスト
 2 | long long rec(int i) {
 3 |     // 足場 0 のコストは 0
 4 |     if (i == 0) return 0;
 5 |
 6 |     // 答えを格納する変数を INF に初期化する
 7 |     long long res = INF;
 8 |
 9 |     // 頂点 i - 1 から来た場合
10 |     chmin(res, rec(i - 1) + abs(h[i] - h[i - 1]));
11 |
12 |     // 頂点 i - 2 から来た場合
13 |     if (i > 1) chmin(res, rec(i - 2) + abs(h[i] - h[i - 2]));
14 |
15 |     // 答えを返す
16 |     return res;
17 | }
```

　この再帰関数を用いて，rec(N - 1) を呼び出すことで，最小コストを求めることができます．しかしこのままでは指数時間アルゴリズムであり，途方もない計算時間がかかってしまいます．そのようになってしまう原因は，4.4 節で示したような，「フィボナッチ数列を求める再帰関数において，同じ計算を何度も行っている無駄があること」とまったく同じです（**図 5.9**）．この問題に対する対策も 4.4 節ですでに示しました．以下のメモ化を実施する方法が有効です．

再帰関数のメモ化

　rec(i) が一度呼び出されてその答えがわかったならば，その時点で答えをメモ化しておきます．

　なお，このようにメモ化を施した再帰を**メモ化再帰**とよぶことがあります．メモ化再帰を用いると，Frog 問題はコード 5.6 のように解くことができます．ここで，メモ化に用いる配列名を dp としています．また計算量は，貰う遷移形式や配る遷移形式と同じく $O(N)$ となります．

注 6　再帰関数名に用いている rec は，recursive function の略です．

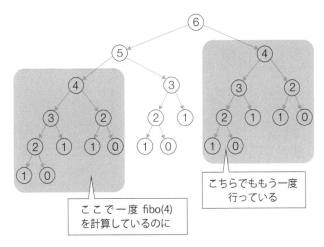

図 5.9　フィボナッチ数列を求める再帰関数における無駄 (再掲)

code 5.6　Frog 問題を「メモ化再帰」で解く

```
1    #include <iostream>
2    #include <vector>
3    using namespace std;
4
5    template<class T> void chmin(T& a, T b) {
6        if (a > b) {
7            a = b;
8        }
9    }
10
11   const long long INF = 1LL << 60; // 十分大きい値とする（ここでは 2^60）
12
13   // 入力データと，メモ用の DP テーブル
14   int N;
15   vector<long long> h;
16   vector<long long> dp;
17
18   long long rec(int i) {
19       // DP の値が更新されていたらそのままリターン
20       if (dp[i] < INF) return dp[i];
21
22       // ベースケース: 足場 0 のコストは 0
23       if (i == 0) return 0;
24
25       // 答えを表す変数を INF で初期化する
26       long long res = INF;
27
28       // 足場 i - 1 から来た場合
```

```
29        chmin(res, rec(i - 1) + abs(h[i] - h[i - 1]));
30
31        // 足場 i - 2 から来た場合
32        if (i > 1) chmin(res, rec(i - 2) + abs(h[i] - h[i - 2]));
33
34        // 結果をメモ化しながら返す
35        return dp[i] = res;
36    }
37
38    int main() {
39        // 入力受け取り
40        cin >> N;
41        h.resize(N);
42        for (int i = 0; i < N; ++i) cin >> h[i];
43
44        // 初期化 (最小化問題なので INF に初期化)
45        dp.assign(N, INF);
46
47        // 答え
48        cout << rec(N - 1) << endl;
49    }
```

　ここで，コード 5.6 において，再帰関数 rec 中で再帰呼び出しを行っている部分を抽出してみます．

- chmin(res, rec(i - 1) + abs(h[i] - h[i - 1]));
- chmin(res, rec(i - 2) + abs(h[i] - h[i - 2]));

これらを，コード 5.3 で示した動的計画法 (貰う遷移形式バージョン) における緩和処理と比較してみましょう．変数 res を dp[i] で置き換えて，rec(i - 1), rec(i - 2) をそれぞれ dp[i - 1], dp[i - 2] で置き換えると，実はまったく同じ緩和処理を行っていることがわかります．以上から，メモ化再帰は，動的計画法を再帰関数を用いて実現したものとみなせることがわかりました．

　ここで，メモ化再帰におけるメモ化用配列 dp のもつ意味について振り返りましょう．配列 dp は「再帰関数による全探索を行って得られた結果」をメモ化したものです．つまり dp[i] という値には，足場 0 から足場 i までの探索結果が濃縮してまとめられていることがわかります．これによって，「探索過程のうちまとめられるところはまとめ，同じ計算を二度行わないようにする」という工夫を実現し，大幅な高速化を達成できていることになります．このような「探索過程をまとめる」という考え方は，まさに動的計画法そのものです．

5.4 ● 動的計画法の例 (1)：ナップサック問題

本節では，いよいよ動的計画法の入門において必ずといってよいほど登場する**ナップサック問題**について考えます．注意点としては，実際にナップサック問題を解こうとするときには，動的計画法以外にもさまざまな解決の選択肢があることを意識することが重要です．たとえば 18 章では，ナップサック問題に対して分枝限定法に基づいた解法や，貪欲法に基づいた近似解法も考えます．

さて，ナップサック問題は，3.5 節 (組合せ全探索) や 4.5 節 (再帰関数を用いる全探索とそのメモ化) で繰り返し解説してきた部分和問題によく似ています．

ナップサック問題

N 個の品物があり，$i(= 0, 1, \ldots, N-1)$ 番目の品物の重さは weight_i，価値は value_i で与えられます．

この N 個の品物から，重さの総和が W を超えないように，いくつか選びます．選んだ品物の価値の総和として考えられる最大値を求めてください (ただし，W や weight_i は 0 以上の整数とします)．

動的計画法で解決できる問題のうち，かなり多くのものは，以下のことを意識しながら部分問題を構成して，部分問題同士の遷移関係を考察することで解くことができます．このようなパターンは，4.5 節で解説した「再帰関数を用いる全探索」においても意識したことでした．

動的計画法の部分問題の作り方の基本パターン

N 個の対象物 $\{0, 1, \ldots, N-1\}$ に関する問題に対して，最初の i 個の対象物 $\{0, 1, \ldots, i-1\}$ に関する問題を部分問題として考えます．

先ほどの Frog 問題も，N 個の足場の問題に対して，最初の i 個の足場に関する問題を部分問題と考えて解きました．そして Frog 問題では，各足場にカエルがいるときに「1 個先の足場に移動する」と「2 個先の足場に移動する」という 2 通りの選択肢がありました．今回のナップサック問題でも，

$0, 1, \ldots, i-1$ 番目の品物からいくつか選んだ後に，i 番目の品物を「選ぶ」「選ばない」という 2 通りの選択肢があります．このような，「各段階においていくつかの選択肢が存在する」という状況は，動的計画法を有効に適用できそうだということを示しています．まずは試しに，動的計画法の部分問題を次のように切り出してみます．

$\mathrm{dp}[i] \leftarrow$ 最初の i 個の品物 $\{0, 1, \ldots, i-1\}$ までの中から重さが W を超えないように選んだときの，価値の総和の最大値

しかしこのままでは，部分問題間の遷移を作ることができず詰まってしまいます．$\mathrm{dp}[i]$ から $\mathrm{dp}[i+1]$ への遷移を考えるとき，品物 i を選ぶか選ばないかの 2 通りの選択肢を検討することになりますが，品物 i を加えることにしたときに，重さの合計が W を超えてしまうかどうかがわかりません．この問題を解決するために，動的計画法の部分問題 (テーブル) の定義を以下のように変更します．

ナップサック問題に対する動的計画法

$\mathrm{dp}[i][w] \leftarrow$ 最初の i 個の品物 $\{0, 1, \ldots, i-1\}$ までの中から重さが w を超えないように選んだときの，価値の総和の最大値

このように，考案したテーブル設計でうまく遷移が作れなかった場合に，添字を付け加えることで遷移が成立するようにする作業をしばしば行います．添字を付け加える作業は，選択肢をまとめ上げる粒度を細かくすることに対応しています．そもそも動的計画法とは，考えられる場合をグループごとにまとめるイメージの手法です．グループの個数とグループ間の遷移の個数が最終的な計算量になります．したがって，グループへのまとめ上げの粒度をできるだけ大きくしたいのですが，大きすぎると遷移が作れなくなる傾向があります．グループ間の遷移をきちんと作れる程度に，ギリギリの粒度を突き詰めることが動的計画法の醍醐味といえるでしょう．ナップサック問題の場合，元々の選択肢は全部で $O(2^N)$ 通りありますが，それを $O(NW)$ 個のグループにまとめ上げられることになります．

さて，いよいよナップサック問題に対する動的計画法の詳細を考えます．まず初期条件は，品物がまったくない状態では重さも価値も 0 であることから，

$$\mathrm{dp}[0][w] = 0 \quad (w = 0, 1, \ldots, W)$$

となります．そして dp[i][w] ($w = 0, 1, \dots, W$) の値が求まっている状態で，dp[$i+1$][w] ($w = 0, 1, \dots, W$) を求めていくことを考えます．場合分けして考えてみましょう．5.3.1 節では関数 chmin を定義しましたが，ナップサック問題は最大化問題なので，大小関係を入れ替えた関数 chmax を用います．

i 番目の品物を選ぶとき：

選んだ後に ($i+1, w$) の状態になるならば，選ぶ前は ($i, w - \text{weight}[i]$) の状態であり，その状態に価値 value[i] が加わるので

chmax(dp[i+1][w], dp[i][w - weight[i]] + value[i])

となります（ただし w - weight[i] >= 0 の場合のみ）．

i 番目の品物を選ばないとき：

選ばないならば，重さも価値も特に変化しないので，

chmax(dp[i+1][w], dp[i][w])

となります．

以上の遷移を順に緩和していくことで，配列 dp の各マスの値を順に求めていきます．コード 5.7 のように実装できます．具体例として，品物が 6 個で $(\text{weight}, \text{value}) = \{(2,3), (1,2), (3,6), (2,1), (1,3), (5,85)\}$ の場合の緩和の様子を**図 5.10** に示します．たとえば

- 図 5.10 の赤マスについては「選ぶ」という選択をした方が価値が高い
- 図 5.10 の青マスについては「選ばない」という選択をした方が価値が高い

という様子が見てとれます．最後に，以上のアルゴリズムの計算量を求めます．部分問題の個数が $O(NW)$ だけあり，それぞれの部分問題に関する緩和処理は $O(1)$ で実施できますので，全体で $O(NW)$ となります．

i/w	0	1	2	3	4	5	6	7	8	9	10	11	12	13	14	15
0	0	0	0	0	0	0	0	0	0	0	0	0	0	0	0	0
1	0	0	3	3	3	3	3	3	3	3	3	3	3	3	3	3
2	0	2	3	5	5	5	5	5	5	5	5	5	5	5	5	5
3	0	2	3	6	8	9	11	11	11	11	11	11	11	11	11	11
4	0	2	3	6	8	9	11	12	12	12	12	12	12	12	12	12
5	0	3	5	6	9	11	12	14	14	15	15	15	15	15	15	15
6	0	3	6	9	85	88	90	91	94	96	97	99	99	100	100

図 5.10　ナップサック問題に対する動的計画法テーブルの更新の様子

code 5.7　ナップサック問題に対する動的計画法

```
1   #include <iostream>
2   #include <vector>
3   using namespace std;
4
5   template<class T> void chmax(T& a, T b) {
6       if (a < b) {
7           a = b;
8       }
9   }
10
11  int main() {
12      // 入力
13      int N; long long W;
14      cin >> N >> W;
15      vector<long long> weight(N), value(N);
16      for (int i = 0; i < N; ++i) cin >> weight[i] >> value[i];
17
18      // DP テーブル定義
19      vector<vector<long long>> dp(N + 1, vector<long long>(W + 1,
            0));
20
21      // DP ループ
22      for (int i = 0; i < N; ++i) {
23          for (int w = 0; w <= W; ++w) {
24              // i 番目の品物を選ぶ場合
25              if (w - weight[i] >= 0) {
26                  chmax(dp[i + 1][w], dp[i][w - weight[i]] + value[i
                        ]);
27              }
28
29              // i 番目の品物を選ばない場合
30              chmax(dp[i + 1][w], dp[i][w]);
31          }
32      }
33
34      // 最適値の出力
35      cout << dp[N][W] << endl;
36  }
```

5.5 ● 動的計画法の例 (2)：編集距離

　ここまで扱ってきた問題は，「N 個の対象物に関する問題に対して最初の i 個に関する問題を部分問題として，i を進めながら更新していく」というタイプの動的計画法で解きました．本節ではこのような問題の発展形として，系

列が複数あって，系列に沿って進んでいく添字も複数あるような動的計画法を見ていきましょう.

具体例として，**編集距離** (edit distance) について考えます. 編集距離は 2 つの文字列 S, T の類似度を測るものです. 一般に，2 つの系列の類似度を測る問題は，以下のような多種多様な応用があり重要です.

- diff コマンド
- スペルチェッカー
- 空間認識，画像認識，音声認識などにおけるパターンマッチング
- バイオインフォマティクス (2 つの DNA 間の類似度を測るなどの用途に用いられ，**系列アラインメント** (sequence alignment) ともよばれます)

さて，たとえば $S =$ "bag" と $T =$ "big" については，真ん中の文字 ('a' と 'i') のみが異なるので，類似度は 1 であると考えることができます. 他の例として，$S =$ "kodansha" と $T =$ "danshari" については，S から先頭 2 文字 "ko" を削除して，末尾に "ri" と 2 文字分を付け加えると T に一致するので，類似度は $2 + 2 = 4$ であると考えることができます. 以上のような観察に基づいて，次の最適化問題を考えてみましょう.

編集距離

2 つの文字列 S, T が与えられます. S に以下の 3 通りの操作を繰り返し施すことで T に変換したいものとします. そのような一連の操作のうち，操作回数の最小値を求めてください. なお，この最小値を S と T との編集距離とよびます.

- 変更：S 中の文字を 1 つ選んで任意の文字に変更する
- 削除：S 中の文字を 1 つ選んで削除する
- 挿入：S の好きな箇所に好きな文字を 1 文字挿入する

やや非自明な例として，$S =$ "logistic" と $T =$ "algorithm" について考えると，**図 5.11** のように編集距離は 6 となります[注7].

最初に，以下の 2 つの操作が等価であることに着目します.

- S の好きな箇所に好きな文字を 1 文字挿入する

注 7 2 つの文字列 S, T の長さが異なっていても，編集距離が定義できることに注意しましょう.

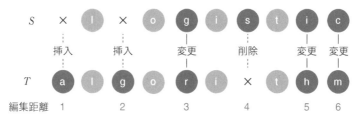

図 5.11 S = "logistic" と T = "algorithm" との編集距離

● T の文字を 1 つ選んで削除する

よって「S の好きな箇所に好きな文字を 1 文字挿入する」という挿入操作は「T の文字を 1 つ選んで削除する」という操作に置き換えて考えることができます.

さて,編集距離を求める問題は,ナップサック問題などに比べると系列が複数になっていますが,類似のアルゴリズムによって解くことができます.動的計画法の部分問題 (テーブル) を以下のように定義してみましょう.

編集距離を求める動的計画法

$\mathrm{dp}[i][j] \leftarrow S$ の最初の i 文字分と,T の最初の j 文字分との間の編集距離

まず初期条件は,$\mathrm{dp}[0][0] = 0$ となります.これは,「S の最初の 0 文字分」と「T の最初の 0 文字分」とがともに空の文字列を表しており,空の文字列同士は特に変更操作を実施することなく一致していることからわかります.

次に遷移を考えます.S の最初の i 文字分と T の最初の j 文字分とで,それぞれの最後の 1 文字[注8] をどのように対応付けしたかで「場合分け」を行います.

変更操作 (S の i 文字目と T の j 文字目とを対応させる):

$S[i-1] = T[j-1]$ のとき: コストを増やさずに済みますので
chmin(dp[i][j], dp[i-1][j-1]) です.

$S[i-1] \neq T[j-1]$ のとき: 変更操作が必要ですので

注 8 「S の最初の i 文字分の最後の 1 文字」は,C++プログラム上では S[i-1] となることに注意しましょう (先頭の文字を S[0] とするため).

`chmin(dp[i][j], dp[i-1][j-1] + 1)` です.

削除操作 (S の i 文字目を削除):

S の i 文字目を削除する操作を行いますので
`chmin(dp[i][j], dp[i-1][j] + 1)` です.

挿入操作 (T の j 文字目を削除):

T の j 文字目を削除する操作を行いますので
`chmin(dp[i][j], dp[i][j-1] + 1)` です.

以上の遷移式を用いた緩和処理を実装すると,コード 5.8 のように実装できます.また,$S =$ "logistic" と $T =$ "algorithm" の例について,緩和処理の様子を**図 5.12** に示します.今回の編集距離を求める問題は,図 5.12 に示したグラフにおいて,左上の頂点から右下の頂点へといたる最短路長を求める問題とみなせることがわかります.

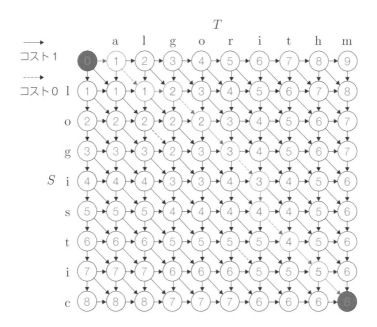

図 5.12 編集距離を求める動的計画法の遷移の様子.頂点間を結ぶ矢印のうち,実線は遷移コストが 1 であることを表し,点線は遷移コストが 0 であることを表します.赤く示した経路が最小コストを実現する方法を示しています.右への移動は S への文字の「挿入」を意味し,下への移動は S の文字の「削除」を表します.また右下への移動のうちコスト 1 の部分は S の文字の「変更」を表します.

このアルゴリズムの計算量は $O(|S||T|)$ となります.なお,コード 5.8 では,配列 dp の添字が負の値とならないように,if (i > 0) といった if 文を挿入するなどの注意を払っています.

code 5.8　編集距離を動的計画法を用いて求める

```cpp
#include <iostream>
#include <string>
#include <vector>
using namespace std;

template<class T> void chmin(T& a, T b) {
    if (a > b) {
        a = b;
    }
}

const int INF = 1 << 29; // 十分大きな値（ここでは 2^29 とする）

int main() {
    // 入力
    string S, T;
    cin >> S >> T;

    // DP テーブル定義
    vector<vector<int>> dp(S.size() + 1, vector<int>(T.size() + 1,
        INF));

    // DP 初期条件
    dp[0][0] = 0;

    // DP ループ
    for (int i = 0; i <= S.size(); ++i) {
        for (int j = 0; j <= T.size(); ++j) {
            // 変更操作
            if (i > 0 && j > 0) {
                if (S[i - 1] == T[j - 1]) {
                    chmin(dp[i][j], dp[i - 1][j - 1]);
                }
                else {
                    chmin(dp[i][j], dp[i - 1][j - 1] + 1);
                }
            }

            // 削除操作
            if (i > 0) chmin(dp[i][j], dp[i - 1][j] + 1);

            // 挿入操作
```

```
42              if (j > 0) chmin(dp[i][j], dp[i][j - 1] + 1);
43          }
44      }
45
46      // 答えの出力
47      cout << dp[S.size()][T.size()] << endl;
48  }
```

　編集距離は,「長さの異なる系列の類似度をどのように考えたらよいか」という問いに対する 1 つの指針を示すものです. 一般に, 長さの異なる 2 系列間の類似度を求めるときには, **図 5.13** のように, それぞれの何番目と何番目とを対応付けるかを最適化する (左側) か, それぞれの要素同士を順序を保ちながらマッチさせる方法を最適化する (右側) という考え方がよくとられます. いずれも動的計画法によって最適化できます. 編集距離は, 左側の考え方によるものでした. 右側のような最適化問題は, **最小コスト弾性マッチング問題**ともよばれ, 音声認識などで用いられます. 最小コスト弾性マッチング問題を動的計画法で解く方法については, たとえばブックガイド [1] の「動的計画法」の章を読んでみてください.

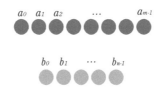

類似度を測定するときの考え方

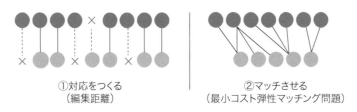

①対応をつくる
（編集距離）

②マッチさせる
（最小コスト弾性マッチング問題）

図 5.13　長さの異なる 2 系列間の類似度を測定するときの考え方

5.6 ● 動的計画法の例 (3)：区間分割の仕方を最適化

　最後に,「1 列に並んだ N 個の対象物を区間に分割する方法を最適化する

最適な分割を求める

図 5.14　N 個の対象物を各区間に分割する問題のイメージ

問題」を考えてみましょう (**図 5.14**). 前節の編集距離を求める問題と同様
に, 区間分割の仕方を最適化する問題も, 以下のような多種多様な応用が考
えられます.

- 分かち書き
- 発電計画問題 (電源を on/off するタイミングを最適化します)
- 区間最小二乗法 (区分線形関数でフィッティングします)
- 各種スケジューリング問題

ここで, 分かち書きは,

僕は君を愛している

といった文章を

僕 / は / 君 / を / 愛し / て / いる

というように, 単語ごとに区切る作業を指します. 本節では, このような「区
間分割の仕方」を最適化する問題を考えます.

　区間分割の仕方を最適化する問題を考える前に, まず, 区間の表し方につ
いて考えます. **図 5.15** のように, N 個の要素 $a_0, a_1, \ldots, a_{N-1}$ が 1 列に並
んでいるとき, それらの要素の「両端」と「隙間」は合計で $N+1$ 箇所あ
ります. それらに対して左から順に $0, 1, \ldots, N$ と番号を振ります. 区間は,
これらの番号から 2 つ選ぶ方法に対応します. そこで, 区間の左端に相当す
る番号を l, 右端に相当する番号を r として, この区間を $[l, r)$ と表すことに
します. このとき, 区間 $[l, r)$ に含まれる要素は $a_l, a_{l+1}, \ldots, a_{r-1}$ の $r-l$
個になります. a_r は区間 $[l, r)$ には含まれないことに注意してください[注9].

注 9　要素列の区間を $[l, r)$ と表すとき, 左側が閉区間 (a_l が区間に含まれる) であり, 右側が開区間 (a_r
が区間に含まれない) であることを意識しています. このように区間の左側を閉区間, 右側を開区間とす

$N = 10$ の場合

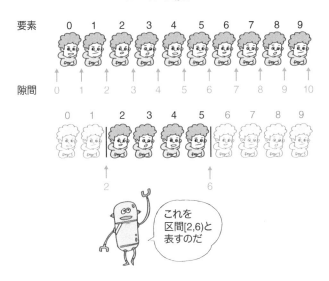

図 5.15　区間の表し方

　それではいよいよ，区間分割の仕方を最適化する問題を抽象化して，以下の問題を考えてみましょう．

区間分割の仕方を最適化する問題

　N 個の要素が 1 列に並んでいて，これをいくつかの区間に分割したいものとします．各区間 $[l, r)$ にはスコア $c_{l,r}$ が付いているとします．

　K を N 以下の正の整数として，$K + 1$ 個の整数 $t_0, t_1, \ldots, t_K$ を $0 = t_0 < t_1 < \ldots t_K = N$ を満たすようにとったとき，区間分割 $[t_0, t_1)$, $[t_1, t_2), \ldots, [t_{K-1}, t_K)$ のスコアを

$$c_{t_0, t_1} + c_{t_1, t_2} + \cdots + c_{t_{K-1}, t_K}$$

によって定義します．N 要素の区間分割の仕方をすべて考えたときの，考えられるスコアの最小値を求めてください．

る形式は，C++ や Python などの標準ライブラリでも広く採用されています．たとえば，Python の list のスライス機能を用いて，a=[0,1,2,3,4] の 1 番目の要素 (1) と 2 番目の要素 (2) を取り出すときには a[1:2] ではなく a[1:3] と書きます.

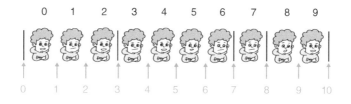

スコア：$c_{0,3} + c_{3,7} + c_{7,8} + c_{8,10}$

図 5.16　区間分割のスコア

たとえば，**図5.16** のように，

- $N = 10$
- $K = 4$
- $t = (0, 3, 7, 8, 10)$

とした場合のスコアは $c_{0,3} + c_{3,7} + c_{7,8} + c_{8,10}$ となります．

さて，この問題を解くにあたって，動的計画法の部分問題の切り出し方そのものは，いままでと特に大きな違いはありません．

> **区間を分割していく動的計画法**
>
> $\mathrm{dp}[i] \leftarrow$ 区間 $[0, i)$ について，いくつかの区間に分割する最小コスト

とします．まず初期条件は $\mathrm{dp}[0] = 0$ となります．次に，緩和について考えます．区間 $[0, i)$ を分割する方法のうち，最後に区切る場所がどこであったかで場合分けします（**図5.17**）．最後に区切る位置が $j (= 0, 1, \ldots, i-1)$ で

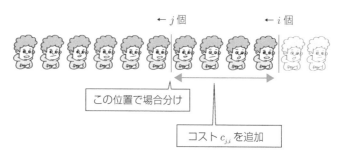

図 5.17　区間を分割していく動的計画法の遷移の考え方

あったとき，区間 $[0, i)$ の分割は，「区間 $[0, j)$ の分割に対して新たに区間 $[j, i)$ を追加したもの」とみなすことができます．よって，緩和式は以下のように表すことができます．

```
chmin(dp[i], dp[j] + c[j][i])
```

以上をまとめて，コード 5.9 のように実装できます．なお，このアルゴリズムの計算量については注意が必要です．これまでの動的計画法の計算量は，配列 dp のサイズがそのまま計算量になりました．しかし今回は，配列サイズは $O(N)$ ですが，それぞれについて $O(N)$ 回の緩和処理を行うので，全体で $O(N^2)$ の計算量となります．このように，動的計画法の計算量は，配列 dp のサイズだけでなく，緩和処理の対象となる遷移の個数にも依存することに注意が必要です．

code 5.9 区間ごとに分割する方法を最適化する

```cpp
#include <iostream>
#include <vector>
using namespace std;

template<class T> void chmin(T& a, T b) {
    if (a > b) {
        a = b;
    }
}

const long long INF = 1LL << 60; // 十分大きな値（ここでは 2^60）

int main() {
    // 入力
    int N;
    cin >> N;
    vector<vector<long long>> c(N + 1, vector<long long>(N + 1));
    for (int i = 0; i < N + 1; ++i) {
        for (int j = 0; j < N + 1; ++j) {
            cin >> c[i][j];
        }
    }

    // DP テーブル定義
    vector<long long> dp(N + 1, INF);

    // DP 初期条件
    dp[0] = 0;

    // DP ループ
```

```
31      for (int i = 0; i <= N; ++i) {
32          for (int j = 0; j < i; ++j) {
33              chmin(dp[i], dp[j] + c[j][i]);
34          }
35      }
36
37      // 答えの出力
38      cout << dp[N] << endl;
39  }
```

5.7 ● まとめ

動的計画法は多くの問題に対して有効な手法です．今日までに考案されてきたテクニックやパターンは多岐にわたりますので，習得は容易ではないと思われがちです．しかし，動的計画法のテーブルの設計パターンに着目すると，知られているパターンは意外と少ないことがわかります．本章で紹介したものは多少の差異はありますが，すべて「N 個の対象物に関する問題に対し，最初の i 個に関する問題を部分問題とする」というパターンのものでした．もちろんこのパターンに当てはまらないものも多々ありますが (たとえば章末問題 5.9)，このパターンに習熟するだけでも，驚くほど多くの問題を解決できるようになります．

そして結局は「習うより慣れろ」の精神でさまざまな問題を解くことが重要です．やがて固有の問題に対して，大局的なパターンと，その問題に固有の事情とに分解して考えられるようになっていきます．

● ● ● ● ● ● ● 章末問題 ● ● ● ● ● ● ●

5.1 N 日間の夏休みがあり，i 日目に海で泳ぐ幸福度は a_i，虫捕りする幸福度は b_i，宿題をする幸福度は c_i で与えられるとします．それぞれの日について，これらの 3 つの行動のうちのいずれかを行います．ただし 2 日連続で同じ行動はしないものとします．N 日間の幸福度の最大値を $O(N)$ で求めるアルゴリズムを設計してください．(出典: AtCoder Educational DP Contest C - Vacation, 難易度★★☆☆☆)

5.2 N 個の正の整数 $a_0, a_1, \ldots, a_{N-1}$ からいくつか選んで総和を所望の整数 W に一致させることができるかどうかを判定する問題を $O(NW)$ で解くアルゴリズムを設計してください. (**部分和問題** (3.5 節, 4.5 節), 難易度★★☆☆☆)

5.3 N 個の正の整数 $a_0, a_1, \ldots, a_{N-1}$ と正の整数 W が与えられます. この中からいくつか選んで総和をとって得られる 1 以上 W 以下の整数が何通りあるかを $O(NW)$ で求めるアルゴリズムを設計してください. (出典: AtCoder Typical DP Contest A - コンテスト, 難易度★★☆☆☆)

5.4 N 個の正の整数 $a_0, a_1, \ldots, a_{N-1}$ と正の整数 W が与えられます. N 個の整数から k 個以下の整数を選んで総和を W に一致させることができるかどうかを $O(NW)$ で判定するアルゴリズムを設計してください. (難易度★★★☆☆)

5.5 N 個の正の整数 $a_0, a_1, \ldots, a_{N-1}$ と正の整数 W が与えられます. N 個の整数それぞれについて何回足してもよいとしたときに総和を W に一致させることができるかどうかを $O(NW)$ で判定するアルゴリズムを設計してください. (**個数制限なし部分和問題**, 難易度★★★★☆)

5.6 N 個の正の整数 $a_0, a_1, \ldots, a_{N-1}$ と正の整数 W が与えられます. N 個の整数それぞれについて $m_0, m_1, \ldots, m_{N-1}$ 回まで足してもよいとしたときに, 総和を W に一致させられるかを $O(NW)$ で判定するアルゴリズムを設計してください. (**個数制限付き部分和問題**, 難易度★★★★☆)

5.7 2 つの文字列 S, T が与えられます. 一般に文字列からいくつかの文字を抜き出して順序を変えずにつなげてできる文字列を部分文字列とよびます. S の部分文字列でも T の部分文字列でもあるような文字列のうち最長のものを $O(|S||T|)$ で求めるアルゴリズムを設計してください. (出典: AtCoder Educational DP Contest F - LCS, **最長共通部分列問題**, 難易度★★★☆☆)

5.8 N 個の整数 $a_0, a_1, \ldots, a_{N-1}$ を M 個の連続する区間に分けたいとします. 各区間の平均値の総和として考えられる最大値を $O(N^2 M)$ で求めるアルゴリズムを設計してください. (出典: 立命館大学プログラミングコンテスト 2018 day1 D - 水槽, 難易度★★★☆☆)

5.9 N 匹のスライムが横 1 列に並んでおり，それぞれのスライムの大き
さは $a_0, a_1, \ldots, a_{N-1}$ です．「左右に隣り合うスライムを選び，合体
させる」という操作を，スライムが 1 匹になるまで繰り返します．大
きさが x, y のスライムを合体させると大きさ $x + y$ のスライムにな
り，この操作にかかるコストは $x + y$ となります．スライムを 1 匹
にするまでにかかるコストの総和の最小値を $O(N^3)$ で求めてくださ
い．(出典: AtCoder Educational DP Contest N - Slimes, **最適二
分探索木問題**，難易度★★★★☆)

第 6 章

設計技法(4)：
二分探索法

二分探索法というと「ソート済み配列の中から目的のものを高速に探索する」というアルゴリズムを思い浮かべる方が多いかもしれません．しかし二分探索法は，より一般に「探索範囲を半減させていくことによって解を求める手法」としてとらえることにより，ずっと広い適用範囲をもつことがわかります．本章では，さまざまな問題に対して二分探索法を適用することで，効率的なアルゴリズムを設計できることを示します．

6.1 ● 配列の二分探索

　1.1 節では，「年齢当てゲーム」に勝つ方法として，二分探索法に基づいた方法を紹介しました．従来，二分探索法は設計技法の 1 つとして扱われることがほとんどありません．通常私たちが二分探索法とよぶものは，狭義には，「ソート済み配列の中から目的のものを高速に探索するアルゴリズム」のことを指します．しかし，二分探索法の考え方はより汎用的なものであり，さまざまな問題の解決に役立てることができます．そこで本書では，二分探索法を，配列の探索に関する手法としてとらえるだけでなく，より応用範囲の広いアルゴリズム設計手法として解説します．

　本節では，まず従来の「ソート済み配列の中から目的のものを高速に探索するアルゴリズム」という文脈で，二分探索法を解説します．次節以降で，より多くの問題に適用できるようにするために，二分探索法の考え方を抽象化します．

6.1.1 配列の二分探索

さて,「配列の二分探索」を行うためには,配列がソート済みであることが必要です.そうでない場合には,まず最初に配列に対してソート処理を行います.ソートアルゴリズムについては 12 章で詳しく解説しますが,ここでは「配列の各要素を小さい順に並べる」という処理を $O(N \log N)$ の計算量で実施できることを述べておきます (N を配列サイズとします).

例として,サイズ $N = 8$ のソート済み配列 $a = \{3, 5, 8, 10, 14, 17, 21, 39\}$ の中に,値 key $= 9$ が含まれているかどうかを検索することを考えてみましょう.まず図 6.1 のように,left $= 0$,right $= N - 1 (= 7)$ と初期化して,key の値と $a[(\text{left} + \text{right}) / 2] (= 10)$ とを比べます.ここで,left $= 0$, right $= 7$ より,(left $+$ right) / 2 は 7 / 2 となって割り切れませんが,小数点以下を切り捨てて 7 / 2 $= 3$ となることに注意します.key の値と $a[(\text{left} + \text{right}) / 2]$ とを比べて,以下のようにします.

- key $= a[(\text{left} + \text{right}) / 2]$ ならば,"Yes" を返して探索を終了します
- key $< a[(\text{left} + \text{right}) / 2]$ ならば,配列の左半分のみを残します
- key $> a[(\text{left} + \text{right}) / 2]$ ならば,配列の右半分のみを残します

たとえば key $= 9$ は,$a[(\text{left} + \text{right}) / 2] = 10$ より小さいので左半分のみ

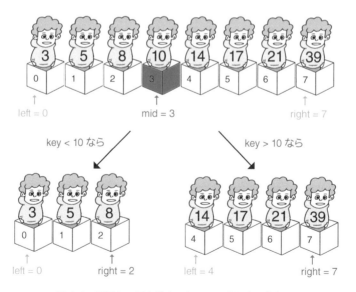

図 6.1　配列中の要素検索における二分探索の仕組み

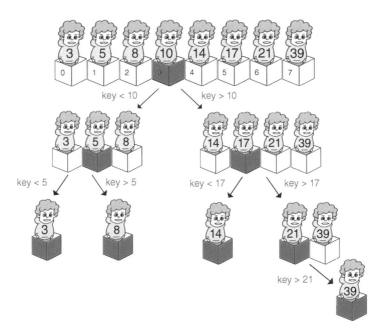

図 6.2　配列中の要素検索における二分探索を表すフローチャート

を残します．配列の左半分のみを残す場合も，右半分のみを残す場合も，ともに探索範囲が半分以下に減少することがわかります．このような「探索範囲を半分に絞る」という処理を，配列サイズが 1 以下になるまで繰り返します．

　各 key の値に応じた二分探索の動きを，**図 6.2** にフローチャートとしてまとめました．たとえば key = 17 であれば，最初に配列の真ん中の要素 10 と比べて大きいので右側に進みます．次に残った配列の真ん中の要素 17 と比べますが，それと等しいのでこの時点で "Yes" を返します．key = 15 であれば，最初は同様に右に進み，次に 17 と比べて小さいので左に進みます．このとき残った配列サイズが 1 になるので，この値 (14) と等しいかどうかを判定して処理を終了します．この場合は等しくないので "No" を返します．

　以上の二分探索法を実装すると，コード 6.1 のように書けます．なおここでは，配列中に key が含まれるかどうかを判定するだけでなく，$a[i] = $ key となる添字 i も返すようにしています．

　また，「配列の二分探索」に要する計算量を簡単に評価してみましょう．配列サイズが 1 ステップごとに半減することに着目します．たとえば $N = 2^{10} (= 1024)$ のとき，

$$1024 \rightarrow 512 \rightarrow 256 \rightarrow 128 \rightarrow 64 \rightarrow 32 \rightarrow 16 \rightarrow 8 \rightarrow 4 \rightarrow 2 \rightarrow 1$$

というように, 10 回のステップで配列サイズは 1 になります. 一般に $N = 2^k$ と表されるとき, 配列サイズは k 回のステップで 1 になります. $k = \log N$ であることから, 計算量は $O(\log N)$ となります. より厳密な議論は次節で行います.

code 6.1 配列から目的の値を探索する二分探索法

```cpp
#include <iostream>
#include <vector>
using namespace std;

const int N = 8;
const vector<int> a = {3, 5, 8, 10, 14, 17, 21, 39};

// 目的の値 key の添字を返す (存在しない場合は -1)
int binary_search(int key) {
    int left = 0, right = (int)a.size() - 1; // 配列 a の左端と右端
    while (right >= left) {
        int mid = left + (right - left) / 2; // 区間の真ん中
        if (a[mid] == key) return mid;
        else if (a[mid] > key) right = mid - 1;
        else if (a[mid] < key) left = mid + 1;
    }
    return -1;
}

int main() {
    cout << binary_search(10) << endl; // 3
    cout << binary_search(3) << endl; // 0
    cout << binary_search(39) << endl; // 7

    cout << binary_search(-100) << endl; // -1
    cout << binary_search(9) << endl; // -1
    cout << binary_search(100) << endl; // -1
}
```

6.1.2 「配列の二分探索」の計算量 (*)

「配列の二分探索」の計算量をより厳密に求めてみましょう. やはり, 毎回のステップにおいて配列サイズが半減していることに着目します. より正確には, 配列サイズ m が偶数の場合は, 左側を残すか右側を残すかによってサイズが異なりますが, 最悪の場合 (右側を残す場合) を考慮して, 配列サイズが $m/2$ になると考えます. 配列サイズ m が奇数の場合は, 左右のどちらを残しても, 配列サイズは $m/2$ (小数点以下切り捨て) となります.

ここで, 元の配列サイズ N に対して,

$$2^k \leq N < 2^{k+1}$$

と表せるような 0 以上の整数 k がただ 1 つ存在することに着目します．k は $\log N$ の小数点以下を切り下げた値となります．このとき，最悪の場合には k 回のステップで配列サイズが 1 となります．以上から，「配列の二分探索」の計算量は $O(\log N)$ となることがわかりました．

6.2 ● C++ の std::lower_bound()

前節で解説した「配列の二分探索」を，もう一段階汎用性の高いものにしてみましょう．検索したい値が配列中にあるかどうかを判定するだけではなく，同じ計算量でより豊かな情報を得ることが可能です．たとえば C++ の標準ライブラリにある std::lower_bound() は，以下のような仕様となっています [注1]．

C++ の std::lower_bound() の仕様

ソート済み配列 a において，$a[i] \geq \text{key}$ という条件を満たす最小の添字 i を返します (正確には iterator を返します)．処理に要する計算量は，配列サイズを N として $O(\log N)$ です．

この std::lower_bound() を用いることで，単に配列 a の中に key があるかどうかを検索するだけでなく，より多くの情報を得ることができます．

- 配列 a の中に値 key がなくても，key 以上の値の範囲での最小値がわかります
- 配列 a の中に値 key が複数あったとき，そのうちの最小の添字がわかります

また，たとえば **図6.3** のように，数直線がいくつかの区間に分れているときに，値 key が属する区間を特定するという応用もあります．std::lower_bound() の処理を実現する方法については，より一般化した形で次節で解説します．

注1　よく似た関数として std::upper_bound() も標準ライブラリにあります．これは $a[i] > \text{key}$ という条件を満たす最小の添字 i を返す仕様となっています．

図 6.3　std::lower_bound() を用いて，値 key が属する区間を特定

6.3 ● 一般化した二分探索法

C++ の std::lower_bound() の考え方を引き継いで，さらに二分探索法の適用範囲を広げましょう．より一般化すると，二分探索法は以下のことができる手法だといえます (**図 6.4**).

> **一般化した二分探索法**
>
> 　各整数 x について true/false の 2 値で判定される条件 P が与えられていて，ある整数 l, r $(l < r)$ が存在して，以下が成立しているとします.
>
> - $P(l) = \text{false}$
> - $P(r) = \text{true}$
> - ある整数 M $(l < M \leq r)$ が存在して，$x < M$ なる x に対して $P(x) = \text{false}$ であり，$x \geq M$ なる x に対して $P(x) = \text{true}$ である
>
> このとき $D = r - l$ として，二分探索法は M を $O(\log D)$ の計算量で求めることができるアルゴリズムといえます.

　一般化した二分探索法を実現するために，まず，2 つの変数 left, right を用意して，以下のように初期化します.

- left $\leftarrow l$
- right $\leftarrow r$

このとき，$P(\text{left}) = \text{false}, P(\text{right}) = \text{true}$ を満たします．そして，**図 6.5** のように，right $-$ left $= 1$ となるまで範囲を狭めていきます．具体的には，mid $=$ (left + right) / 2 としたとき，

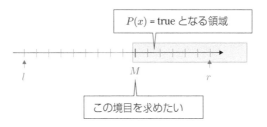

図 6.4　一般化した二分探索法の考え方

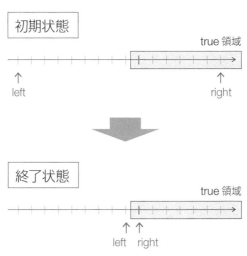

図 6.5　二分探索法における探索範囲の考え方

- $P(\mathrm{mid}) = \text{true}$ ならば，$\mathrm{right} \leftarrow \mathrm{mid}$
- $P(\mathrm{mid}) = \text{false}$ ならば，$\mathrm{left} \leftarrow \mathrm{mid}$

と更新します．このとき重要な性質として，アルゴリズムの初期状態から終了状態まで，変数 left は常に false 側，変数 right は常に true 側にいることになります．そしてアルゴリズムが終了したとき，

- right は，$P(\mathrm{right}) = \text{true}$ を満たす最小の整数値
- left は，$P(\mathrm{left}) = \text{false}$ を満たす最大の整数値

となります．以上の処理は，コード 6.2 のように実装できます．なお，このように一般化した二分探索法の考え方は，現実世界においても「プログラムのデバッグ」などでおなじみでしょう．プログラムの l 行目と r 行目との間にバグがあることがわかっているとき，バグの発生した箇所を二分探索的に特定していく作業が有効です．

code 6.2　一般化した二分探索法の基本形

```cpp
1  #include <iostream>
2  using namespace std;
3
4  // x が条件を満たすかどうか
5  bool P(int x) {
6
7  }
8
9  // P(x) = true となる最小の整数 x を返す
10 int binary_search() {
11     int left, right; // P(left) = false, P(right) = true となるように
12
13     while (right - left > 1) {
14         int mid = left + (right - left) / 2;
15         if (P(mid)) right = mid;
16         else left = mid;
17     }
18     return right;
19 }
```

　本節の最後に，実数上の二分探索法についても言及しておきます．ここまでに検討した二分探索法はすべて整数上の探索問題に対して適用しました．しかし二分探索法の考え方は，実数上の探索問題に対しても適用することができます．整数の場合と同様に，「false/true 境界」を挟む形で探索範囲を狭めていく方法です．整数の場合は終了条件が「探索範囲の長さが 1」で与えられたのに対し，実数の場合は求めたい精度によって終了条件を規定します．なお，このような実数上の二分探索法については，二分法とよんで二分探索法と区別する人も多くいます．

6.4 ● さらに一般化した二分探索法 (*)

　二分探索法をさらに一般化してみましょう．これまでは**図 6.6** のように，領域全体が「false 領域」と「true 領域」とに二分されていて (この仮定を単調性とよぶことにします)，その境界を求める手法と考えてきました．

　この false 領域と true 領域に二分されているという仮定を外すことを考えます [注2]．領域全体が false を表す領域と true を表す領域の 2 つに分かれていて，$x = l, r \ (l < r)$ については異なる側にいるものとします．このとき二分探索法は，**図 6.7** のように，l 側の色から r 側の色へと変化する境目のう

注 2　ただし，仮定なしだと「x が有理数のときと無理数のときで色が異なる」といった病的な例を作ることができますので，ひとまず色の境目が有限個であることを仮定しておきます．

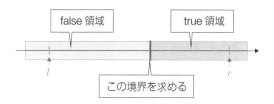

図 6.6 false 領域と true 領域とに二分されている様子

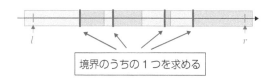

図 6.7 単調性の仮定を外した二分探索法

ちのいずれか 1 つを求めるアルゴリズムであると考えることができます．単調性の仮定を外したため，境目はただ 1 つとは限りませんが，そのうちのどれか 1 つを二分探索法によって求められることになります．

このような一般化が特に有効な場面としては，以下のものが考えられます．

一般化した実数上の二分探索法

ある実数区間において連続な関数 $f(x)$ が与えられ，その区間に属する 2 点 l, r $(l < r)$ に対して $f(l), f(r)$ のうちの一方が正で他方が負であるとします．このとき二分探索法 (二分法) によって，$f(x) = 0$ を満たす実数 x $(l < x < r)$ のうちの 1 つを，いくらでも高い精度で求めることができます．

単調性の仮定を外す代わりに関数 f に連続性を課したものとなっています．その場合に $f(x) = 0$ を満たす実数 x $(l < x < r)$ が存在することは，**中間値の定理** (intermediate value theorem) によって保証されます．

6.5 ● 応用例 (1)：年齢当てゲーム

それでは，拡張した二分探索法を用いていくつかの問題を解いてみましょう．まずは，1.1 節で登場した年齢当てゲームです．

　あなたは初対面の A さんの年齢を当てたいと考えています．A さんの年齢が 20 歳以上 36 歳未満であることはわかっているものとします．

　あなたは，A さんに 4 回まで「Yes / No で答えられる質問」をすることができます．質問を終えた後，A さんの年齢を推測して答えます．正解ならばあなたの勝ち，不正解ならばあなたの負けです．

　あなたはこの年齢当てゲームで勝つことができるでしょうか？

変数 left，right を用意しておいて，

- $x = $ left は「A さんの年齢が x 未満である」という条件を常に満たさない
- $x = $ right は「A さんの年齢が x 未満である」という条件を常に満たす

という状態を確保しながら探索範囲を狭めます．コード 6.3 のように実装できます．

code 6.3　年齢当てゲームの実装

```cpp
#include <iostream>
using namespace std;

int main() {
    cout << "Start Game!" << endl;

    // A さんの数の候補を表す区間を，[left, right) と表す
    int left = 20, right = 36;

    // A さんの数を 1 つに絞れないうちは繰り返す
    while (right - left > 1) {
        int mid = left + (right - left) / 2; // 区間の真ん中

        // mid 以上かを聞いて，回答を yes/no で受け取る
        cout << "Is the age less than " << mid << " ? (yes / no)" <<
            endl;
        string ans;
        cin >> ans;

        // 回答に応じて，ありうる数の範囲を絞る
        if (ans == "yes") right = mid;
        else left = mid;
```

```
22        }
23
24        // ズバリ当てる！
25        cout << "The age is " << left << "!" << endl;
26   }
```

たとえば A さんが 31 歳の場合，ゲームは以下のように進行します．

```
Start Game!
Is the age less than 28 ? (yes / no)
no
Is the age less than 32 ? (yes / no)
yes
Is the age less than 30 ? (yes / no)
no
Is the age less than 31 ? (yes / no)
no
The age is 31!
```

6.6 ● 応用例 (2)：std::lower_bound() の活用例

次に，std::lower_bound() を有効活用する例として，3.4 節で解いた以下
の問題を再考してみましょう．3.4 節では，全探索法に基づく計算量 $O(N^2)$
の解法を示しましたが，ここでは計算量 $O(N \log N)$ に改善できることを示
します．

> **ペア和の K 以上の中での最小値 (再掲)**
>
> N 個の整数 $a_0, a_1, \ldots, a_{N-1}$ と，N 個の整数 $b_0, b_1, \ldots, b_{N-1}$ が与
> えられます．2 組の整数列からそれぞれ 1 個ずつ整数を選んで和をとり
> ます．その和として考えられる値のうち，整数 K 以上の範囲内での最
> 小値を求めてください．ただし，$a_i + b_j \geq K$ を満たすような (i, j) の
> 組が少なくとも 1 つ以上存在するものとします．

まず，$a_0, a_1, \ldots, a_{N-1}$ の中から 1 つ選ぶ方法を固定して考えます．ここ
では a_i を選ぶとします．このとき，ペア和を最適化する問題は，以下の問題
に帰着して考えることができます．この問題は，std::lower_bound() をそ
のまま適用できる形となっていることがわかります．

a_i を固定したときの問題

　N 個の正の整数 $b_0, b_1, \ldots, b_{N-1}$ が与えられます．このうち，$K - a_i$ 以上の範囲内での最小値を求めてください．

整数列 $b_0, b_1, \ldots, b_{N-1}$ についてはあらかじめソートしておきます．この部分にも $O(N \log N)$ の計算量を要します．その後，a_i を固定する方法は N 通りあり，それぞれを $O(\log N)$ の計算量で解くことができますので，問題全体を $O(N \log N)$ の計算量で解くことができます．

　以上の解法は，コード 6.4 のように実装できます．コード中で用いている `std::sort()` や `std::lower_bound()` の使い方の詳細については，コードを読んで雰囲気をつかんでいただくか，公式リファレンスなどを参照していただければと思います．

code 6.4　二分探索法を用いて，「ペア和を最適化する問題」に対する全探索解法を高速化する

```cpp
#include <iostream>
#include <vector>
#include <algorithm> // sort() や lower_bound() に必要です
using namespace std;
const int INF = 20000000; // 十分大きな値に

int main() {
    // 入力を受け取る
    int N, K;
    cin >> N >> K;
    vector<int> a(N), b(N);
    for (int i = 0; i < N; ++i) cin >> a[i];
    for (int i = 0; i < N; ++i) cin >> b[i];

    // 暫定最小値を格納する変数
    int min_value = INF;

    // b をソート
    sort(b.begin(), b.end());

    // b に無限大を表す値（INF）を追加しておく
    // これを行うことで，iter = b.end() となる可能性を除外する
    b.push_back(INF);

    // a を固定して解く
```

```
26      for (int i = 0; i < N; ++i) {
27          // b の中で K - a[i] 以上の範囲での最小値を示すイテレータ
28          auto iter = lower_bound(b.begin(), b.end(), K - a[i]);
29
30          // イテレータの示す値を取り出す
31          int val = *iter;
32
33          // min_value と比較する
34          if (a[i] + val < min_value) {
35              min_value = a[i] + val;
36          }
37      }
38      cout << min_value << endl;
39  }
```

6.7 ● 応用例 (3)：最適化問題を判定問題に

　私たちは「〜という条件を満たす最小値を求めよ」という最適化問題にし
ばしば出くわします．その問題は，ある境界値 v が存在して，v 以上では条
件を満たし v 未満では条件を満たさない状況であるとします．このとき，そ
のような最適化問題を，以下のような判定問題に帰着する手法がしばしば有
効です．

最適化問題から帰着した判定問題

　x が条件を満たすかどうかを判定してください．

この判定問題を解くことができれば，二分探索法により対数オーダーの回数
だけ判定問題を解くことで元の最適化問題も解決できます[注3]．例題として
「AtCoder Beginner Contest 023 D - 射撃王」を解いてみましょう．

AtCoder Beginner Contest 023 D - 射撃王

　N 個の風船がそれぞれ初期状態では高度 H_i の位置にあり，1 秒ご
とに S_i だけ上昇します．これらすべての風船を射撃によって割ります．
ただし，H_i や S_i は正の整数であるとします．

　競技開始時に 1 個風船を割ることができ，そこから 1 秒ごとに 1 個の

注3　なお，このように最適化問題を判定問題へと帰着する考え方は，17.2 節でも登場します．

風船を割ることができます．最終的にすべての風船を割りたいですが，どの順番に風船を割るかは自由に選ぶことができるものとします．

　各風船を割るときに発生するペナルティは，そのときの風船の高度とします．最終的なペナルティは，各風船を割ったときに発生するペナルティの最大値とします．最終的なペナルティとして考えられる最小値を求めてください．

　二分探索法の考え方に基づいて，「整数 x が与えられたときに最終的なペナルティを x 以下にすることができるかどうか」を判定する問題を考えます．この問題は，言い換えると，N 個の風船すべてについてペナルティを x 以下にできるかどうかを判定する問題となります．

　まず，各風船のペナルティを x 以下に抑える必要があることから，各風船を何秒以内に割るべきかが決まります．その時間制限が最もさし迫っているところから優先的に割って行き，すべての風船を割れたならば Yes，途中で高さが x を超えるような風船が現れたら No と判定することができます．以上の考察を実装するとコード 6.5 のように書けます．

　計算量を評価します．二分探索法の反復回数は，$M = \max(H_0 + NS_0, \ldots, H_{N-1} + NS_{N-1})$ として，$O(\log M)$ 回となります．各反復における判定問題を解くのに要する計算量は，制限時刻を小さい順にソートする部分がボトルネックとなって $O(N \log N)$ となります．以上をまとめると，全体の計算量は $O(N \log N \log M)$ となります．

code 6.5　射撃王問題に対する二分探索法

```cpp
#include <iostream>
#include <algorithm>
#include <vector>
using namespace std;

int main() {
    // 入力
    int N;
    cin >> N;
    vector<long long> H(N), S(N);
    for (int i = 0; i < N; i++) cin >> H[i] >> S[i];

    // 二分探索の上限値を求める
    long long M = 0;
    for (int i = 0; i < N; ++i) M = max(M, H[i] + S[i] * N);

```

```
17          // 二分探索
18          long long left = 0, right = M;
19          while (right - left > 1) {
20              long long mid = (left + right) / 2;
21
22              // 判定する
23              bool ok = true;
24              vector<long long> t(N, 0); // 各風船を割るまでの制限時間
25              for (int i = 0; i < N; ++i) {
26                  // そもそも mid が初期高度より低かったら false
27                  if (mid < H[i]) ok = false;
28                  else t[i] = (mid - H[i]) / S[i];
29              }
30              // 時間制限がさし迫っている順にソートする
31              sort(t.begin(), t.end());
32              for (int i = 0; i < N; ++i) {
33                  // 時間切れ発生の場合は false
34                  if (t[i] < i) ok = false;
35              }
36
37              if (ok) right = mid;
38              else left = mid;
39          }
40
41          cout << right << endl;
42      }
```

　さて，「射撃王」の問題に対して，「判定問題に帰着して二分探索法で解く」という方法が有効に機能した理由を考察してみましょう．この問題を振り返ると，これは「N 個の値の最大値を最小にしたい」という形式の最適化問題になっていることがわかります．実は，このような「最大値の最小化」という最適化問題は，世の中に広く溢れています．たとえば「業務平準化の要求のため，N 人の作業員の働き時間の最大値がなるべく最小になるようにしたい」というスケジューリング問題などに登場します．このような最適化問題を二分探索法の判定問題に帰着すると，

> **「最大値の最小化」な問題から帰着した判定問題**
> 　N 個すべての値を x 以下にできるかどうかを判定してください．

というように，明快で扱いやすいものになることがわかります．

6.8 ● 応用例 (4)：メディアンを求める

簡単のために N を奇数とします．N 個の値 $a_0, a_1, \ldots, a_{N-1}$ の**メディア
ン** (median) とは，小さい順に $\frac{N-1}{2}$ 番目の値のことです (最小の値を 0 番
目であるとします)．たとえば $N = 7, a = (1, 7, 2, 6, 5, 4, 3)$ のとき，a のメ
ディアンは 4 です．

本節では，メディアンを求めるのに二分探索法が有効な場合があることを紹介
します．メディアンを求める方法としては，a 全体をソートして，$a[(N-1)/2]$
を答える方法が簡明でしょう．ソート処理は $O(N \log N)$ の計算量で実現で
きますので，メディアンも $O(N \log N)$ の計算量で求めることができます[注4]．
ここでは他の方法として，$a_0, a_1, \ldots, a_{N-1}$ の値が非負整数である場合につ
いて，$A = \max(a_0, a_1, \ldots, a_{N-1})$ としたときに $O(N \log A)$ の計算量でメ
ディアンを求める方法を紹介します．以下の判定問題を考えます．

メディアンを求める問題から帰着した判定問題

 N 個の非負整数 $a_0, a_1, \ldots, a_{N-1}$ のうち，x 未満の整数が $\frac{N-1}{2}$ 個
以上あるかどうかを判定してください．

メディアンとは，この判定問題の答えが "Yes" となる最小の整数 x です．し
たがって，この判定問題を解くことができれば，二分探索法によって $O(\log A)$
回の判定でメディアンを求めることができます．また，この判定問題は，線
形探索法を用いて，N 個の整数それぞれについて x 以下かどうかを調べる
ことで解くことができます．よって，判定問題は $O(N)$ の計算量で解くこと
ができますので，メディアンを求める問題は全体として $O(N \log A)$ の計算
量で解けることがわかりました．

6.9 ● まとめ

本章では，二分探索法に対し，「ソート済み配列から目的の値を検索する手
法」という枠組を広げて，より汎用性の高い手法としてとらえることで，応
用範囲が大きく広がることを示しました．特に，最適化問題を判定問題へと
帰着する考え方は，実用的にも有力な手法です．

注 4　他にも，12 章の章末問題 12.5 に挙げた方法もあります．これを用いると $O(N)$ の計算量でメディ
  アンを求めることができます．ただし，理論的には面白いのですが，$O(N)$ という計算量の中で定数
  部分として省略された部分が大きく，あまり実用的でないといわれています．

なお，「値を検索したい」という要求に対しては，二分探索法の他にもハッシュテーブルを用いる方法も有力です．ハッシュテーブルについては 8.6 節で解説します．

● ● ● ● ● ● ● ● **章末問題** ● ● ● ● ● ● ● ●

6.1 どの 2 要素も互いに相異なる N 要素からなる整数列 $a_0, a_1, \ldots, a_{N-1}$ が与えられます．$i = 0, 1, \ldots, N-1$ に対して，a_i が全体の中で何番目に小さい値であるかを $O(N \log N)$ で求めるアルゴリズムを設計してください．たとえば $a = 12, 43, 7, 15, 9$ のとき，答えは $(2, 4, 0, 3, 1)$ となります．（有名問題[注5]，難易度★★☆☆☆）

6.2 N 要素からなる 3 つの整数列 $a_0, \ldots, a_{N-1}, b_0, \ldots, b_{N-1}, c_0, \ldots, c_{N-1}$ が与えられます．$a_i < b_j < c_k$ を満たすような i, j, k の組が何個あるかを $O(N \log N)$ で求めるアルゴリズムを設計してください．（出典: AtCoder Beginner Contest 077 C - Snuke Festival，難易度★★★☆☆）

6.3 N 個の正の整数 $a_0, a_1, \ldots, a_{N-1}$ が与えられます．これらから重複も許して 4 個選んで総和をとった値のうち，M を超えない範囲での最大値を $O(N^2 \log N)$ で求めるアルゴリズムを設計してください．（出典: 第 7 回 日本情報オリンピック 本選 問 3 - ダーツ，難易度★★★★☆）

6.4 N 個の小屋が一直線上に並んでいて，それぞれの座標は $a_0, a_1, \ldots, a_{N-1}$ となっています（$0 \le a_0 < a_1 \le \cdots \le a_{N-1}$ とします）．このうちの $M (\le N)$ 個を選び，選んだ小屋間の距離をなるべく引き離したいものとします．「選んだ M 個の小屋のうちの 2 つの小屋の距離の最小値」として考えられる最大値を求めるアルゴリズムを設計してください．計算量としては $A = a_{N-1}$ として，$O(N \log A)$ を要してもよいものとします．（出典: POJ No. 2456 Aggressive cows，難易度★★★☆☆）

6.5 N 要素からなる 2 つの正の整数列 $a_0, \ldots, a_{N-1}, b_0, \ldots, b_{N-1}$ が与えられます．これらから 1 個ずつ選んで積をとってできる N^2 個の整数のうち，K 番目に小さい値を求めるアルゴリズムを設計してください．ただし，積の最大値として考えられる値を C として，$O(N \log N \log C)$ 程度の計算量で実現してください．（出典: AtCoder Regular Contest 037 C - 億マス計算，難易度★★★★☆）

注5　プログラミングコンテスト参加者はこのような処理を「座標圧縮」とよんでいます．

6.6 正の整数 A, B, C が与えられます. $At + B\sin(Ct\pi) = 100$ を満たす 0 以上の実数 t を 10^{-6} 以下の精度で 1 つ求めてください. (出典: AtCoder Beginner Contest 026 D - 高橋君ボール 1 号, 難易度★★★☆☆)

6.7 N 要素からなる非負整数列 $a_0, \ldots, a_{N-1}$ (最大値を A とする) が与えられます. この整数列の連続する区間として考えられるものは $\frac{N(N+1)}{2}$ 通りありますが, そのそれぞれについて区間に属する値の総和をとります. こうしてできる $\frac{N(N+1)}{2}$ 個の整数のメディアンを求めるアルゴリズムを設計してください. ただし $O(N \log N \log A)$ 程度の計算量で実現してください. (出典: AtCoder Regular Contest 101 D - Median of Medians, 難易度★★★★★)

第 **7** 章

設計技法(5)：
貪欲法

最適化問題の解法を考えるとき，動的計画法でも見られたように，何通りかの選択肢の中から選択するステップを，順次実行していく形態のアルゴリズムを検討することが多くあります．その各ステップにおいて，1 ステップ先のことのみを考えて最適化する判断を繰り返して，解を作り上げていく方法を**貪欲法**とよびます．貪欲法は，全ステップを通したときに必ずしも最適解を導くとは限りませんが，ある種の問題に対しては有効に機能します．

7.1 ● 貪欲法とは

5 章で解説した動的計画法では，物事を選択するステップが N 段階あって，最終結果を最適化するタイプの問題を多く考察しました．このような問題に対する動的計画法は，それぞれの選択場面までを最適化する (i 番目までの結果を最適化する) 部分を部分問題として切り出して，部分問題間の遷移を考えました．

貪欲法も同じく，物事の選択を繰り返して結果を最適化するタイプの問題に対して適用できる考え方です．ただし動的計画法のように，考えられる遷移をすべて考えるのではなく，1 ステップ先のことのみを考えて最善な選択を繰り返す方法論です．貪欲法の考え方を示す例として，以下の問題を考えてみましょう．大変身近な問題です．

コイン問題

500 円玉，100 円玉，50 円玉，10 円玉，5 円玉，1 円玉がそれぞれ

$a_0, a_1, a_2, a_3, a_4, a_5$ 枚あります（**図 7.1**）．これらを用いて X 円を支払いたいとします．ここで，支払いに用いるコインの合計枚数をなるべく少なくしたいと考えています．最小で何枚のコインで支払うことができるでしょうか．ただし，そのような支払い方が少なくとも 1 つは存在するものとします．

図 7.1　コイン問題

この問題に対しては，「大きな額のコインから優先的に使う」という素朴な直感に基づく以下の解法で最適解を導くことができます．

1. まず X 円を超えない範囲で 500 円玉をできるだけ多く使います
2. 残った金額に対して 100 円玉をできるだけ多く使います
3. 残った金額に対して 50 円玉をできるだけ多く使います
4. 残った金額に対して 10 円玉をできるだけ多く使います
5. 残った金額に対して 5 円玉をできるだけ多く使います
6. 最後に，残った金額を 1 円玉を用いて支払います

この解法では，$500, 100, 50, 10, 5, 1$ 円玉を使う枚数を，この順に決定していきます．6 ステップからなる意思決定問題といえます．最初に 500 円玉を何枚使用するかを考える場面において，後先のことを考えずに「500 円玉をできるだけ多く使う」と判断しています．その次に 100 円玉を何枚使用するか

を考える場面においても，後先のことを考えずに「100 円玉をできるだけ多く使う」と判断しています．貪欲法は，このように，後先のことを考えずに「その場での最善」を選択することを繰り返す方法論です．なお，以上の貪欲法に基づく解法はコード 7.1 のように実装できます．

code 7.1　コイン問題を解く貪欲法

```cpp
#include <iostream>
#include <vector>
using namespace std;

// コインの金額
const vector<int> value = {500, 100, 50, 10, 5, 1};

int main() {
    // 入力
    int X;
    vector<int> a(6);
    cin >> X;
    for (int i = 0; i < 6; ++i) cin >> a[i];

    // 貪欲法
    int result = 0;
    for (int i = 0; i < 6; ++i) {
        // 枚数制限がない場合の枚数
        int add = X / value[i];

        // 枚数制限を考慮
        if (add > a[i]) add = a[i];

        // 残り金額を求めて，答えに枚数を加算する
        X -= value[i] * add;
        result += add;
    }
    cout << result << endl;
}
```

7.2 ● 貪欲法が最適解を導くとは限らないこと

　前節では，「コイン問題」を貪欲法によって解きました．しかし貪欲法は，一般には，「1 ステップ先の時点では最善ではないが将来的には最適になる選択」を切り捨てる可能性があり，常に最適解を導くとは限りません．先ほどの「コイン問題」についても，実は問題設定を少し変更するだけで，貪欲法が通用しなくなってしまいます．たとえばコインの単位が 1 円，4 円，5 円で

あったとします．このとき 8 円を渡すことを考えると，

- 貪欲法：$5 + 1 + 1 + 1 = 8$ より 4 枚
- 最適解：$4 + 4 = 8$ より 2 枚

となります．貪欲法によって得られる解が最適とはなりません．他の例としては，18.3 節において，ナップサック問題に対する貪欲法によって得られる解が最適とは限らないことを示します．

以上のことを考えると，貪欲法によって最適解が導けるような問題は，その構造自体によい性質が内包されている可能性が高いといえます．貪欲法によって最適解が求められる理由を，問題の構造に着目して考えることが重要です．

貪欲法で最適解が導ける問題の構造自体によい性質が内包されている顕著な例としては，15 章で学ぶ最小全域木問題があります．最小全域木問題は，貪欲法に基づくクラスカル法によって最適解を導くことができます．背後に**マトロイド性**や**離散凸性**とよばれる深淵な構造を有しています．

なお，本章では貪欲法によって最適解を導ける問題のみを考えますが，最適解を導くとは限らない場合であっても，貪欲法によって最適解に近い解が得られることも多々あります．18.3 節，18.7 節ではそのような例を示します．

7.3 ● 貪欲法パターン (1)：交換しても悪化しない

貪欲法に限らず，最適化問題を解くときに「探索範囲をあらかじめ絞れないか」を考察することは極めて有効です．その中でも数多く見られるパターンが，以下の考え方です．

最適化問題を考えるポイント

x に対する関数 $f(x)$ の最大値を求めたいとします．ここで任意の x に対してそれを少し変形することで，ある性質 P を満たすような，x とよく似た別の解 x' が得られて

$$f(x') \geq f(x)$$

が成立することが示せたとします．このとき，x 全体のうち P を満たすもののみに絞って考えたとしても，その中に $f(x)$ が最大となるような x が含まれているといえます．

この考え方を用いることで探索範囲を有効に絞ることができる問題は，非常に数多く見られます．一例として，有名な**区間スケジューリング問題** (interval scheduling problem) を考えてみましょう．

区間スケジューリング問題

　N 個の仕事があり，$i(= 0, 1, \ldots, N-1)$ 番目の仕事は時刻 s_i に開始し，時刻 t_i に終了します．これらの中から自分が行う仕事をできるだけ多く選びたいとします．ただし時刻が重なっている複数の仕事を選ぶことはできません．最大で何個の仕事をこなすことができるでしょうか．

たとえば，**図 7.2** のようなケースに対しては 3 個の仕事を選ぶことができます．また，問題文中で「仕事」とよんでいたものは，数理的には「区間」にほかなりません．そこで，これ以降は区間とよぶことにします．

貪欲法の適用を考えるためには，まずは与えられた N 個の区間に対して，どの順序で「選ぶ」「選ばない」の選択をしていくかを上手に定めることが肝要です．ここでは**図 7.3** のように，「区間の終端時刻」が小さい順にソートしてみましょう．一般に，区間に関する問題に取り組むときは，まず区間の終

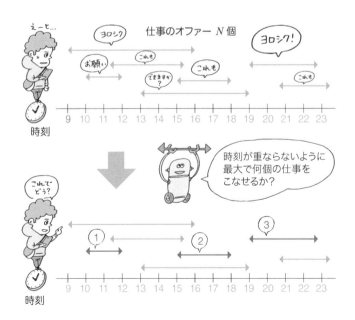

図 7.2 　区間スケジューリング問題

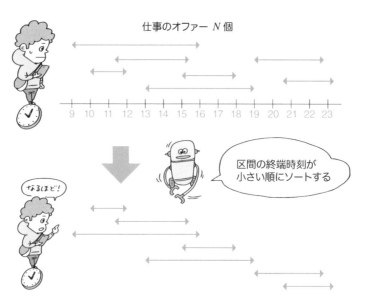

図 7.3　区間を終端時刻順にソートする

端時刻でソートすると考えやすくなることが多々あります.

　さて, 全区間のうち, 最も終端時刻が早い区間を p としましょう. このとき, 区間 p はとりあえず選んでしまっても問題ないということがいえます. この事実を, 本節の最初に掲げた「最適化問題を考えるポイント」をもとに示してみましょう. 具体的には, 任意の「区間の選び方」に対して, 選ぶ区間の個数を減らすことなく, その中に区間 p が含まれるように変更を加えることができることを示します. 任意の区間の選び方 x において,「そのうちの最も左にある区間」を p' とします. このとき p の定義から

$$区間\ p\ の終端時刻 \leq 区間\ p'\ の終端時刻$$

を満たします. 一方, x において p' 以外の任意の区間 q に対して

$$区間\ p'\ の終端時刻 \leq 区間\ q\ の開始時刻$$

を満たします. よってこれらをまとめると

$$区間\ p\ の終端時刻 \leq 区間\ q\ の開始時刻$$

を満たします. 以上から, 区間の選び方 x において p' を p と交換しても,

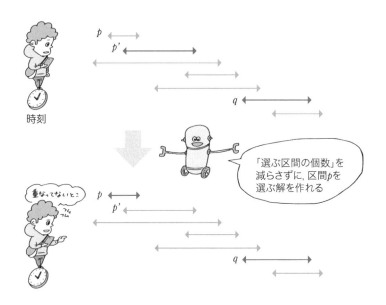

図 7.4 任意の区間の選び方に対し，終端時刻が最も早い区間を選ぶように変更できること

「選んだ区間の個数」を悪化させることなく，区間の重なりがない状態を保てることがわかりました (**図 7.4**)．よって，区間スケジューリング問題の解として，「区間 p を含むもの」のみに探索候補を絞ってもよいことがわかります．

区間 p を選んだ後は，p と重なる区間をすべて取り除き，残った区間に対してまた同様の手続きを繰り返します．以上の手続きをまとめると，**図 7.5** のように，

A：残っている区間のうち，終端時刻が最も早いものを選ぶ (この部分が 貪欲法)
B：その選んだ区間と重なる区間を消す

という操作を，区間がすべてなくなるまで繰り返します．以上の手続きを実装すると，コード 7.2 のように書けます．区間を「区間の終端時刻」が小さい順にソートする部分については，標準ライブラリ std::sort() に専用の関数を定義して渡しています．

最後に，このアルゴリズムの計算量を評価します．まず最初に区間を「区間の終端時刻」が小さい順にソートする部分には $O(N \log N)$ の計算量を要します．次に，区間を貪欲法に基づいて選んでいく部分については $O(N)$ の

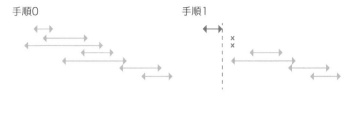

図 7.5　区間スケジューリング問題に対する貪欲法

計算量で実施できます．全体を通して考えると，最初にソートする部分がボトルネックとなり，計算量は $O(N \log N)$ となります．

code 7.2　区間スケジューリング問題に対する貪欲法

```
#include <iostream>
#include <vector>
#include <algorithm>
#include <functional>
using namespace std;

// 区間を pair<int,int> で表す
using Interval = pair<int,int>;

// 区間を終端時刻で大小比較する関数
bool cmp(const Interval &a, const Interval &b) {
    return a.second < b.second;
}

int main() {
    // 入力
    int N;
    cin >> N;
    vector<Interval> inter(N);
    for (int i = 0; i < N; ++i)
        cin >> inter[i].first >> inter[i].second;

    // 終端時刻が早い順にソートする
    sort(inter.begin(), inter.end(), cmp);

```

```
26        // 貪欲に選ぶ
27        int res = 0;
28        int current_end_time = 0;
29        for (int i = 0; i < N; ++i) {
30            // 最後に選んだ区間と被るのは除く
31            if (inter[i].first < current_end_time) continue;
32
33            ++res;
34            current_end_time = inter[i].second;
35        }
36        cout << res << endl;
37    }
```

7.4 ● 貪欲法パターン (2)：現在がよいほど未来もよい

貪欲法は，各ステップにおいて，1 ステップ先のことのみを考えた場合の最善手を選択していく方法論でした．このような方法論によって最適解を導くことができる問題の構造として，以下のような「単調性」に関する構造もよく見られます．ただし，厳密な表現ではないことに注意してください．

> **貪欲法が成立するための単調性**
>
> N ステップの選択を行うことで最終的な「スコア」を最大化する最適化問題を考えます．この問題は，最初の i ステップまでの時点で獲得する「スコア」が高ければ高いほど，残りのステップを最適化して得られる最終的な「スコア」が高くなるような構造を有しているものとします．このとき，各ステップごとに独立に，その時点での「スコア」が最大となるようにする貪欲法によって，全ステップを通したときの「スコア」を最大化することができます．

このような構造をもつ問題例として，以下の例題を考えてみましょう．出典は「AtCoder Grand Contest 009 A - Multiple Array」です．

> **AtCoder Grand Contest 009 A - Multiple Array**
>
> 0 以上の整数からなる N 項の数列 $A_0, A_1, \ldots, A_{N-1}$ と，N 個のボタンが与えられます．$i(= 0, 1, \ldots, N-1)$ 個目のボタンを押すと，$A_0, A_1, \ldots, A_i$ の値がそれぞれ 1 ずつ増加します（**図 7.6**）．一方，1 以

上の整数からなる N 項の数列 $B_0, B_1, \ldots, B_{N-1}$ が与えられます. ボタンを何回か押して, すべての i に対し, A_i が B_i の倍数になるようにしたいものとします. ボタンを押す回数の最小値を求めてください.

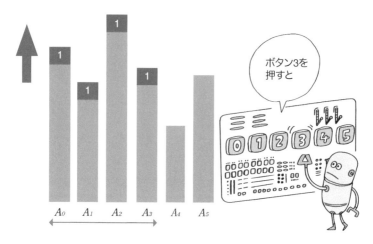

図 7.6　ボタンを押して A_i を B_i の倍数にする問題

　ボタン $0, 1, \ldots, N-1$ を押す回数をそれぞれ $D_0, D_1, \ldots, D_{N-1}$ とすると, 以下の条件を満たすように $D_0 + D_1 + \cdots + D_{N-1}$ の最小値を求める問題といえます.

- $A_0 + (D_0 + D_1 + \cdots + D_{N-1})$ は B_0 の倍数
- $A_1 + (D_1 + \cdots + D_{N-1})$ は B_1 の倍数
  $\vdots$
- $A_{N-1} + D_{N-1}$ は B_{N-1} の倍数

$D_{N-1}, D_{N-2}, \ldots, D_0$ の順に決定していくことを考えてみましょう. まず, 「$A_{N-1} + D_{N-1}$ が B_{N-1} の倍数」という条件を満たす D_{N-1} について考えます. 見やすさのため $a = A_{N-1}, b = B_{N-1}, d = D_{N-1}$ とおきます. このとき, $a + d$ が b の倍数となるような d としてとりうる値は以下のようになります.

- a が b の倍数のとき: $d = 0, b, 2b, \ldots$

- そうでないとき: a を b で割った余りを r として, $d = b - r, 2b - r, 3b - r, \ldots$

さて, D_{N-1} として, これらの選択肢のうちのどれを選ぶべきでしょうか. ここで注目したいことは, D_{N-1} を必要以上に大きくするメリットはないということです. よって $d = D_{N-1}$ の選び方は, 以下のようにすればよいといえます.

- A_{N-1} が B_{N-1} の倍数であるとき: $D_{N-1} = 0$
- そうでないとき: A_{N-1} を B_{N-1} で割った余りを r として, $D_{N-1} = B_{N-1} - r$

その後のステップについても, 同様に $D_{N-2}, \ldots, D_0$ を求めることによって最適解が得られます. 以上の手続きはコード 7.3 のように実装できます. ここで, 変数 sum に「これまでに求めたボタン $N-1, N-2, \ldots$ を押した回数の合計値」を格納するようにしています. 計算量は $O(N)$ となります.

code 7.3 AtCoder Grand Contest 009 A - Multiple Array の解答例

```
 1  #include <iostream>
 2  #include <vector>
 3  using namespace std;
 4
 5  int main() {
 6      // 入力
 7      int N;
 8      cin >> N;
 9      vector<long long> A(N), B(N);
10      for (int i = 0; i < N; ++i) cin >> A[i] >> B[i];
11
12      // 答え
13      long long sum = 0;
14      for (int i = N - 1; i >= 0; --i) {
15          A[i] += sum; // 前回までの操作回数を足す
16          long long amari = A[i] % B[i];
17          long long D = 0;
18          if (amari != 0) D = B[i] - amari;
19          sum += D;
20      }
21      cout << sum << endl;
22  }
```

7.5 ● まとめ

本章では「後先のことを考えず，次のステップのことのみを考えた場合の最善の選択を繰り返す」という貪欲法によって最適解を導ける問題を見てきました．今後の章においても，最短路問題を解くダイクストラ法 (14.6 節) や，最小木問題を解くクラスカル法 (15 章) など，貪欲法に基づいたアルゴリズムが多数登場します．

また，本章で「問題の構造に関する考察のポイント」として挙げたものは，貪欲法の枠組みに限らず，極めて汎用的なものです．抽象的な表現となりますが，アルゴリズム設計において以下のような論法は非常に多く見られます．

- 探索範囲を絞ることで，現実的な計算時間で全探索が可能となる
- 意思決定の順序をある基準に沿って固定してよいことがわかるので，その順序に沿った動的計画法によって最適解が求められる

「問題の構造をしっかり考察したうえで，その構造を活かしたアルゴリズムを設計することの面白さ」を少しでも感じとっていただけたら幸いです．

さて，貪欲法によって最適解を導けるような問題は，そもそも問題自体がよい構造を有していることが多いといえるでしょう．現実世界で実際に直面する問題が，貪欲法によって最適解が導ける場面は多くありません．しかし，現実世界における多くの問題において，貪欲法によって得られる解は最適とはいえないまでも，しばしば最適解に近い解となっています (18.3 節，18.7 節)．現実的な計算時間では最適解が求められそうにない難問について 17 章で解説しますが，そのような問題に対しても，まずは貪欲法を検討することは有効です．

7.1 N 個の整数 $a_0, a_1, \ldots, a_{N-1}$ と，N 個の整数 $b_0, b_1, \ldots, b_{N-1}$ が与えられます．$a_0, \ldots, a_{N-1}$ から何個かと $b_0, \ldots, b_{N-1}$ から何個か選んでペアを作ります，ただし各ペア (a_i, b_j) は $a_i < b_j$ を満たさなければなりません．最大で何ペア作れるかを $O(N \log N)$ で求めるアルゴリズムを設計してください．(有名問題，難易度★★★☆☆)

7.2 2 次元平面上に，赤い点と青い点が N 個ずつあります．赤い点と青い点は，x 座標と y 座標がともに赤い点の方が小さいとき，仲良しであるといいます．いま，仲良しであるような赤い点と青い点をペアにしていくことを考えます．1 つの点が複数のペアに属することはできないものとします．最大で何組のペアを作ることができるかを $O(N^2)$ で求めるアルゴリズムを設計してください．

(出典: AtCoder Regular Contest 092 C - 2D Plane 2N Points，有名問題，難易度★★★★☆)

7.3 N 個の仕事があって，i 番目の仕事は d_i の時間を要し，締め切りは時刻 t_i です．同時に複数の仕事を実施することはできません．時刻 0 から仕事を開始したとき，すべての仕事を完了できるかどうかを $O(N \log N)$ で判定するアルゴリズムを設計してください．

(出典: AtCoder Beginner Contest 131 D - Megalomania，有名問題，難易度★★★☆☆)

第 8 章

データ構造(1)：
配列, 連結リスト, ハッシュテーブル

　7章までは，アルゴリズムの設計技法に関する話題を解説しました．本章からは趣向を変えて，設計したアルゴリズムを効果的に実現するためのデータ構造について解説します．データ構造とは「データのもち方」のことです．アルゴリズムを実行する際には，データのもち方の工夫次第で，効率が大きく変化します．本章ではデータ構造のうち，基本的な「配列」「連結リスト」「ハッシュテーブル」について解説します．

8.1 ● データ構造を学ぶ意義

　データ構造 (data structure) とはデータのもち方のことです．アルゴリズムを実装するときに，読み込んだ値や計算中に求めた値をデータ構造という形で保持して，必要に応じてデータ構造から所望の値を取り出す場面は非常に多くあります．このように，データ構造に値を挿入して管理したり，データ構造から所望の値を取り出したりするような要求を**クエリ** (query) とよぶことにします．本章では，

- クエリタイプ 1：要素 x をデータ構造に挿入する
- クエリタイプ 2：要素 x をデータ構造から削除する
- クエリタイプ 3：要素 x がデータ構造に含まれるかどうかを判定する

という 3 タイプのクエリ処理が何度も要求されるような場面を考えます．これらのクエリ処理を実現できるデータ構造は多数考えられますが，どのようなデータ構造を用いるかによって計算時間に大きな差が生じます．データ構造について学ぶことで，アルゴリズムの計算量を改善できたり，C++ や Python

表 8.1　各データ構造の各クエリに対する計算量

	配列	連結リスト	ハッシュテーブル
C++ でのライブラリ	vector	list	unordered_set
Python でのライブラリ	list	-	set
i 番目の要素へのアクセス	$O(1)$	$O(N)$	-
要素 x を挿入	$O(1)$	$O(1)$	$O(1)$
要素 x を特定の要素の直後に挿入	$O(N)$	$O(1)$	-
要素 x を削除	$O(N)$	$O(1)$	$O(1)$
要素 x を検索	$O(N)$	$O(N)$	$O(1)$

などで提供されている標準ライブラリの仕組みを理解して，それらを有効に活用できるようになったりします．

　本章では，基本的なデータ構造として「配列」「連結リスト」「ハッシュテーブル」について解説します．各データ構造には得意なクエリと苦手なクエリがあります（**表 8.1**）．場面に応じて適切に使い分けることが肝要です．表 8.1 の詳細について，次節から解説していきます．

8.2 ● 配列

　大量のデータに対し，1 つ 1 つの要素に気軽にアクセスできるようにするためのデータ構造としては，**配列** (array) が代表的です．

　配列とは，**図 8.1** のように，要素を 1 列に並べて各要素に容易にアクセスできるようにしたデータ構造です．配列を a としたとき，左から $0, 1, 2, \dots$ 番目の要素はそれぞれ $a[0], a[1], a[2], \dots$ と表すことができます[注1]．図 8.1 は数列 $a = (4, 3, 12, 7, 11, 1, 9, 8, 14, 6)$ を配列として表したものです．$a[0] = 4, a[1] = 3, a[2] = 12, \dots$ といった関係が成り立っています．

　配列を用いた処理を C++ で実装するときは，コード 8.1 のように

図 8.1　配列の概念図

注1　C++ や Python など多くのプログラミング言語では，配列の最初の要素を 0 番目の要素であると考えます．このような添字の与え方を **zero-based** であるといいます．

std::vector を用いると便利です (これまでの章でもすでに用いていました). Python では list を用います. ここで Python における list は配列を表すものであって, 8.3 節で解説する連結リストとは異なることに注意が必要です [注2].

code 8.1 配列 (std::vector) の使い方

```cpp
1   #include <iostream>
2   #include <vector>
3   using namespace std;
4
5   int main() {
6       vector<int> a = {4, 3, 12, 7, 11, 1, 9, 8, 14, 6};
7
8       // 0 番目の要素を出力 (4)
9       cout << a[0] << endl;
10
11      // 2 番目の要素を出力 (12)
12      cout << a[2] << endl;
13
14      // 2 番目の要素を 5 に書き換える
15      a[2] = 5;
16
17      // 2 番目の要素を出力 (5)
18      cout << a[2] << endl;
19  }
```

このプログラムを実行すると以下の結果になります.

```
4
12
5
```

コード 8.1 では, 配列 a に対して添字 i を指定して, データ a[i] の値を出力したり a[i] の値を書き換えたりしています. このような「データ a[i] にアクセスする処理」を高速に行えることが, 配列の利点です. 具体的には a[i] へのアクセスを $O(1)$ の計算量で実行できます. 一般に, データに対し, 記憶されている場所や書き込みの順序に関係なく直接アクセスすることを**ランダムアクセス** (random access) とよぶことがあります. 一方, 配列は以下の処理を苦手としています.

- 要素 x を要素 y の直後に挿入する (**図 8.2**)

注 2 なお Python の list は実際にはポインタの配列であり, データの実体は配列の外にあります.

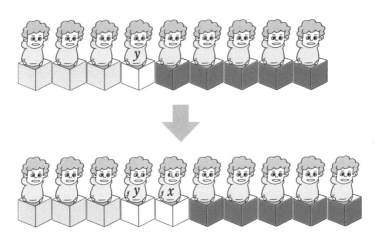

図 8.2 配列における「特定の要素の直後への挿入」の様子

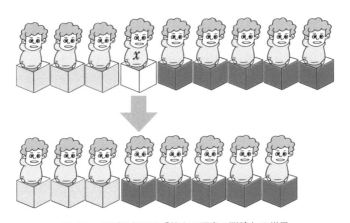

図 8.3 配列における「特定の要素の削除」の様子

- 要素 x を削除する (**図 8.3**)

配列のサイズを N とすると，これらの処理には最悪 $O(N)$ の計算量を要します．配列中の要素 y の直後に要素 x を挿入する操作では，まず，要素 y が配列中のどこにあるかを特定する必要があります．3.2 節で解説した線形探索法をここで活用できますが，この操作だけでも最悪 $O(N)$ の計算量を要します．さらに要素 x を挿入するためには，図 8.2 で示した赤色の部分を右にずらす必要があります [注3]．この操作にも最悪 $O(N)$ の計算量を要します．

配列中の要素 x を削除する操作においても同様に，要素 x を探索するのに $O(N)$ の計算量を要し，削除操作自体にも $O(N)$ の計算量を要します．

8.3 ● 連結リスト

配列の弱点である挿入・削除クエリに強いデータ構造として，**連結リスト** (linked list) があります．配列の苦手としていた挿入・削除操作をともに $O(1)$ の計算量で実行できます．

連結リストとは，**図 8.4** のように，各要素を**ポインタ** (pointer) とよばれる「矢印」によって 1 列に繋いだものです．ここで，連結リストを構成する 1 つ 1 つの要素のことをノードとよぶことにします．各ノードに対して，「次のノードはどれか」を表すポインタをもたせます．図 8.4 の場合，「佐藤」ノードの次が「鈴木」ノードで，その次が「高橋」ノードで，その次が「伊藤」ノードで，その次が「渡辺」ノードで，その次が「山本」ノードで，「山本」ノードの次は何もない状態となっています．なお，何もないことを表すダミーノード nil を用意しています．便宜的に，nil の次のノードは，先頭のノード「佐藤」であるとします．後述するように，このようなダミーノードを用意することにより，連結リストへの挿入・削除操作の実装が簡潔になります．このような目的で用意されるものを**番兵** (sentinel) とよぶことがあります．

連結リストは，図 8.4 のように，小学校の朝礼などでおなじみの「前へならえ」にたとえることができます．このとき各生徒は，「自分が全体の中で何番目か」という情報を持たなくても，「前の生徒が誰なのか」という情報さえ持っていれば，列ができあがることに注意します．連結リストは，配列とは異なり「各ノードが全体で何番目か」という情報は管理しません．連結リストは後述するように，挿入・削除クエリに適したデータ構造ですが，それらのクエリを処理するたびに「各ノードが全体で何番目か」に関する情報を更新するとなると，大きな計算時間を要するからです．

nil →　→　→　→　→　→ nil

佐藤　　鈴木　　高橋　　伊藤　　渡辺　　山本

図 8.4　連結リストの様子

各ノードがポインタで連結されているようなデータ構造を実装するためには，コード 8.2 のような**自己参照構造体** (self-referencing structure) を用いる方法があります．自己参照構造体とは，自分自身の型へのポインタをメンバにもつ構造体のことです．連結リストの 1 つ 1 つのノードを，自己参照構造体のインスタンスで表します．

code 8.2　自己参照構造体

```
1   struct Node {
2       Node* next; // 次がどのノードを指すか
3       string name; // ノードに付随している値
4
5       Node(string name_ = "") : next(NULL), name(name_) { }
6   };
```

8.4 ● 連結リストの挿入操作と削除操作

　本章では，連結リストに要素を挿入・削除する方法について考えます．まず挿入操作を扱います．

8.4.1　連結リストの挿入操作

　一般に，「ある特定の要素の直後に他の要素を挿入する」という操作は，**図 8.5** のように，ポインタ (矢印) をつなぎかえることで実現できます．この挿入操作はコード 8.3 のように実装できます．これは，ノード v をノード p の直後に挿入する関数となっています．

code 8.3　連結リストの挿入操作

```
1   // ノード p の直後にノード v を挿入する
2   void insert(Node* v, Node* p) {
3       v->next = p->next;
4       p->next = v;
5   }
```

　それでは，この挿入関数を用いて，図 8.4 の連結リストを構築してみましょう．図 8.4 の連結リストは，「空の連結リスト」から開始して，各ノードを順に挿入していくことで構築することができます．具体的には，コード 8.4 のように実装できます．まず，最初の「空の連結リスト」は，番兵の役割を果たすノード nil のみが存在している状態となります[注4]．このとき，nil の次

注 4　ここではアルゴリズム自体のわかりやすさのために，nil をグローバル領域に置く実装をしています．実際は，連結リスト全体を表す構造体を定義して，nil をそのメンバ変数としてもたせるとよいでしょう．

図 8.5　リストにおける「所定の要素の直後への挿入」の様子

ノードを nil 自身に設定しておきます．コード 8.4 では，この「空の連結リスト」に対し，

  1. nil の直後に「山本」ノードを挿入する
  2. nil の直後に「渡辺」ノードを挿入する
  3. nil の直後に「伊藤」ノードを挿入する
  4. nil の直後に「高橋」ノードを挿入する
  5. nil の直後に「鈴木」ノードを挿入する
  6. nil の直後に「佐藤」ノードを挿入する

という挿入操作を順に行うことで，図 8.4 の連結リストを構築しています．最後に，24 行目の関数 printList は，連結リストの各ノードに格納された値を順に出力するものです．先頭のノード (番兵ノード nil の次のノード) から出発して，

- ノードに付随した文字列を出力する
- 次のノードへ進む

という処理を繰り返しています．

code 8.4　連結リストを，挿入操作を用いて構築する

```
1   #include <iostream>
2   #include <string>
3   #include <vector>
4   using namespace std;
5
6   // 連結リストの各ノードを表す構造体
7   struct Node {
8       Node* next; // 次がどのノードを指すか
9       string name; // ノードに付随している値
10
11      Node(string name_ = "") : next(NULL), name(name_) { }
12  };
13
14  // 番兵を表すノードをグローバル領域に置いておく
15  Node* nil;
16
17  // 初期化
18  void init() {
19      nil = new Node();
20      nil->next = nil; // 初期状態では nil が nil を指すようにする
21  }
22
23  // 連結リストを出力する
24  void printList() {
25      Node* cur = nil->next; // 先頭から出発
26      for (; cur != nil; cur = cur->next) {
27          cout << cur->name << " -> ";
28      }
29      cout << endl;
30  }
31
32  // ノード p の直後にノード v を挿入する
33  // ノード p のデフォルト引数を nil としておく
34  // そのため insert(v) を呼び出す操作は，リストの先頭への挿入を表す
35  void insert(Node* v, Node* p = nil) {
```

```
36      v->next = p->next;
37      p->next = v;
38  }
39
40  int main() {
41      // 初期化
42      init();
43
44      // 作りたいノードの名前の一覧
45      // 最後尾のノード（「山本」）から順に挿入することに注意
46      vector<string> names = {"yamamoto",
47                              "watanabe",
48                              "ito",
49                              "takahashi",
50                              "suzuki",
51                              "sato"};
52
53      // 各ノードを生成して，連結リストの先頭に挿入していく
54      for (int i = 0; i < (int)names.size(); ++i) {
55          // ノードを作成する
56          Node* node = new Node(names[i]);
57
58          // 作成したノードを連結リストの先頭に挿入する
59          insert(node);
60
61          // 各ステップの連結リストの様子を出力する
62          cout << "step " << i << ": ";
63          printList();
64      }
65  }
```

これを実行すると，目的通りの出力結果が得られます．

```
step 0: yamamoto ->
step 1: watanabe -> yamamoto ->
step 2: ito -> watanabe -> yamamoto ->
step 3: takahashi -> ito -> watanabe -> yamamoto ->
step 4: suzuki -> takahashi -> ito -> watanabe -> yamamoto ->
step 5: sato -> suzuki -> takahashi -> ito -> watanabe -> yamamoto ->
```

8.4.2 連結リストの削除操作

次に，連結リストにおいて「ある特定の要素を削除する」操作を解説します．「削除」は「挿入」と比べると少し難しくて工夫が必要です．**図 8.6** に示すように，「渡辺」ノードを削除するためには，「渡辺」ノードの前にある「伊

「渡辺」から，
前ノード「伊藤」を
取得したい

図 8.6　リストにおける「所定の要素の削除」の様子

藤」ノードに対しても操作する必要があります．「伊藤」ノードの指すポインタを，「渡辺」ノードから「山本」ノードへとつなぎ変える必要があるためです．つまり，ある特定のノードを削除したいときは，削除したいノードの前のノードを取得できるようにする必要があります．

　この問題を解決する方法はさまざまありますが，**図 8.7** のように，**双方向連結リスト** (bidirectional linked list) を用いる方法が簡単です．双方向連

図 8.7　双方向連結リストの概念図

結リストは，各ノードをつなぐポインタが双方向となるようにしたものです．これを実現するために，コード 8.2 で示した自己参照構造体を，コード 8.5 のように修正します．各ノードのメンバ変数として，次ノードへのポインタ *next だけでなく前ノードへのポインタ *prev ももたせます．なお，双方向でない連結リストについて，特にそのことを強調したい場合には，**単方向連結リスト**とよびます．

code 8.5　双方向への自己参照構造体

```
1  struct Node {
2      Node *prev, *next;
3      string name; // ノードに付随している値
4
5      Node(string name_ = "") :
6      prev(NULL), next(NULL), name(name_) { }
7  };
```

修正した自己参照構造体を用いて，双方向連結リストは，コード 8.6 のように実装できます．順を追って見ていきましょう．まず，連結リストを双方向にしたことによって，挿入操作を**図 8.8** (135 ページ) のように変更する必要があります．少々複雑ですが，コード 8.6 の関数 insert のように実装できます．そして削除操作は，**図 8.9** (136 ページ) のように実現します．これはコード 8.6 の関数 erase のように実装できます．関数 insert と関数 erase を用いて，コード 8.6 は，以下の処理を具体的に実行します．

1. 関数 insert を用いて，図 8.9 上に示すような，「渡辺」ノードを含む双方向連結リストを構築します．
2. 関数 erase を用いて，「渡辺」ノードを削除します．

code 8.6　削除操作も可能にした双方向連結リスト

```
1   #include <iostream>
2   #include <string>
3   #include <vector>
4   using namespace std;
5
6   // 連結リストの各ノードを表す構造体
7   struct Node {
8       Node *prev, *next;
9       string name; // ノードに付随している値
10
11      Node(string name_ = "") :
```

```
12          prev(NULL), next(NULL), name(name_) { }
13      };
14
15      // 番兵を表すノードをグローバル領域に置いておく
16      Node* nil;
17
18      // 初期化
19      void init() {
20          nil = new Node();
21          nil->prev = nil;
22          nil->next = nil;
23      }
24
25      // 連結リストを出力する
26      void printList() {
27          Node* cur = nil->next; // 先頭から出発
28          for (; cur != nil; cur = cur->next) {
29              cout << cur->name << " -> ";
30          }
31          cout << endl;
32      }
33
34      // ノード p の直後にノード v を挿入する
35      void insert(Node* v, Node* p = nil) {
36          v->next = p->next;
37          p->next->prev = v;
38          p->next = v;
39          v->prev = p;
40      }
41
42      // ノード v を削除する
43      void erase(Node *v) {
44          if (v == nil) return; // v が番兵の場合は何もしない
45          v->prev->next = v->next;
46          v->next->prev = v->prev;
47          delete v; // メモリを開放
48      }
49
50      int main() {
51          // 初期化
52          init();
53
54          // 作りたいノードの名前の一覧
55          // 最後尾のノード（「山本」）から順に挿入することに注意
56          vector<string> names = {"yamamoto",
57                                  "watanabe",
58                                  "ito",
59                                  "takahashi",
```

```
60                             "suzuki",
61                             "sato"};
62
63      // 連結リスト作成：各ノードを生成して連結リストの先頭に挿入していく
64      Node *watanabe;
65      for (int i = 0; i < (int)names.size(); ++i) {
66          // ノードを作成する
67          Node* node = new Node(names[i]);
68
69          // 作成したノードを連結リストの先頭に挿入する
70          insert(node);
71
72          // 「渡辺」ノードを保持しておく
73          if (names[i] == "watanabe") watanabe = node;
74      }
75
76      // 「渡辺」ノードを削除する
77      cout << "before: ";
78      printList(); // 削除前を出力
79      erase(watanabe);
80      cout << "after: ";
81      printList(); // 削除後を出力
82  }
```

これを実行すると，目的通りの出力結果が得られます．

```
before: sato -> suzuki -> takahashi -> ito -> watanabe -> yamamoto ->
after: sato -> suzuki -> takahashi -> ito -> yamamoto ->
```

8.5 ● 配列と連結リストの比較

　配列と連結リストのメリットとデメリットについてまとめます．配列は「i番目の要素にアクセスする」という処理を$O(1)$の計算量でできることが大きなメリットですが，特定の要素yの直後に要素xを挿入したり，要素xを削除したりする場合には，$O(N)$の計算量を要することがデメリットです．連結リストは，これらの挿入・削除操作を$O(1)$の計算量で実現できることがメリットとなっています．一方，配列とは異なり，i番目の要素へのアクセスに$O(N)$の計算量を要することがデメリットです[注5]．

　実用上は多くのアルゴリズムにおいては，i番目の要素へのアクセスを頻繁に行うため，配列が盛んに用いられます．連結リストが用いられる機会は

注5　連結リストにおいてi番目の要素にアクセスするためには，先頭から順にi個のノードをたどっていく必要があります．

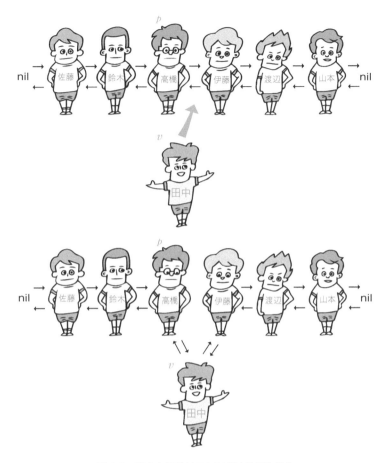

図 8.8 双方向連結リストにおける挿入操作

あまり多くないかもしれません．しかし連結リストは，限られた場面では大きな力を発揮します．そして連結リストは，単体で活躍するデータ構造というよりは，さまざまなデータ構造の部品として活用されることも多々あります．以上の配列と連結リストの特徴をまとめると**表8.2**のようになります．

ここで，配列への挿入操作に関する注意点を述べます．配列では，特定の要素の直後への挿入操作には $O(N)$ の計算量を要しますが，最後尾への挿入については $O(1)$[注6] の計算量で実現できます．設計したいアルゴリズムにおいて，挿入後の要素の順序に大きな意味がないならば，配列は大変使い勝手がよいです．なお，C++ の std::vector と Python の list（連結リスト

注6　これは厳密にはならし計算量ですが，ここでは深入りしないことにします．

図 8.9　双方向連結リストにおける削除操作

表 8.2　配列と連結リストの比較

クエリ	配列	連結リスト	備考
i 番目の要素へのアクセス	$O(1)$	$O(N)$	
要素 x を最後尾へ挿入	$O(1)$	$O(1)$	
要素 x を特定の要素の直後に挿入	$O(N)$	$O(1)$	連結リストでは，特定のノード p を指定すれば，p の直後への挿入処理を $O(1)$ の計算量で実現できます．
要素 x を削除	$O(N)$	$O(1)$	ただし連結リストにおいて，特定の要素 x 自体を探索する必要がある場合には，その探索に $O(N)$ の計算量がかかります．
要素 x を検索	$O(N)$	$O(N)$	3 章で解説した線形探索法を適用します．

ではなく配列です) のそれぞれについて，配列 a の最後尾に要素 x を挿入する処理は，以下のように記述できます．

```
1 │  a.push_back(x); // C++
```

```
1 │  a.append(x) # Python
```

さて，表 8.2 を見ると，要素 x を検索する処理は，配列を用いても連結リストを用いても $O(N)$ の計算量を要することがわかります．配列 a に要素 x が含まれるかどうかを判定する処理は，C++ の `std::vector`，Python の `list` のそれぞれについて，以下のように記述できます．

```
1 │  // C++
2 │  if (find(a.begin(), a.end(), x) != a.end()) {
3 │      (処理)
4 │  }
```

```
1 │  # Python
2 │  if x in a:
3 │      (処理)
```

特に Python については極めて簡単な記述であるため，しばしば $O(N)$ の計算量を要することを見逃してしまいがちです．サイズの大きな配列を扱う場合には注意しましょう．

以上の事情を踏まえると，特定の要素 x が含まれるかどうかを高速に判定できるデータ構造も必要になってくることがわかります．そのようなデータ構造としては，以下のものがあります．

- ハッシュテーブル：平均的に $O(1)$ の計算量で検索できます
- 平衡二分探索木：$O(\log N)$ の計算量で検索できます

ハッシュテーブルについては次節で解説します．ハッシュテーブルは，要素 x の検索を平均的に $O(1)$ の計算量で実現できます．さらに，要素の挿入や削除も平均的に $O(1)$ の計算量で実現できます．そのような性能面のみを取り上げると，ハッシュテーブルは配列や連結リストの上位互換であるようにも思われるかもしれません．しかし，「i 番目の要素」や「次の要素」といった，各要素間の順序に関する情報をもたないデータ構造であることに注意が必要です．平衡二分探索木については，詳しい解説は本書では行いませんが，10.8 節で概要を紹介します．

8.6 ● ハッシュテーブル

8.6.1 ハッシュテーブルの考え方

ハッシュテーブルの考え方を体験するために，まずは簡単な例に触れてみましょう．M を正の整数，x を 0 以上 M 未満の整数として，以下の 3 つのクエリを高速に処理することを考えます．

- クエリタイプ 1：整数値 x をデータ構造に挿入する
- クエリタイプ 2：整数値 x をデータ構造から削除する
- クエリタイプ 3：整数値 x がデータ構造に含まれるかどうかを判定する

これまでの「挿入」「削除」「検索」クエリと比べると，クエリ対象とする要素 x を，0 以上 M 未満の整数値のみに限っていることに注意します[注7]．このとき，x を添字にもつ配列 $T[x]$ を用意して，

ハッシュテーブルのアイディアを示す配列

$T[x] \leftarrow$ データ構造中に値 x が存在するかどうかを表す値 (true または false)

と定義します．この配列 T を用いると，各クエリを**表 8.3** のように実現できます．こうして，「挿入」「削除」「検索」のいずれのクエリに対しても $O(1)$ の計算量で処理できることがわかりました．

このような配列を**バケット** (bucket) とよぶことがあります．なお，バケットを有効に用いることで実現できる高速なアルゴリズムとして，バケットソート (12.8 節) があります．バケットのアイディアは大変魅力的です．しかしこのままでは，その適用場面が，クエリ対象となる要素 x が 0 以上 M 未満の整数値である場合に限られます．そこで，このアイディアに汎用性をも

表 8.3 バケットを用いた挿入・削除・検索クエリ処理

クエリ	計算量	実装
整数値 x の挿入	$O(1)$	$T[x] \leftarrow$ true
整数値 x の削除	$O(1)$	$T[x] \leftarrow$ false
整数値 x の検索	$O(1)$	$T[x]$ が true かどうか

注 7 後述するアイディアによってクエリ処理を実現する場合，$O(M)$ のメモリ容量を必要とします．ごく一般的な家庭用パソコンを仮定した場合，$M = 10^9 \sim 10^{10}$ 程度が限界となります．

たせるために用いられるものが**ハッシュテーブル** (hash table) です．ハッシュテーブルでは，整数とは限らない一般的なデータ集合 S の各要素 x に対し，$0 \le h(x) < M$ を満たす整数 $h(x)$ に対応させることを考えます．このとき $h(x)$ を**ハッシュ関数** (hash function) とよびます[注8]．また x のことをハッシュテーブルの**キー** (key) とよび，ハッシュ関数の値 $h(x)$ のことを**ハッシュ値** (hash value) とよびます．また，どのキー $x \in S$ に対してもハッシュ値 $h(x)$ が異なるようなハッシュ関数を**完全ハッシュ関数** (perfect hash function) とよびます．もし仮に，完全ハッシュ関数を設計できたならば，上記と同様の配列 T を用意することで，「挿入」「削除」「検索」といったクエリをそれぞれ $O(1)$ の計算量で実行できます．具体的には，**図8.10** のように，S の各要素 x を，整数 $h(x)$ に対応付けして，表8.3を**表8.4**のように修正します．このような仕組みによって各クエリを処理するデータ構造をハッシュテーブルとよびます．

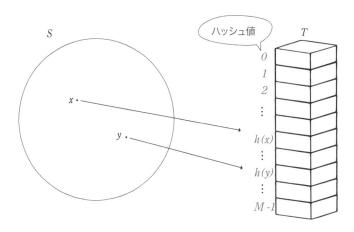

図 8.10　ハッシュテーブルの考え方

表 8.4　完全ハッシュ関数が設計できた場合の，ハッシュテーブルにおける挿入・削除・検索クエリ処理

クエリ	計算量	実装
要素 x の挿入	$O(1)$	$T[h(x)] \leftarrow$ true
要素 x の削除	$O(1)$	$T[h(x)] \leftarrow$ false
要素 x の検索	$O(1)$	$T[h(x)]$ が true かどうか

注 8　たとえば S が文字列の集合であるとき，a を整数として次のようなハッシュ関数を考えることができます．文字列 $x = c_1 c_2 \cdots c_m$ に対して，$h(x) = (c_1 a^{m-1} + c_2 a^{m-2} + \cdots + c_m a^0) \mod M$ とします．このとき $h(x)$ は 0 以上 M 未満の整数値となります．このようなハッシュ関数を**ローリングハッシュ**とよびます．

8.6.2 ハッシュの衝突対策

前節では，完全ハッシュ関数が実現できた場合のハッシュテーブルについて説明しました．しかし，現実的な用途において，完全ハッシュ関数を設計することは困難です．そこで，異なる要素 $x, y \in S$ に対して $h(x) = h(y)$ となりうる場合について対策を行います．なお，異なる要素に対してハッシュ値が等しくなることをハッシュの**衝突** (collision) といいます．ハッシュの衝突を解決する方法はさまざまなものが考えられますが，**図 8.11** のように，各ハッシュ値ごとに連結リストを構築する方法が代表的です．

まず，前節で述べた配列 T を次のように修正します．S の各要素 x に対し，ハッシュ値 $h(x)$ が等しいもの同士で連結リストを構築し，$T[h(x)]$ には，その連結リストの先頭を指すポインタを格納します．要素 $x \in S$ を新たにハッシュテーブルに挿入するときは，それをハッシュ値 $h(x)$ に対応する連結リストに x を挿入し，$T[h(x)]$ をその先頭を指すポインタに書き換えます．また，ハッシュテーブルから要素 $x \in S$ を検索するときには，$T[h(x)]$ が指す連結リストをたどり，その連結リストの各ノードの中身を x と照合します．

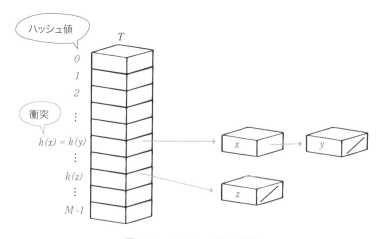

図 8.11　ハッシュの衝突対策

8.6.3 ハッシュテーブルの計算量

連結リストを用いたハッシュテーブルの計算量について考えます．最悪ケースは，データ構造に挿入した N 個のキーがすべて同一のハッシュ値をもつ場合です．この場合には，キーの探索に $O(N)$ の計算量を要してしまいます．

しかし，ハッシュ関数が十分よい性能をもつとき，理想的には「任意のキーに対してハッシュ値が特定の値をとる確率が $\frac{1}{M}$ であり，任意の 2 つのキーに対して，それらの類似性とは関係なくハッシュ値が衝突する確率が $\frac{1}{M}$ である」という**単純一様ハッシュ** (simple uniform hashing) の仮定を満たすとき，ハッシュテーブルの各要素にアクセスする計算量は平均的に $O(1 + \frac{N}{M})$ となります．ここで $\alpha = \frac{N}{M}$ を**負荷率** (load factor) とよびます．負荷率はハッシュテーブルの振る舞いを示す重要な指標です．経験的には $\alpha = \frac{1}{2}$ 程度とすれば，十分 $O(1)$ の計算量が達成できることが知られています．

8.6.4　C++ や Python におけるハッシュテーブル

C++ や Python におけるハッシュテーブルについて紹介します．C++ では std::unordered_set，Python では集合型 set を用いることができます．それぞれ変数名を a としたとき，「要素 x の挿入」「要素 x の削除」「要素 x の検索」はコード 8.7 (C++)，8.8 (Python) によって，いずれも平均的に $O(1)$ の計算量で実行できます．

code 8.7　C++ におけるハッシュテーブルの挿入・削除・検索クエリ処理

```
1  // 要素 x の挿入
2  a.insert(x);
3
4  // 要素 x の削除
5  a.erase(x);
6
7  // 要素 x の検索
8  if (a.count(x)) {
9      (処理)
10 }
```

code 8.8　Python におけるハッシュテーブルの挿入・削除・検索クエリ処理

```
1  # 要素 x の挿入
2  a.add(x);
3
4  # 要素 x の削除
5  a.remove(x)
6
7  # 要素 x の検索
8  if x in a:
9      (処理)
```

なお，C++ では std::set を用いる方法も有力です．std::set は「挿入」
「削除」「検索」をそれぞれ $O(\log N)$ の計算量で実行できて十分高速です．
std::set は多くの場合，**平衡二分探索木** (self-balancing binary search tree)
の一種である**赤黒木** (red-black tree) を用いて実現されています．

8.6.5　連想配列

　通常の配列 a は，非負整数値のみを添字にとることができます．a["cat"]
のように文字列 "cat" を添字にとることができません．しかし，一般的な
データ集合 S に対しても，適切なハッシュ関数 h を設計することで，S の
各要素 x を非負整数値 $h(x)$ に対応付けることができます．これによって S
の各要素 x を添字にもつ配列 a[x] を考えることができるようになります．
このような配列を**連想配列** (associative array) とよびます．

　連想配列を実現するデータ構造としてハッシュテーブルを採用した場合，連
想配列中の各要素へのアクセスをすべて平均的に $O(1)$ の計算量で実行でき
ます．C++ では std::unordered_map，Python では辞書型 dict として
実装されています．なお，連想配列を実現するためのデータ構造は必ずしも
ハッシュテーブルである必要はありません．C++ の標準ライブラリとして用
意されている連想配列の１つである std::map は，std::set と同じく，多
くの場合は赤黒木を用いて実現されており，各要素へのアクセスを $O(\log N)$
の計算量で行います．

8.7 ● まとめ

　本章では，基本的なデータ構造として，配列，連結リスト，ハッシュテー
ブルについて紹介しました．特に「要素の挿入」「要素の削除」「要素の検索」
といったクエリに対するパフォーマンスを比較しながら解説しました．最後
に，各データ構造の特徴について，**表 8.5** にまとめます．10.7 節で解説する
ヒープも含めています．総じて，処理したいクエリ内容に応じて，適切なデー
タ構造を用いることが肝要です．

表 8.5　各データ構造の各クエリに対する計算量

	配列	連結リスト	ハッシュテーブル	平衡二分探索木	ヒープ
C++ での実現	vector	list	unordered_set	set	priority_queue
Python での実現	list	-	set	-	heapq
i 番目の要素へのアクセス	$O(1)$	$O(N)$	-	-	-
データ構造のサイズの取得	$O(1)$	$O(1)$	$O(1)$	$O(1)$	$O(1)$
要素 x を挿入	$O(1)$	$O(1)$	$O(1)$	$O(\log N)$	$O(\log N)$
要素 x を特定の要素の直後に挿入	$O(N)$	$O(1)$	-	-	-
要素 x を削除	$O(N)$	$O(1)$	$O(1)$	$O(\log N)$	$O(\log N)$
要素 x を検索	$O(N)$	$O(N)$	$O(1)$	$O(\log N)$	-
最大値を取得	-	-	-	$O(\log N)$	$O(1)$
最大値を削除	-	-	-	$O(\log N)$	$O(\log N)$
k 番目に小さな値を取得 [注9]	-	-	-	$O(\log N)$	-

●　●　●　●　●　●　●　●　**章末問題**　●　●　●　●　●　●　●　●

8.1　連結リストのコード 8.6 において，連結リストの各ノードに格納された値を順に出力する関数 printList (26〜32 行目) の処理に要する計算量を評価してください．（難易度★☆☆☆☆）

8.2　サイズが N の連結リストにおいて，get(i) を head からスタートして i 番目の要素を取得する関数とします．このとき以下のコードの計算量を求めてください．（難易度★☆☆☆☆）

```
1    for (int i = 0; i < N; ++i) {
2      cout << get(i) << endl;
3    }
```

8.3　連結リストにおいて，サイズを $O(1)$ で取得できるようにする方法を述べてください．（難易度★★☆☆☆）

注 9　C++の std:set では，k 番目に小さな値を取得するメンバ関数は標準では提供されていません．

8.4 単方向連結リストにおいて，特定のノード v を削除する方法を述べてください．ただし，$O(N)$ の計算量を要してもよいものとします．（難易度★★☆☆☆）

8.5 N 個の相異なる整数 $a_0, a_1, \ldots, a_{N-1}$ と，M 個の相異なる整数 $b_0, b_1, \ldots, b_{M-1}$ が与えられます．a と b とで共通する整数の個数を，平均的に $O(N + M)$ の計算量で求めるアルゴリズムを設計してください．（難易度★★☆☆☆）

8.6 N 個の整数 $a_0, a_1, \ldots, a_{N-1}$ と，M 個の整数 $b_0, b_1, \ldots, b_{M-1}$ が与えられます．$a_i = b_j$ となるような添字 i, j の組の個数を，平均的に $O(N + M)$ の計算量で求めるアルゴリズムを設計してください．（難易度★★★☆☆）

8.7 N 個の整数 $a_0, a_1, \ldots, a_{N-1}$ と，N 個の整数 $b_0, b_1, \ldots, b_{N-1}$ が与えられます．2 組の整数列からそれぞれ 1 個ずつ整数を選んで和を K とすることができるかどうかを，平均的に $O(N)$ の計算量で判定するアルゴリズムを設計してください．なお，6.6 節では，類似の問題に対する，二分探索法に基づいた $O(N \log N)$ の計算量のアルゴリズムを示しました．（難易度★★★☆☆）

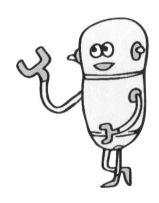

第 9 章

データ構造(2)：
スタックとキュー

　スタックとキューは，「次々と降ってくるタスクをどのような順序で処理していくか」についての考え方を表現するデータ構造です．前章で解説した配列，連結リスト，ハッシュテーブルと同様に，基本的なデータ構造としてよく使われます．スタックとキューは，配列や連結リストを用いて実現できます．したがって，何か特別なデータ構造であるというよりは，「配列や連結リスト構造の上手な使い方のうちの 1 つ」としてとらえることがよいといえます．本章では，スタックとキューの考え方や使いどころについて解説します．

9.1 ● スタックとキューの概念

　タスクが次々と降ってくる状況において，「降ってきたタスクをどのような順序で処理していくか」というのはコンピュータ上においても日常生活においても普遍的な問題意識といえます．本章で学ぶ**スタック** (stack) と**キュー** (queue) は，そのような問題意識に対して，基本的かつ典型的な考え方を表現するデータ構造です．

　抽象的に定式化すると，スタックとキューはともに以下のクエリ処理をサポートするデータ構造です (**図 9.1**)．

- push(x)：要素 x をデータ構造に挿入する
- pop()：データ構造から要素を 1 つ取り出す
- isEmpty()：データ構造が空かどうかを調べる

これらのクエリのうち，pop 時にどの要素を選ぶかについてはさまざまな方法が考えられ，場面や用途に応じた考え方を反映させることで，さまざまな

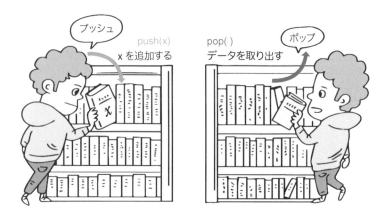

図 9.1　スタックとキューの共通のフレームワーク

データ構造を設計できます．そのうちスタックとキューは，pop 時の挙動を**表 9.1** のように定めたものです．なお，通常キューに対する push, pop はそれぞれ enqueue, dequeue とよびます．以降はこの用語を用います．

表 9.1　スタックとキューの仕様

データ構造	pop の仕様
スタック	データ構造に入っている要素のうち，**最後に** push された要素を取り出します
キュー	データ構造に入っている要素のうち，**最初に** push された要素を取り出します

　スタックは**図 9.2** のように，ものが積み上がった状態にたとえられます．この状態から最も上にある本を取り出すという動作は，積み上げられた本のうち最後に積み上げた本を取り出していることになります．このような動作を**LIFO** (last-in first-out) であるといいます．スタックの用途としては，Web ブラウザの訪問履歴 (戻るボタンが pop に対応します) や，テキストエディタにおける Undo 系列などが挙げられます．

　キューは図 9.2 のように，「ラーメン屋の行列」などにたとえられます．古いデータから先に処理していく考え方です．このように最初に挿入された要素から順に取り出していく動作を **FIFO** (first-in first-out) であるといいます．キューの用途としては，航空券予約のキャンセル待ち処理や，印刷機のジョブスケジューリングなどが挙げられます．

図 9.2　スタックとキューの概念

9.2 ● スタックとキューの動作と実装

　本節では，スタックとキューの動作の詳細を具体的に追うことで，理解を深めます．スタックとキューはいずれも配列を用いて簡単に実現できます[注1]．また，スタックとキューはそれぞれ C++ では標準ライブラリとして，std::stack と std::queue が用意されています．特にキューについては，メモリ管理を効率よく行いながら実装することが大変なため，実践的には std::queue を用いるのが便利です．

9.2.1　スタックの動作と実装

　スタックの動作を配列を用いて考えると**図 9.3** のようになります．たとえば，空の状態から「$3, 7, 5, 4$」がこの順に挿入された状態のスタックに 2 を push すると「$3, 7, 5, 4, 2$」となります．この状態で pop すると，図 9.3 に示したように 2 が取り出されて，再び「$3, 7, 5, 4$」の状態になります．さらに続けて pop すると 4 が取り出されて，「$3, 7, 5$」の状態になります．

　スタックを実装するためには，図 9.3 のように，スタック中の最後に挿入

注 1　スタックとキューを連結リストを用いて実現する方法もありますが，それらについては章末問題 9.1 とします．

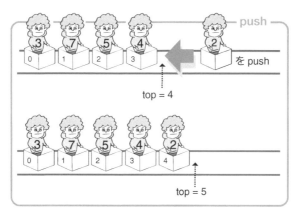

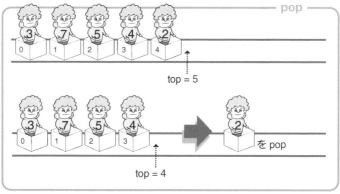

図 9.3　スタックの push と pop の様子

された要素の添字の次の添字 (次に新たに要素を push するときにそれを格納する添字) を示す変数 top を用いると明快です．このとき top は同時に「スタックに格納されている要素数」も表しています．push については，図 9.3 のように，添字 top の位置に挿入した要素を格納し，top をインクリメントします．pop については top をデクリメントして top の位置にあった要素を出力します [注2]．

　以上の処理は，たとえばコード 9.1 のように実装できます．ここでは，配列のサイズを固定した状態で実装しています．また，スタックが空のとき (top == 0 のとき) に pop しようとする場合や，スタックが満杯のとき (top == MAX のとき) に push しようとする場合については例外処理を行っています．

注 2　変数をインクリメントするとは，変数の値を 1 増やすことをいいます．また，変数をデクリメントするとは，変数の値を 1 減らすことをいいます．

code 9.1　スタックの実装

```cpp
#include <iostream>
#include <vector>
using namespace std;
const int MAX = 100000; // スタック配列の最大サイズ

int st[MAX]; // スタックを表す配列
int top = 0; // スタックの先頭を表す添字

// スタックを初期化する
void init() {
    top = 0; // スタックの添字を初期位置に
}

// スタックが空かどうかを判定する
bool isEmpty() {
    return (top == 0); // スタックサイズが 0 かどうか
}

// スタックが満杯かどうかを判定する
bool isFull() {
    return (top == MAX); // スタックサイズが MAX かどうか
}

// push
void push(int x) {
    if (isFull()) {
        cout << "error: stack is full." << endl;
        return;
    }
    st[top] = x; // x を格納して
    ++top; // top を進める
}

// pop
int pop() {
    if (isEmpty()) {
        cout << "error: stack is empty." << endl;
        return -1;
    }
    --top; // top をデクリメントして
    return st[top]; // top の位置にある要素を返す
}

int main() {
    init(); // スタックを初期化

    push(3); // スタックに 3 を挿入する {} -> {3}
```

```
48        push(5); // スタックに 5 を挿入する {3} -> {3, 5}
49        push(7); // スタックに 7 を挿入する {3, 5} -> {3, 5, 7}
50
51        cout << pop() << endl; // {3, 5, 7} -> {3, 5} で 7 を出力
52        cout << pop() << endl; // {3, 5} -> {3} で 5 を出力
53
54        push(9); // 新たに 9 を挿入する {3} -> {3, 9}
55    }
```

9.2.2 キューの動作と実装

　前節で見たように，スタックの配列を用いた実現方法は，左側が閉じているイメージ，あるいは行き止まりのトンネルの中に要素を突っ込んでいるようなイメージです．一方，キューは**図 9.4** のように，「両端が開いている」イメージです．たとえば，空の状態から「3, 7, 5, 4」がこの順に挿入された状態のキューに 2 を enqueue すると「3, 7, 5, 4, 2」の状態となります．この状態

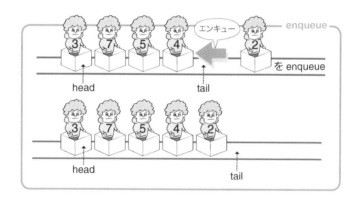

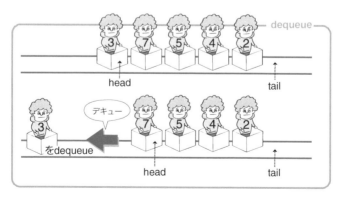

図 9.4　キューの enqueue と dequeue の様子

で dequeue すると，図 9.4 のように 3 が取り出されて「7, 5, 4, 2」の状態となります．

キューは，

- 最初に挿入された要素の添字を表す変数 head
- 最後に挿入された要素の次の添字を表す変数 tail

の両方を用いることで実現できます．しかしここで 1 つ問題が生じます．キューで enqueue と dequeue を繰り返していると，tail だけでなく head も右へ右へと進んでいくので，head も tail もドンドン右に移動することになります．このままでは不必要に大きな配列サイズが必要となってしまいます．これを解決する仕組みとして広く用いられている方法が，**リングバッファ**とよばれる配列の使い方です．サイズを N としたリングバッファにおいては，添字 tail や head は $0, 1, \ldots, N-1$ の範囲内で動きます．tail = N-1 の状態から tail をインクリメントするとき，tail = N とするのではなく tail = 0 に戻ります．head についても同様です．このような仕組みを用いることにより，head や tail をいくらでもインクリメントすることができます．**図 9.5** は $N = 12$ の場合を表しています．

リングバッファを用いると，キューは，コード 9.2 のように実装できます．スタックの場合と同様に，キューが空のとき (head == tail のとき) に dequeue しようとする場合とキューが満杯のとき (head == (tail + 1) %

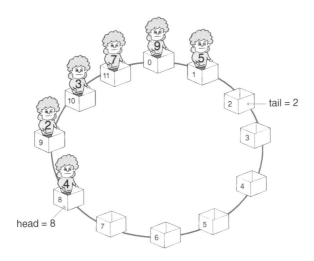

図 9.5 キューを実現するリングバッファの仕組み

MAX のとき [注3]) に enqueue しようとする場合については例外処理を行っています.

code 9.2　キューの実装

```
1    #include <iostream>
2    #include <vector>
3    using namespace std;
4    const int MAX = 100000; // キュー配列の最大サイズ
5
6    int qu[MAX]; // キューを表す配列
7    int tail = 0, head = 0; // キューの要素区間を表す変数
8
9    // キューを初期化する
10   void init() {
11       head = tail = 0;
12   }
13
14   // キューが空かどうかを判定する
15   bool isEmpty() {
16       return (head == tail);
17   }
18
19   // キューが満杯かどうかを判定する
20   bool isFull() {
21       return (head == (tail + 1) % MAX);
22   }
23
24   // enqueue
25   void enqueue(int x) {
26       if (isFull()) {
27           cout << "error: queue is full." << endl;
28           return;
29       }
30       qu[tail] = x;
31       ++tail;
32       if (tail == MAX) tail = 0; // リングバッファの終端に来たら 0 に
33   }
34
35   // dequeue
36   int dequeue() {
37       if (isEmpty()) {
38           cout << "error: queue is empty." << endl;
39           return -1;
40       }
41       int res = qu[head];
42       ++head;
```

注 3　ここではバッファに挿入されている要素の個数が MAX - 1 の状態を満杯であるとしています.

```
43        if (head == MAX) head = 0; // リングバッファの終端に来たら 0 に
44        return res;
45    }
46
47    int main() {
48        init(); // キューを初期化
49
50        enqueue(3); // キューに 3 を挿入する {} -> {3}
51        enqueue(5); // キューに 5 を挿入する {3} -> {3, 5}
52        enqueue(7); // キューに 7 を挿入する {3, 5} -> {3, 5, 7}
53
54        cout << dequeue() << endl; // {3, 5, 7} -> {5, 7} で 3 を出力
55        cout << dequeue() << endl; // {5, 7} -> {7} で 5 を出力
56
57        enqueue(9); // 新たに 9 を挿入する {7} -> {7, 9}
58    }
```

9.3 ● まとめ

　スタックとキューは，コンピュータ科学の全域で登場する基本的な考え方であり，さまざまな場面で暗黙のうちに使用されています．スタックとキューの応用例で重要なものとしては，グラフ探索が挙げられます．3 章ですでに述べた通り，探索はあらゆるアルゴリズムの基本になるものですが，スタックとキューの考え方を探索問題に適用することで，**深さ優先探索** (depth-first search, DFS) や**幅優先探索** (breadth-first search, BFS) という重要なグラフ探索技法を設計できます．これについては 13 章で詳しく解説します．

❀ ● ❀ ● ❀ ● ❀　章末問題　● ❀ ● ❀ ● ❀ ●

9.1　連結リストを用いてスタックとキューを実現してください.
　　（難易度★★☆☆☆）

9.2　**逆ポーランド記法**とは，数式の記法の一種であり，

$$(3+4)*(1-2)$$

という数式に対して

$$3 \quad 4 \quad + \quad 1 \quad 2 \quad - \quad *$$

というように，演算子を数値の後ろに記述する記法です．括弧が不要

になるメリットがあります．逆ポーランド記法で記述された数式を入力として受け取って，その計算結果を出力するアルゴリズムを設計してください．（難易度★★★☆☆）

9.3 "(()(())())(()())" のような '(' と ')' からなる，長さ $2N$ の文字列が与えられます (N は正の整数)．この文字列において括弧列が整合しているかどうかを判定し，さらに何文字目と何文字目の括弧が対応しているかを N 組求める処理を，$O(N)$ で実行するアルゴリズムを設計してください．（有名問題，難易度★★★★☆）

第 10 章

データ構造(3)：
グラフと木

　グラフとは，対象物の関係性を数理的に表すものです．世の中における
さまざまな問題は，グラフに関する問題として定式化することで，
見通しよく扱うことができるようになります．また，グラフのうち，
連結でサイクルをもたないものを木とよびます．本章では，木の形状
を用いたデータ構造として有用なものをいくつか紹介します．

10.1 ● グラフ

10.1.1　グラフの考え方

　グラフ (graph) とは，たとえば「クラスメイトのうち誰と誰が知り合いか」
というような，対象物の関係性を表すものです．**図 10.1** のように，グラフは
通常「丸」と「線」を用いて描画します．対象物を丸で表し，対象物間の関
係を線で表します．丸を**頂点** (vertex) とよび，線を**辺** (edge) とよびます．
　図 10.1 は，新しいクラスに青木君，鈴木君，高橋君，小林君，佐藤君の 5
人がいて，「青木君と鈴木君」「鈴木君と高橋君」「鈴木君と小林君」「小林君
と佐藤君」「青木君と佐藤君」はすでに知り合い同士であることを表していま
す．このグラフの頂点は，青木君，鈴木君，高橋君，小林君，佐藤君の 5 人
であり，辺は「青木君と鈴木君」「鈴木君と高橋君」「鈴木君と小林君」「小林
君と佐藤君」「青木君と佐藤君」の 5 本です．なお，グラフを描画する方法
は一意ではなく，**図 10.2** も同じグラフを表しています．
　改めて，グラフを数学的に表してみましょう．ここからしばらくの間，グ
ラフに関する用語の定義が続きます．退屈に感じた場合には，いったん飛ば
して 10.2 節へと進み，必要に応じて本節を確認してもよいでしょう．

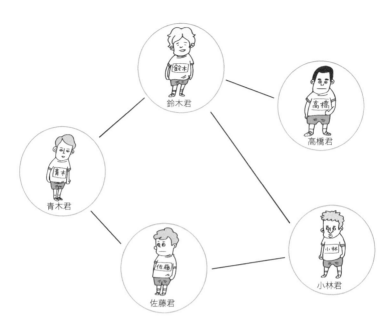

図 10.1　グラフの描画例

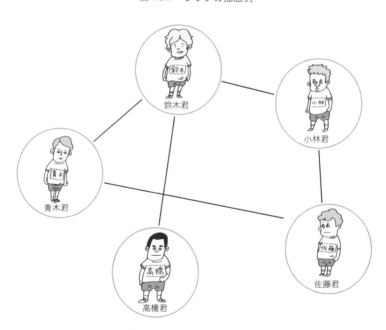

図 10.2　グラフの別の描画例

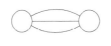

多重辺　　　　　　　　　　自己ループ

図 10.3　多重辺と自己ループ

グラフ G を,

- **頂点** (vertex) の集合 $V = \{v_1, v_2, \ldots, v_N\}$
- **辺** (edge) の集合 $E = \{e_1, e_2, \ldots, e_M\}$

の組として定義し, $G = (V, E)$ と表します. 各辺 $e \in E$ を 2 つの頂点 $v_i, v_j \in V$ の組として定義して, $e = (v_i, v_j)$ と表します. 図 10.1 の例では,

- 頂点集合：$V = \{$ 青木君, 鈴木君, 高橋君, 小林君, 佐藤君 $\}$
- 辺集合：$E = \{($青木君, 鈴木君$), ($鈴木君, 高橋君$), ($鈴木君, 小林君$), ($小林君, 佐藤君$), ($青木君, 佐藤君$)\}$

となります. 頂点 v_i, v_j が辺 e によって結ばれているとき, v_i と v_j は互いに**隣接している** (adjacent) といい, v_i, v_j を e の**端点** (end) といいます. また, 辺 e は v_i, v_j に**接続している** (incident) といいます. 各辺 e に実数値または整数値をとる重みが付随したグラフを考えることもあります. その場合のグラフを特に**重み付きグラフ** (weighted graph) とよびます. 各辺に重みのついていないグラフを, 特にそのことを強調したいときは**重みなしグラフ**とよびます.

図 10.3 のように, 複数本の辺が同一の頂点間を結ぶとき, それらを**多重辺** (multiedge) であるとよび[注1], 両端点を同じくする辺 $e = (v, v)$ を**自己ループ** (self-loop) とよびます. 多重辺も自己ループももたないグラフを, **単純グラフ** (simple graph) とよびます. 本書では特に断らない限り, 単にグラフという場合には単純グラフを指すものとします.

10.1.2　有向グラフと無向グラフ

図 10.4 のように, グラフの各辺に「向き」がない場合とある場合とを考えます. 向きがない場合は**無向グラフ** (undirected graph) といい, 向きがある場合は**有向グラフ** (directed graph) といいます. 有向グラフの辺は, たとえば一方通行の道路といったものをモデル化するのに有効です. グラフを描

注 1　後述する有向グラフの場合には, 辺の向きも含めて一致するものを多重辺とよぶことにします

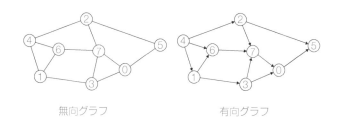

無向グラフ　　　　　　　　有向グラフ

図 10.4　無向グラフと有向グラフの描画

画するときは，無向グラフでは辺を「線」で描き，有向グラフでは辺を「矢印」で描くことが通例となっています．

　なお，無向グラフと有向グラフの定義を，より正確に述べておきます．グラフの各辺 $e = (v_i, v_j)$ に対して，向きを考えずに (v_i, v_j) と (v_j, v_i) とを同一視するとき，G を無向グラフといい，(v_i, v_j) と (v_j, v_i) とを区別するとき，G を有向グラフといいます．

10.1.3　ウォーク，サイクル，パス

　グラフ $G = (V, E)$ に対して，グラフ $G' = (V', E')$ が**部分グラフ** (subgraph) であるとは，頂点集合 V' が元の頂点集合 V の部分集合であり，辺集合 E' が元の辺集合 E の部分集合であり，任意の辺 $e' \in E'$ についてその両端点が V' に含まれることをいいます．つまり，元のグラフの一部であって，それ自身もグラフであるようなものを部分グラフといいます．

　以下に紹介するウォーク，サイクル，パスは，いずれも部分グラフの一種であり，重要なものです．グラフ G 上の 2 頂点 $s, t \in V$ について，s から t へと隣接する頂点をたどっていくことで到達できるとき，その経路を **s-tウォーク** (walk) または **s-t 路**とよびます．このとき s を**始点**，t を**終点**とよびます．ウォークのうち，始点と終点が等しいものを**サイクル** (cycle) または**閉路**とよびます．さらにウォークのうち，特に同じ頂点を二度以上通らないものを**パス** (path) または**道**とよびます．ウォークやサイクルは同じ頂点を二度以上通ってもよいことに注意しましょう[注2]．**図 10.5** にパスとサイクルの例を示します．

　なお，有向グラフに対するウォーク，サイクル，パスについては，それら

注 2　ウォーク，サイクル，パスに関する定義は書籍によって異なるので注意が必要です．本書でパスとよぶものを単純ウォークとよぶ書籍もあります．逆に，本書でウォークとよぶものをパスとよんで，パスに相当するものを単純パスとよぶ書籍もあります．また，サイクルといったときに同じ頂点を二度以上通らないものを指すこともあります．さらにウォークに対応する日本語としては，**歩道**や**経路**ということもあります．

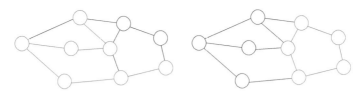

パスの例   サイクルの例

図 10.5　パスとサイクルの例

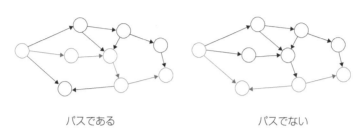

パスである   パスでない

図 10.6　有向パスである例と，有向パスでない例

に含まれる各辺の向きが，始点から終点への方向に沿っている必要がありま
す．たとえば**図 10.6** 左はパスですが，右はパスではありません．また，有向
グラフに関するウォーク，サイクル，パスについて考えていることを強調し
たいときには，それぞれ**有向ウォーク**，**有向サイクル**，**有向パス**とよびます．

　また，ウォーク，サイクル，パスの**長さ** (length) とは，重み付きグラフの
場合はそれらに含まれる辺の重みの総和を表し，重みなしグラフの場合はそ
れらに含まれる辺の本数を表すものとします．14 章では，グラフ上の 1 頂
点 $s \in V$ から各頂点へのウォークのうち長さが最小のものを求める**最短路問
題**を解説します．

10.1.4　連結性

　無向グラフ G の任意の 2 頂点 $s, t \in V$ に対して s-t パスが存在するとき，
G は**連結** (connected) であるといいます[注3]．**図 10.7** に連結でないグラフの
例を示します．連結でない無向グラフ G に対しても，それを連結なグラフの
集まりとみなせることがわかります．このとき，G を構成するそれぞれの連
結グラフを G の**連結成分** (connected component) とよびます．連結とは限

注 3　有向グラフに対しても，連結性を「任意の 2 頂点 $s, t \in V$ に対して s-t パスと t-s パスがともに存
　　　在すること」と定義できます．その場合，特に**強連結**であるといいます．また，有向グラフの辺の向き
　　　の区別をなくして無向グラフとしたときに連結であるとき，**弱連結**であるとよぶことがあります．

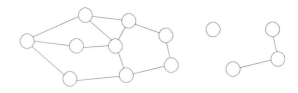

連結でないグラフの例
（上図では連結成分が 3 個）

図 10.7　連結でないグラフの例．このグラフは 3 個の連結成分からなります．

らないグラフに関する問題を解くときに，まず連結グラフに対する結果を求
めてから，それを各連結成分に対して適用するとうまくいくことが多々あり
ます．13.8 節で解説する二部グラフ判定などは，その一例となっています．

10.2 ● グラフを用いる定式化の例

　グラフは非常に強力な数理科学的ツールです．世の中の多くの問題は，グ
ラフを用いてモデル化することで，グラフに関する問題としてとらえ直すこ
とができます．本節では，対象物をグラフを用いて定式化する例をいくつか
挙げます．

10.2.1　ソーシャルネットワーク

　10.1 節では，グラフの例として「クラスにおける知り合い関係」を挙げま

図 10.8　ソーシャルネットワークを描画した様子．以下の Web サイトより引用．
https://www.cise.ufl.edu/research/sparse/matrices/SNAP/ca-GrQc.html

した．より大規模な例としては Twitter でのフォロー関係や，Facebook における友達関係などが挙げられます．このようなグラフを描画すると**図 10.8** のように，中心部が密につながっていて先端の方へと広がっていくような形状となる傾向があります．「僕の知り合いの知り合いの知り合いの...」とやっていくと平均的に 6 回程度で世界中のほとんどの人に行き渡るという話を聞いたことのある方は多いかもしれません（スモールワールド現象）．ソーシャルネットワークの形状を見ていると，確かにネットワークの中心部を経由することでさまざまな方面へと行き渡ることができそうだという様子が見てとれます．

ソーシャルネットワーク分析においては，コミュニティを検出したり，影響力の高い人を検出したり，ネットワークの情報伝播力を解析したりするようなことが，重要な問題として取り組まれています．

10.2.2　交通ネットワーク

道路ネットワーク (交差点がグラフの頂点になる) や，鉄道路線図 (駅がグラフの頂点になる) なども，まさにグラフそのものです．このタイプのグラフは，**図 10.9** のように，ジグソーパズルのピースを並べたような形状に描画できる傾向があります．ソーシャルネットワークとは大きく異なり，各頂点間の長さは平均的に大きくなる傾向にあります．交通ネットワークによく見られる特徴としては，平面的であることが挙げられます．一般に，グラフ G をどの 2 本の辺も交差しないように平面上に描くことができるとき，G を**平**

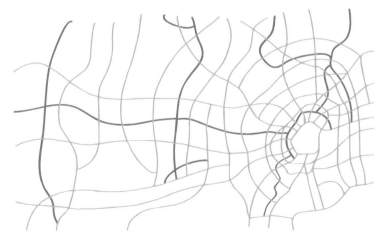

図 10.9　交通ネットワークを描画した様子．

面グラフ (planar graph) とよびます．交通ネットワークを解析するときには，それが平面グラフに近い性質をもつことを上手に活用したアルゴリズムが活躍します．

10.2.3 ゲームの局面遷移

将棋やオセロのようなゲームの解析においても，グラフ探索が重要な役割を果たします．**図 10.10** は，○×ゲームの最初の数手として考えられるものをグラフとして表したものです（一部省略）．初期盤面からスタートして，考えられる局面遷移を表しています．このようなグラフを探索することにより，簡単なゲームであれば必勝法を解析することができます．

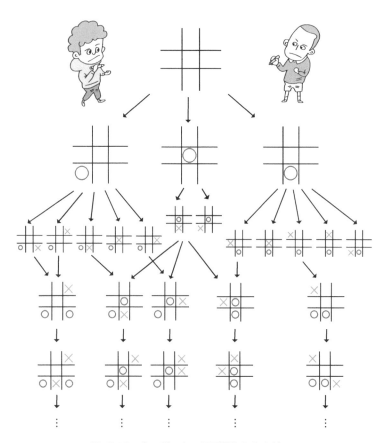

図 10.10　○×ゲームの局面遷移を表すグラフ

10.2.4 タスクの依存関係

図 10.11 のように,「このタスクを終了しなければ,このタスクを開始する
ことができない」などというタスクの依存関係も有向グラフとして表すこと
ができます.グラフ $G = (V, E)$ の各辺 $e = (u, v)$ は,「タスク u を終了し
てはじめてタスク v を開始できる」という条件を表現します.このように,
タスクの依存関係をグラフとして整理することによって,適切なタスク処理
順序を決定したり (13.9 節で詳しく解説します),全タスクを終了させるうえ
でボトルネックとなるクリティカルパス [注4] を求めたりすることができるよう
になります.

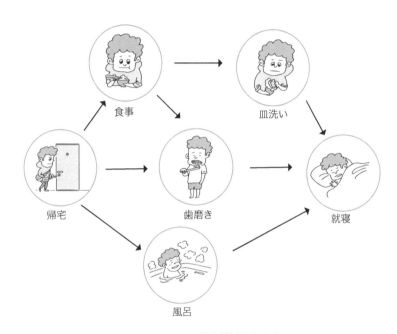

食事　　皿洗い　　帰宅　　歯磨き　　就寝　　風呂

図 10.11　タスクの依存関係を表すグラフ

10.3 ● グラフの実装

それでは,コンピュータ上でグラフを扱ううえでの,データのもち方につ
いて解説します.グラフを表すデータ構造として代表的なものとしては,以

注 4　クリティカルパスとは,タスク全体のスケジュールを左右する作業の連なりのことです.クリティカル
　　　パス上のタスクが遅れると,タスク全体のスケジュールが遅れることになります.

下の 2 つが挙げられます.

- **隣接リスト表現** (adjacency-list representation)
- **隣接行列表現** (adjacency-matrix representation)

本書では隣接リスト表現のみを解説します[注5]. グラフに関する問題を考えるとき,隣接リスト表現の方が効率よいアルゴリズムを設計できることが多々あります.

まず簡単のため,グラフの頂点集合を $V = \{0, 1, \ldots, N-1\}$ とします. グラフの頂点集合がたとえば $V = \{$ 青木君, 鈴木君, 高橋君, 小林君, 佐藤君 $\}$ といった具体的なものであっても,青木君, 鈴木君, 高橋君, 小林君, 佐藤君に対してそれぞれ $0, 1, 2, 3, 4$ と番号を付けることで,頂点集合は $V = \{0, 1, 2, 3, 4\}$ であるものとして扱うことができます.

さて,隣接リスト表現では,各頂点 $v \in V$ に対して辺 $(v, v') \in E$ が存在するような頂点 v' をリストアップします. この作業は**図 10.12** のように,無向グラフに対しても有向グラフに対しても同様に実施することができます. 隣接リスト表現は,本来は各頂点 v に対する隣接頂点の全体を連結リスト構造で管理するのですが,C++ では可変長配列 vector を用いれば十分です. 具体的には,頂点 v に対する隣接頂点の全体を vector<int> 型で表すことにします. そしてグラフ全体をコード10.1のように vector<vector<int>> 型で表すことにします.

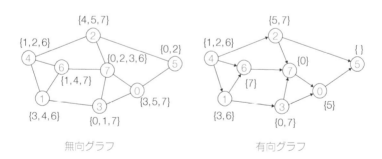

図 10.12 グラフの隣接リスト表現

注 5 ただし,14.7 節で解説するフロイド・ワーシャル法は,隣接行列表現を暗黙のうちに用いています.

code 10.1　グラフを表すデータ型

```
1  using Graph = vector<vector<int>>; // グラフ型
2  Graph G; // グラフ
```

このとき $G[v]$ が v の隣接頂点の集合を表します. 図 10.12 の有向グラフの
例の場合, 以下のようになります.

```
G[0] = {5}
G[1] = {3, 6}
G[2] = {5, 7}
G[3] = {0, 7}
G[4] = {1, 2, 6}
G[5] = {}
G[6] = {7}
G[7] = {0}
```

また本書では, グラフを表すデータの入力は以下のように与えられることを
想定します.

$N\ M$
$a_0\ b_0$
$a_1\ b_1$
$\vdots$
$a_{M-1}\ b_{M-1}$

N はグラフの頂点数, M は辺数を表します. また, $i(= 0, 1, \ldots, M-1)$ 番
目の辺が, 頂点 a_i と頂点 b_i とを結ぶことを表します. ここで有向グラフの
場合は a_i から b_i への辺があることを表し, 無向グラフの場合は a_i と b_i と
を結ぶ辺があることを表すものとします. たとえば, 図 10.12 の有向グラフ
の例の場合, 入力データは以下のようになります.

code 10.2　入力データ

```
1  8 12
2  4 1
3  4 2
4  4 6
5  1 3
6  1 6
```

7	2 5
8	2 7
9	6 7
10	3 0
11	3 7
12	7 0
13	0 5

このような形式のデータを入力として受け取ってグラフを構築する処理は，コード 10.3 のように実装できます．

code 10.3　グラフを入力として受け取る

```
 1  #include <iostream>
 2  #include <vector>
 3  using namespace std;
 4  using Graph = vector<vector<int>>;
 5
 6  int main() {
 7      // 頂点数と辺数
 8      int N, M;
 9      cin >> N >> M;
10
11      // グラフ
12      Graph G(N);
13      for (int i = 0; i < M; ++i) {
14          int a, b;
15          cin >> a >> b;
16          G[a].push_back(b);
17
18          // 無向グラフの場合は以下を追加
19          // G[b].push_back(a);
20      }
21  }
```

10.4 ● 重み付きグラフの実装

　次に，重み付きグラフを表すデータ構造を考えます．さまざまな実現方法が考えられますが，ここでは，コード 10.4 のように，「重み付きの辺」を表す構造体 Edge を用意することにします．この構造体 Edge は，「隣接頂点番号」と「重み」の情報をメンバ変数として格納します．

　重みなしグラフでは，各頂点 v の隣接リスト $G[v]$ は v に隣接する頂点の番号の集合を表していました．重み付きグラフでは，$G[v]$ が v に接続している辺 (構造体 Edge のインスタンス) の集合を表すようにします．このよ

うな重み付きグラフを表すデータ構造は，14 節で解説する最短路問題などで用います．

code 10.4　重み付きグラフの実装

```cpp
1   #include <iostream>
2   #include <vector>
3   using namespace std;
4
5   // ここでは重みを表す型を long long 型とします
6   struct Edge {
7       int to; // 隣接頂点番号
8       long long w; // 重み
9       Edge(int to, long long w) : to(to), w(w) {}
10  };
11
12  // 各頂点の隣接リストを，辺集合で表す
13  using Graph = vector<vector<Edge>>;
14
15  int main() {
16      // 頂点数と辺数
17      int N, M;
18      cin >> N >> M;
19
20      // グラフ
21      Graph G(N);
22      for (int i = 0; i < M; ++i) {
23          int a, b;
24          long long w;
25          cin >> a >> b >> w;
26          G[a].push_back(Edge(b, w));
27      }
28  }
```

10.5 ● 木

次に，グラフの特殊ケースである木について解説します．木を学ぶと，扱えるデータ構造の幅が格段に広がります．なお，本書では，木は無向グラフであるものとして考えます．無向グラフ $G = (V, E)$ が**木** (tree) であるとは，G が連結で，かつサイクルをもたないことをいいます (**図 10.13**).

10.5.1　根付き木

木に対し，特定の 1 つの頂点を特別扱いして**根** (root) とよぶことがあります．根をもつ木のことを**根付き木** (rooted tree) とよびます．また，根をも

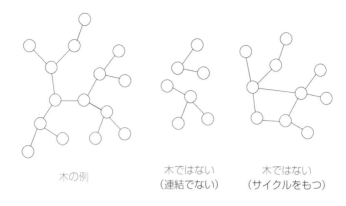

木の例　　　　　木ではない　　　　木ではない
　　　　　　　　（連結でない）　　　（サイクルをもつ）

図 10.13　左のグラフは木の例を表しています．真ん中のグラフは連結ではないため木で
　　　　　はありません．また右のグラフはサイクルをもつため木ではありません．

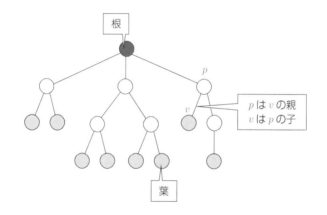

図 10.14　根付き木を表したもの．赤色で示した頂点が根を表し，緑色で示した頂点が葉
　　　　　を表します．また，図中の頂点 p, v に着目すると，p は v の親となっていて，
　　　　　v は p の子となっています．

たない木について，そのことを強調するときは**根なし木** (unrooted tree) と
よびます．根付き木を描画するときは，**図 10.14** のように，根を最も上に描
くことが通例となっています．根付き木において，根を除く頂点のうち，そ
の頂点に接続している辺が 1 本しかないものを**葉** (leaf) とよびます．また
根以外の各頂点 v について，v に隣接している頂点のうち，根側にある頂点
p を v の**親** (parent) といい，このとき v は p の**子** (child) であるといいま
す．同一の親をもつ頂点同士は**兄弟** (sibling) であるといいます．根は親を
もたず，根以外の各頂点に対して親は 1 つに決まります．葉は子をもたず，

葉以外の各頂点は少なくとも 1 つ以上の子をもちます.

10.5.2　部分木と，木の高さ

　図 **10.15** のように，根付き木の各頂点 v について，v から見て子頂点の方向のみに着目すると，これは v を根とする 1 つの根付き木とみなすことができます. これを v を根とする**部分木** (subtree) とよびます. 部分木に含まれる頂点のうち，v 以外のものを v の**子孫** (descendant) とよびます.

　また，根付き木上の 2 頂点 u, v を指定したとき，u-v パスはただ 1 つに決まります (これは根なし木に対しても成立します). 特に，根付き木の各頂点 v に対して，根と v とを結ぶパスの長さを頂点 v の**深さ** (depth) とよびます. 便宜上，根の深さは 0 であるとします. 根付き木の各頂点の深さの最大値を木の**高さ** (height) とよびます.

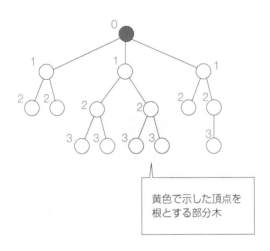

黄色で示した頂点を
根とする部分木

図 10.15　根付き木の部分木の概観図. 各頂点に青色で示した数値は，各頂点の深さを表しています. また，この根付き木の高さは 3 です.

10.6 ● 順序木と二分木

　それでは，根付き木の形状を活用したデータ構造について見ていきます. これまでに，連結リスト，ハッシュテーブル，スタック，キューというデータ構造を扱ってきましたが，根付き木の構造を用いることにより，さらに多彩なデータ構造が考えられるようになります. 具体的なものとしては，ヒー

プ (10.7 節), 二分探索木 (10.8 節), Union-Find (11 章) などがあります.

10.6.1 順序木と二分木

根付き木において, 各頂点 v の子頂点の順序を考慮するとき, 特に**順序木** (ordered tree) といいます. 順序木では, 兄弟間で「兄」と「弟」の区別が付くことになります. 順序木を表現する方法としては, さまざまなものが考えられます. たとえば, 各頂点 v に対して,

- 親頂点へのポインタ
- 各子頂点へのポインタを格納した可変長配列

をもたせる方法がよくとられます. また, **図 10.16** のように, 各頂点 v に対して,

- 親頂点へのポインタ
- 「第一子」を表す頂点へのポインタ
- 「次の弟」を表す頂点へのポインタ

をもたせる方法もよく用いられます. 図 10.16 中の nil は, 8.3 節の連結リストで用いた番兵と同じ意味をもつものです.

順序木のうち, すべての頂点に対して高々 k 個の子頂点しかもたないものを k **分木** (k-ary tree) とよびます. k 分木において $k = 1$ としたものは, 8.3 節で学んだ連結リストに一致することがわかります. そして $k = 2$ としたものを特に**二分木** (binary tree) とよびます. 二分木において, 左側の子頂点を根とした部分木を**左部分木** (left subtree) とよび, 右側の子頂点を根

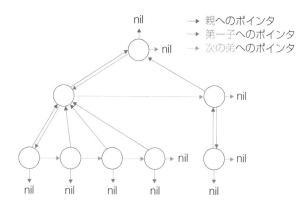

図 10.16　順序木の典型的な表し方

とした部分木を**右部分木** (right subtree) とよびます．二分木は，計算量解析において好都合な形状をしていることから，さまざまなデータ構造において二分木の構造が採用されています．二分木を用いるデータ構造の例としては，ヒープ (10.7 節)，二分探索木 (10.8 節) などが挙げられます．

10.6.2 強平衡二分木

　根付き木の構造をもつデータ構造は，多くの場面において，各クエリを処理する計算量が $O(h)$ となります (h は木の高さ)．そのため，木の高さ h をいかに小さく抑えられるかが鍵となります．木の頂点数を N とすると，高さは最大で $N-1 (= O(N))$ となります．

　一般の二分木は，各頂点に対する辺の伸び方がまちまちであり，何度も枝分かれしながら深く伸びる辺もあれば，すぐに葉に到達して行き止まりになる辺もあります．そのような二分木は，あまり役に立ちません．しかし，各頂点について左右への辺の伸び方が均等である場合には，大変有用なものとなります．**図 10.17** のように，各頂点について左右への辺の伸び方のバランスがとれた二分木は，高さが小さくなる傾向にあります．二分木の中でも特

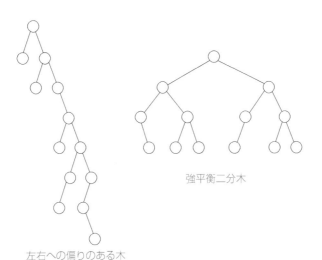

強平衡二分木

左右への偏りのある木

図 10.17　左側の二分木と右側の二分木は，ともに頂点数が 13 となっています．左側の二分木は，各頂点において，左右への辺の伸び方が偏っていて，木の高さも大きなものとなっています．右側の二分木は，各頂点において，左右にバランスよく辺が伸びており，木の高さが小さくなっています．また，右側の二分木は強平衡二分木となっています．

に良い性質をもつ**強平衡二分木** (strongly balanced binary tree) を，以下のように定義します．

> **強平衡二分木の定義**
>
> 　二分木であり，すべての葉の深さが高々 1 しか違わないものを強平衡二分木といいます．

　強平衡二分木においては，頂点数を N として高さが $O(\log N)$ であることが導けます．簡単のため，強平衡二分木の中でもさらに特殊な，すべての葉の深さが等しい二分木 (**完全二分木** (complete binary tree) とよびます) について考えます．完全二分木の高さを h とすると，

$$N = 1 + 2^1 + 2^2 + \cdots + 2^h = 2^{h+1} - 1$$

となります．よって $h = O(\log N)$ であることがわかります．強平衡二分木についても，同様の議論によって $h = O(\log N)$ であることが導けます．

10.7 ● 二分木を用いるデータ構造の例(1)：ヒープ

　二分木を用いるデータ構造の例として，**ヒープ**を解説します[注6]．ヒープはさまざまな場面で有効に用いることができます．

10.7.1　ヒープとは

　ヒープとは，**図 10.18** のように，各頂点 v が**キー**とよばれる値 key[v] (図 10.18 の各頂点に記された黒字の値) をもつ二分木であって，以下の条件を満たすものです．

> **ヒープの条件**
>
> - 頂点 v の親頂点を p としたとき，key[p] $\geq$ key[v] が成立する．
> - 木の高さを h としたとき，木の深さ $h-1$ 以下の部分については，完全二分木を形成している．
> - 木の高さを h としたとき，木の深さ h の部分については，頂点

注 6　なお，ヒープにはさまざまな種類があります．本節で紹介するものは正確には**二分ヒープ**とよばれます．

が左詰めされている.

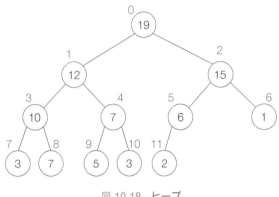

図 10.18　ヒープ

以上の定義から，ヒープは特に強平衡二分木となっています．それゆえに
ヒープは，さまざまなクエリを $O(\log N)$ の計算量で処理できます．ヒープ
が処理することのできるクエリを**表 10.1** に示します．

表 10.1　ヒープのクエリ処理

クエリ	計算量	備考
値 x を挿入する	$O(\log N)$	挿入後もヒープの条件を満たすようにします．
最大値を取得する	$O(1)$	根の値を取得すればよいだけです．
最大値を削除する	$O(\log N)$	ヒープから根を削除した後，ヒープの形状を整えます．

なお，ハッシュテーブルや平衡二分探索木とは異なり，ヒープは「値 x を
キーにもつ要素を検索する」というクエリには適していません．いちおう，
ヒープ中のすべての頂点を探索することで検索クエリに答えることはできま
すが $O(N)$ の計算量を要します [注7]．

注 7　「最大値の取得」と「値の検索」がともに要求される場合には，平衡二分探索木を用いることで解決できます．

10.7.2 ヒープの実現方法

　ヒープは特殊な形状をした二分木であることから，配列を用いて実現することができます．**図 10.19** は，ヒープを配列として表す考え方を示しています．ヒープの根を配列の 0 番目に対応させ，ヒープの深さ 1 の頂点を配列の 1, 2 番目に対応させ，ヒープの深さ 2 の頂点を配列の 3, 4, 5, 6 番目に対応させ，以下同様に，ヒープの深さ d の各頂点を配列の $2^d - 1, \ldots, 2^{d+1} - 2$ 番目に対応させていきます．このとき，次のような関係が成立します．

- 配列中の添字が k である頂点の左右の子頂点の，配列中の添字がそれぞれ $2k + 1, 2k + 2$
- 配列中の添字が k である頂点の親頂点の，配列中の添字が $\lfloor \frac{k-1}{2} \rfloor$

たとえば添字が 2 である頂点の子頂点の添字は，$2 \times 2 + 1 = 5$ と $2 \times 2 + 2 = 6$ となり，添字が 8 である頂点の親頂点の添字は $\lfloor \frac{8-1}{2} \rfloor = 3$ となります．なお，これ以降，ヒープの各頂点 v に対して，配列中の対応する添字が k であるとき，頂点 v のことを頂点 k ともよぶことにします．

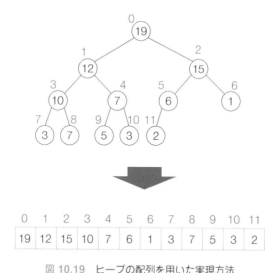

図 10.19　ヒープの配列を用いた実現方法

10.7.3 ヒープのクエリ処理

　それでは，ヒープのクエリ処理を詳しく見ていきましょう．まず**図 10.20**左に示すように，ヒープに値 17 を挿入することを考えます．まず，17 をキー

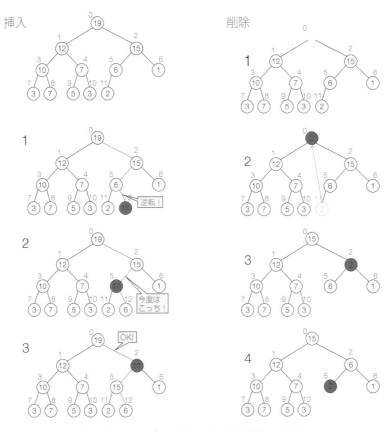

図 10.20　ヒープの「挿入」と「削除」クエリ処理

にもつ頂点をヒープの最後尾に挿入します (ステップ 1). このとき，値 17
は，配列中の添字が 12 の頂点に格納されることになります．しかし，頂点
12 は，その親である頂点 5 (キー値 6) よりも，キー値が大きくなっていま
す．そこで，頂点 5 と頂点 12 のキー値を交換することで逆転関係を解消し
ます (ステップ 2). これによって，頂点 5 のキー値が頂点 12 のキー値以上
となり，親子関係がすっきりしました．さて，今度は頂点 5 とその親である
頂点 2 との間の親子関係が崩れてしまいました．そこで，先ほどと同様に，
頂点 5 と頂点 2 のキー値を交換します (ステップ 3). 以上の操作を，「17 を
キー値にもつ頂点とその親である頂点との間でヒープの条件を満たした状態」
になるまで繰り返します．今回のケースでは，ステップ 3 の段階で，頂点 2
とその親である頂点 0 との間でヒープの条件を満たしているので，ここで処
理を終了します.

まとめるとヒープに新たな値を挿入するときは，まず，その値をキーにもつ頂点を新たに最後尾に挿入し，その頂点とその親頂点との間でヒープの条件を満たさない限りは，上へ上へとキー値を交換していきます．最悪の場合でも，挿入したキー値が根に到達した時点でアルゴリズムが終了します．ヒープの高さは $O(\log N)$ であったことから，計算量は $O(\log N)$ となります．

次に，ヒープから最大値を削除する方法を考えます．まず，図 10.20 右に示すように，根を取り除きます（ステップ 1）．しかしこれではヒープが崩壊してしまいますので，とりあえず最後尾にある頂点を抜擢して根の位置にもってきます（ステップ 2）．このときヒープの条件が一般には崩れるので調整します．まず，抜擢した根頂点の左右の子頂点のうち，キー値が大きい方を見て，そのキー値が根頂点のキー値よりも大きいならば，この 2 頂点のキー値を交換します（ステップ 3）．その後は「挿入」操作と同様に，ヒープの条件を満たすようになるまで，下へ下へとキー値を交換していきます．最悪の場合でも，交換しているキー値が葉まで到達した時点で処理を終了します．よって計算量は $O(\log N)$ です．

10.7.4　ヒープの実装例

以上のヒープの機能は，コード 10.5 のように実装できます．ただし C++では，ヒープの機能を実装したライブラリとして std::priority_queue がありますので，特に追加で実装したい機能がなければ，それを用いると便利です．

code 10.5　ヒープの実装

```cpp
#include <iostream>
#include <vector>
using namespace std;

struct Heap {
    vector<int> heap;
    Heap() {}

    // ヒープに値 x を挿入
    void push(int x) {
        heap.push_back(x); // 最後尾に挿入
        int i = (int)heap.size() - 1; // 挿入された頂点番号
        while (i > 0) {
            int p = (i - 1) / 2; // 親の頂点番号
            if (heap[p] >= x) break; // 逆転がなければ終了
            heap[i] = heap[p]; // 自分の値を親の値にする
            i = p; // 自分は上に行く
```

```
18              }
19              heap[i] = x; // x は最終的にはこの位置にもってくる
20          }
21
22          // 最大値を知る
23          int top() {
24              if (!heap.empty()) return heap[0];
25              else return -1;
26          }
27
28          // 最大値を削除
29          void pop() {
30              if (heap.empty()) return;
31              int x = heap.back(); // 頂点にもってくる値
32              heap.pop_back();
33              int i = 0; // 根から降ろしていく
34              while (i * 2 + 1 < (int)heap.size()) {
35                  // 子頂点同士を比較して大きい方を child1 とする
36                  int child1 = i * 2 + 1, child2 = i * 2 + 2;
37                  if (child2 < (int)heap.size()
38                      && heap[child2] > heap[child1]) {
39                      child1 = child2;
40                  }
41                  if (heap[child1] <= x) break; // 逆転がなければ終了
42                  heap[i] = heap[child1]; // 自分の値を子頂点の値にする
43                  i = child1; // 自分は下に行く
44              }
45              heap[i] = x; // x は最終的にはこの位置にもってくる
46          }
47      };
48
49      int main() {
50          Heap h;
51          h.push(5); h.push(3); h.push(7); h.push(1);
52
53          cout << h.top() << endl; // 7
54          h.pop();
55          cout << h.top() << endl; // 5
56
57          h.push(11);
58          cout << h.top() << endl; // 11
59      }
```

10.7.5 $O(N)$ 時間でヒープの構築 (*)

最後に補足として，ヒープの構築が $O(N)$ の計算量でできることを述べ
ておきます．具体的には，N 個の要素 $a_0, a_1, \ldots, a_{N-1}$ が与えられたとき

に，それらの要素が格納されたヒープを構築する処理を $O(N)$ の計算量で実現できます．ここで，N 個の要素を順にヒープに挿入していく方法では，$O(N \log N)$ の計算量となってしまうことに注意しましょう．$O(N)$ でヒープを構築する具体的な方法については，12.6 節で解説するヒープソートのコードを参照してください．

10.8 ● 二分木を用いるデータ構造の例 (2)：二分探索木

二分探索木 (binary search tree) は，8 章で解説した配列，連結リスト，ハッシュテーブルと同じく，以下のクエリを扱うことのできるデータ構造です．

- クエリタイプ 1：要素 x をデータ構造に挿入する
- クエリタイプ 2：要素 x をデータ構造から削除する
- クエリタイプ 3：要素 x がデータ構造に含まれるかどうか判定する

二分探索木とは，**図 10.21** のように，各頂点 v が**キー**とよばれる値 $key[v]$ (青字の値) をもつ二分木であって，以下の条件を満たすものです．

二分探索木の条件

任意の頂点 v に対し，v の左部分木に含まれるすべての頂点 v' に対して $key[v] \geq key[v']$ が成立し，v の右部分木に含まれるすべての頂点 v' に対して $key[v] \leq key[v']$ が成立する．

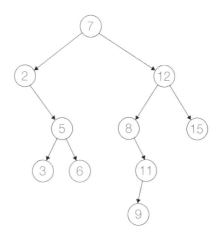

図 10.21　二分探索木

二分探索木を用いて「挿入」「削除」「検索」というクエリ処理を実現する方法については，ブックガイド [5], [6], [9] などを参照してください．いずれのクエリに対する処理も，根付き木の根から探索を開始し，最悪時には葉までたどることになりますので，木の高さ分の計算量を要します．

さて，二分探索木は特に工夫を凝らさない限り，各クエリに対して $O(N)$ の計算量を要します．ハッシュテーブルがこれらのクエリを平均的に $O(1)$ の計算量で処理できたことを思い出すと大変非効率的です．しかし，二分探索木が均衡を保つように工夫した**平衡二分探索木** (self-balancing binary search tree) では，これらの計算量をすべて $O(\log N)$ に改善できます．それだけでなく，ヒープの機能の 1 つである「最大値を取得する」処理も $O(\log N)$ で実現できます (表 8.5)．このように，平衡二分探索木は万能感さえ漂わせているデータ構造ですが，計算量の O 記法で省略されている定数部分が大きいので，ヒープで事足りる場合にはヒープを用いると簡便です．なお，平衡二分探索木の実現方法としては，赤黒木，AVL 木，B-木，スプレー木，treap など，多くの方法が知られています．C++ の `std::set` や `set::map` は，多くの場合，赤黒木によって実装されています．赤黒木について関心のある方はブックガイド [9] の「2 色木」の章を読んでみてください．

10.9 ● まとめ

本章では，グラフを導入しました．グラフは，対象物の関係性を表すことができる強力な数理科学的ツールです．世の中におけるさまざまな問題は，グラフに関する問題として定式化することで，見通しよく扱うことができます．その様子については，13〜16 章で詳細に解説していきます．

また，特殊なグラフとして木を導入しました．10.6 節で解説した順序木は，8.3 節で解説した連結リストの構造をより豊かにしたものとみなすことができます．このような豊かな構造を活用することにより，ヒープや二分探索木などの多彩なデータ構造を設計できます．

11 章では，やはり根付き木を用いたデータ構造である Union-Find について解説します．Union-Find は，グループ分けを効率的に管理することのできるデータ構造です．

10.1 頂点数が N の二分木において，高さが $N-1$ となるような例を挙げてください．（難易度★☆☆☆☆）

10.2 空のヒープに 3 個の整数 $5, 6, 1$ をこの順に挿入して得られるヒープについて，配列で表したときの様子を示してください．（難易度★☆☆☆☆）

10.3 空のヒープに 7 個の整数 $5, 6, 1, 2, 7, 3, 4$ をこの順に挿入して得られるヒープについて，配列で表したときの様子を示してください．（難易度★☆☆☆☆）

10.4 強平衡二分木の高さが $h = O(\log N)$ となることを示してください．（難易度★★☆☆☆）

10.5 頂点数が N の木の辺数が $N-1$ であることを示してください．（難易度★★★☆☆）

第 11 章

データ構造(4)：
Union-Find

　本章で解説する Union-Find は，グループ分けを効率的に管理する
データ構造であり，根付き木の構造を用いています．入門書で取り
上げられることはあまり多くありませんが，意外と使いどころの多い
データ構造です．たとえば 13 章で扱うグラフに関する問題の多くは，
Union-Find を用いても解決できます．また，15.1 節で解説するクラ
スカル法は Union-Find を効果的に活用します．

11.1 ● Union-Find とは

　Union-Find は，グループ分けを管理するデータ構造であり，以下のクエリ
を高速に処理するものです．ここでは N 個の要素 $0, 1, \ldots, N-1$ を扱うも
のとし，初期状態ではこれらがすべて別々のグループに属するものとします．

- issame(x, y)：要素 x, y が同じグループに属するかどうかを調べる
- unite(x, y)：要素 x を含むグループと，要素 y を含むグループとを併
  合する (**図 11.1**)

11.2 ● Union-Find の仕組み

　Union-Find は，**図 11.2** のように 1 つ 1 つのグループが根付き木を構成
するようにして実現できます．ヒープや二分探索木とは異なり，二分木であ
る必要はありません．それでは，Union-Find の各クエリ処理の実現方法を
考えます．まず，以下の関数 root(x) を用意します．

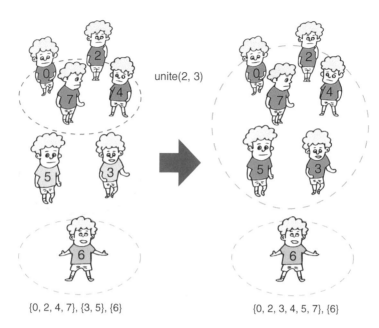

図 11.1　Union-Find の扱う併合処理

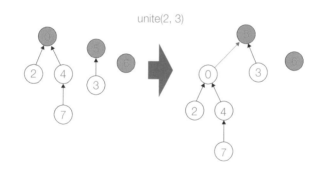

図 11.2　Union-Find における各グループを表す根付き木と，その併合の様子．unite(2, 3) が呼ばれると，まず頂点 2 を含む根付き木の根と，頂点 3 を含む根付き木の根を求めます．それぞれ頂点 0, 5 となっています．次に，頂点 0 が頂点 5 の子となるように，頂点 0, 5 をつなぎます．これによって 2 つの根付き木が併合されて，1 つの大きな根付き木が形成されます．また，新たな根付き木の根は頂点 5 となります．

Union-Find の root 関数

root(x): 要素 x を含むグループ (根付き木) の根を返す

root(x) の具体的な実装については後ほど示しますが、大雑把にいえば「頂点 x から親を辿っていき、根に到達したらそれを返す」というものとなっています。よって root(x) の計算量は $O(h)$ です (h は根付き木の高さ)。

この root 関数を用いて、Union-Find の各クエリ処理を**表 11.1** のように実現できます。いずれも root 関数を用いていることから、計算量は $O(h)$ となります。

表 11.1　Union-Find のクエリ処理

クエリ	実現方法
issame(x, y)	root(x) と root(y) とが等しいかどうかを判定します。
unite(x, y)	$r_x = $ root(x), $r_y = $ root(y) として、頂点 r_x が頂点 r_y の子頂点となるようにつなぎます (図 11.2)。

11.3 ● Union-Find の計算量を削減する工夫

前節で見た通り、Union-Find のクエリ処理においては、各頂点 x に対して root(x) を求める処理が中核を担っています。各クエリの処理に要する計算量は、各根付き木の高さを h として $O(h)$ となります。特に工夫を行わない場合には、h は最大で $N-1$ になりえますので、計算量は $O(N)$ となります。このままでは非効率的です。しかし、実は以下の 2 点の工夫をすることで、非常に高速なものになります。

- union by size (または union by rank)
- 経路圧縮

具体的には、アッカーマン関数の逆関数 (ここでは詳細は省略します) を $\alpha(N)$ として、各クエリ処理に要する (ならし) 計算量が $O(\alpha(N))$ となります。$N \leq 10^{80}$ に対して $\alpha(N) \leq 4$ が成立することが知られていますので、実際上は $O(1)$ とみなすことができます。なお、後述するように、union by size のみを実施しても計算量は $O(\log N)$ となります。また、経路圧縮のみを実施しても計算量はほぼ $O(\log N)$ となることが知られています[注1]。

11.4 ● Union-Find の工夫その 1 : union by size

まず、比較的簡単に実現できて、かつ汎用性が高い **union by size** につい

注 1　正確には q 回の併合処理を行うのに要する計算量が $O(q \log_{2 + \frac{q}{N}} N)$ となります。

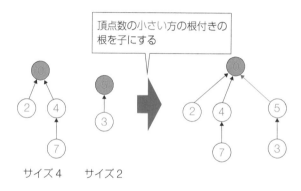

頂点数の小さい方の根付きの根を子にする

サイズ 4   サイズ 2

図 11.3　Union-Find のグループ併合時に，サイズが小さい方の根を子頂点とする

て解説します [注2].

11.4.1　union by size とは

　先ほど示したクエリ $\mathrm{unite}(x, y)$ の実現方法では，$r_x = \mathrm{root}(x)$，$r_y = \mathrm{root}(y)$ として，頂点 r_x が頂点 r_y の子頂点となるようにしました．しかし逆に，頂点 r_y が頂点 r_x の子頂点となるようにしてもよいことに注意します．そこで，**図 11.3** のように，頂点数がより小さい方の根付き木の根が，子頂点となるようにつなぐことにします．このように，Union-Find において，「頂点数 (サイズ) の小さい方の根付き木を，大きい方に併合する」という考え方を union by size とよびます．実は，たったこれだけの工夫で，Union-Find 中の各根付き木の高さを $O(\log N)$ で抑えることができます．次節で証明してみましょう．

11.4.2　union by size を行ったときの計算量解析

　Union-Find の初期状態では，N 個の頂点 $0, 1, \ldots, N-1$ がそれぞれ単独で別々のグループに属している状態であるとします．初期状態から union by size の考え方に従って併合処理を行っていき，N 頂点がすべて併合されたとしたときに，できあがる根付き木の高さが $\log N$ 以下になることを示します [注3]．具体的には，Union-Find 中の任意の頂点 x について，最終的な根

注2　他に類似の効果を生み出す工夫として union by rank とよばれる方法があります．ブックガイドの [5], [6], [9] などでは union by rank による解説を行っています．本書では，Union-Find に限らずさまざまな場面で活用できる汎用性の高い手法である union by size による解説を行うこととします．

注3　実際に Union-Find を用いるときには N 要素をすべて併合するとは限りませんが，N 要素をすべて併合してできる根付き木の高さが $\log N$ 以下となることが示されれば，Union-Find の各クエリ処理の計算量は $O(\log N)$ と評価できます．

付き木における深さが $\log N$ 以下になることを示します.

さて，Union-Find の併合過程の各ステップにおいて，頂点 x を含む根付き木の頂点数 (初期状態では 1) と頂点 x の深さ (初期状態では 0) がどのように変化するかに着目します．ある段階で，頂点 x を含む根付き木 (頂点数を s とします) が，union by size の考え方のもとで他の根付き木 (頂点数を s' とします) と併合したとするとき，以下の 2 つの場合が考えられます.

- $s \leq s'$ のとき，頂点 x を含む根付き木の根が子頂点となるように併合しますので，x の深さは 1 だけ増加します．このとき併合後の根付き木の頂点数は $s + s'$ となり，$s + s' \geq 2s$ を満たすことに注意します.

- $s > s'$ のとき，頂点 x を含む根付き木の根が併合後も根となるように併合しますので，x の深さは変化しません.

以上の考察から，「頂点 x の深さが 1 増加するときには，頂点 x を含む根付き木の頂点数も 2 倍以上になる」ということがいえます．よって，最終的な根付き木が形成されるまでに頂点 x の深さが増加した回数 (= 最終的な根付き木における頂点 x の深さ) を $d(x)$ とすると，最終的な根付き木の頂点数は少なくとも $2^{d(x)}$ 以上となります．一方，最終的な根付き木の頂点数は N ですから，

$$N \geq 2^{d(x)} \quad \Leftrightarrow \quad d(x) \leq \log N$$

となります．以上より，Union-Find において union by size の考え方に従って併合処理を行って得られる根付き木の高さは $\log N$ 以下になることが示されました.

なお，本節で解説した union by size のアイディアである「サイズが小さい方のデータ構造を大きい方に併合する」という手法は，Union-Find の高速化に限らず，データ構造を併合する場面で一般的に使えるテクニックです．ぜひ心にとめておきましょう.

11.5 ● Union-Find の工夫その 2：経路圧縮

union by size による工夫を行うだけでも，Union-Find の各クエリに対する計算量が $O(\log N)$ になることがわかりました[注4]．ここでさらに，**経路圧縮**とよばれるテクニックを導入することで，(ならし) 計算量を $O(\alpha(N))$ に

注 4　Union-Find 上で動的計画法を実施する場合など，むしろ経路圧縮を行いたくない場面も考えられます．そのような場面であっても union by size を実施するだけで計算量が $O(\log N)$ になる事実は重要です．

改善することができます．計算量が $O(\alpha(N))$ となることの解析は省略しますが，関心のある方は，ブックガイド [9] の「互いに素な集合のためのデータ構造」の章を読んでみてください．

さて，union by size は併合クエリ unite(x, y) に関する工夫でしたが，経路圧縮は，根を求める関数 root(x) に関する工夫です．まず，特に経路圧縮による工夫を行わない場合，関数 root(x) をどのように実装できるかについて考えてみましょう．各頂点 x に対し，その親を par$[x]$ とします．x が根である場合には par$[x]$ = -1 とします．このとき，root(x) はコード 11.1 のような再帰関数として実装できます．頂点 x から出発して上へと進んでいき，根に到達したらその番号を返す再帰関数となっています．

code 11.1 経路圧縮の工夫なしの場合の根取得

```
1 | int root(int x) {
2 |     if (par[x] == -1) return x; // x が根の場合は x を直接返す
3 |     else return root(par[x]); // x が根でないなら再帰的に親へと進む
4 | }
```

次に，root(x) に経路圧縮による工夫を取り入れます．経路圧縮は，**図 11.4** のように，「x から上へと進んでいって根に到達するまでの経路中の頂点に対し，その親を根に張り替える」という操作です．複雑な処理であるように思えますが，コード 11.2 のように，簡潔に実装できます．コード 11.1 との相違点は，par$[x]$ に関数 root(x) の返り値を格納している点のみです．コード 11.1 もコード 11.2 も，頂点 x から親をたどっていき，最終的には根 (r と

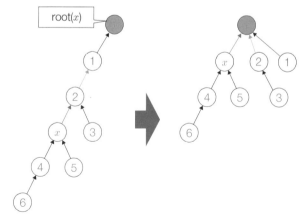

図 11.4 root(x) を呼び出したときの Union-Find の経路圧縮の様子

します) を返す点では共通しています．したがって，経路圧縮を行うことで，par$[x]$ には根 r が格納されることになります．同様に，x から上へと進んでいって根に到達するまでの経路中の各頂点 v に対しても，par$[v]$ には根 r が格納されます．以上から，コード 11.2 によって，「x から上へと進んでいって根に到達するまでの経路中の各頂点に対し，その親を根に張り替える」という操作を実現していることがわかりました．

code 11.2　経路圧縮の工夫ありの場合の根取得

```
1  int root(int x) {
2      if (par[x] == -1) return x; // x が根の場合は x を直接返す
3      else return par[x] = root(par[x]); // x の親 par[x] を根に設定する
4  }
```

11.6 ● Union-Find の実装

これまでの議論を踏まえて，Union-Find はコード 11.3 のように実装できます．Union-Find を構造体として実装しています．構造体のメンバ変数として，以下のものをもたせています．

- par：各頂点の親頂点の番号を表します．自身が根の場合は -1 とします
- siz：各頂点の属する根付き木の頂点数を表します

code 11.3　Union-Find の全体実装

```
1   #include <iostream>
2   #include <vector>
3   using namespace std;
4
5   // Union-Find
6   struct UnionFind {
7       vector<int> par, siz;
8
9       // 初期化
10      UnionFind(int n) : par(n, -1) , siz(n, 1) { }
11
12      // 根を求める
13      int root(int x) {
14          if (par[x] == -1) return x; // x が根の場合は x を返す
15          else return par[x] = root(par[x]);
16      }
17
18      // x と y が同じグループに属するかどうか（根が一致するかどうか）
```

```
19      bool issame(int x, int y) {
20          return root(x) == root(y);
21      }
22
23      // x を含むグループと y を含むグループとを併合する
24      bool unite(int x, int y) {
25          // x, y をそれぞれ根まで移動する
26          x = root(x); y = root(y);
27
28          // すでに同じグループのときは何もしない
29          if (x == y) return false;
30
31          // union by size (y 側のサイズが小さくなるようにする)
32          if (siz[x] < siz[y]) swap(x, y);
33
34          // y を x の子とする
35          par[y] = x;
36          siz[x] += siz[y];
37          return true;
38      }
39
40      // x を含むグループのサイズ
41      int size(int x) {
42          return siz[root(x)];
43      }
44  };
45
46  int main() {
47      UnionFind uf(7); // {0}, {1}, {2}, {3}, {4}, {5}, {6}
48
49      uf.unite(1, 2); // {0}, {1, 2}, {3}, {4}, {5}, {6}
50      uf.unite(2, 3); // {0}, {1, 2, 3}, {4}, {5}, {6}
51      uf.unite(5, 6); // {0}, {1, 2, 3}, {4}, {5, 6}
52      cout << uf.issame(1, 3) << endl; // true
53      cout << uf.issame(2, 5) << endl; // false
54
55      uf.unite(1, 6); // {0}, {1, 2, 3, 5, 6}, {4}
56      cout << uf.issame(2, 5) << endl; // true
57  }
```

11.7 ● Union-Find の応用：グラフの連結成分の個数

　Union-Find の応用例として，**図 11.5** のような無向グラフの連結成分の個
数を数える問題を考えましょう．なお，この問題に対しては，13 章で学ぶ深
さ優先探索や幅優先探索を用いる方法も有力です．

　さて，この問題は Union-Find を用いて，連結成分をグループとして扱うこ

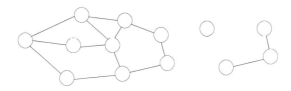

連結成分の個数 = 3

図 11.5　無向グラフの連結成分の個数を求める問題

とで解決できます．コード 11.4 のように実装できます．まず，各辺 $e = (u, v)$ に対し，unite(u, v) を繰り返します（50 行目）．これにより，Union-Find に含まれる根付き木の個数を求める問題へと帰着できます．これは，Union-Find 中の「根付き木の根となっている頂点」の個数を数えることで解決できます．具体的には root(x) == x を満たすような x を数えます（56 行目）．計算量は，$O(|V| + |E|\alpha(|V|))$ となります．

code 11.4　Union-Find を用いて連結成分の個数を求める

```cpp
#include <iostream>
#include <vector>
using namespace std;

// Union-Find
struct UnionFind {
    vector<int> par, siz;

    UnionFind(int n) : par(n, -1) , siz(n, 1) { }

    // 根を求める
    int root(int x) {
        if (par[x] == -1) return x;
        else return par[x] = root(par[x]);
    }

    // x と y が同じグループに属するかどうか（根が一致するかどうか）
    bool issame(int x, int y) {
        return root(x) == root(y);
    }

    // x を含むグループと y を含むグループとを併合する
    bool unite(int x, int y) {
        x = root(x); y = root(y);
        if (x == y) return false;
        if (siz[x] < siz[y]) swap(x, y);
        par[y] = x;
```

```
28          siz[x] += siz[y];
29          return true;
30      }
31
32      // x を含むグループのサイズ
33      int size(int x) {
34          return siz[root(x)];
35      }
36  };
37
38  int main() {
39      // 頂点数と辺数
40      int N, M;
41      cin >> N >> M;
42
43      // Union-Find を要素数 N で初期化
44      UnionFind uf(N);
45
46      // 各辺に対する処理
47      for (int i = 0; i < M; ++i) {
48          int a, b;
49          cin >> a >> b;
50          uf.unite(a, b); // a を含むグループと b を含むグループを併合する
51      }
52
53      // 集計
54      int res = 0;
55      for (int x = 0; x < N; ++x) {
56          if (uf.root(x) == x) ++res;
57      }
58      cout << res << endl;
59  }
```

11.8 ● まとめ

Union-Find はグループ分けを効率的に管理するデータ構造です．実現方法はシンプルながら奥が深く，本書では紹介しきれなかったさまざまな機能を追加して豊かなデータ構造にすることもできます．適用範囲も広く，グラフに関する問題の多くは，Union-Find によっても解くことができます．また，15.1 節では，クラスカル法の高速化を行う場面で Union-Find を有効に活用します．

11.1 連結な無向グラフ $G = (V, E)$ が与えられます．グラフ G において「その辺を取り除いたらグラフが連結でなくなる」ような辺を**橋** (bridge) とよびます．橋をすべて求める計算量 $O(|V| + |E|^2 \alpha(|V|))$ のアルゴリズムを設計してください．注5 (出典: AtCoder Beginner Contest 075 C - Bridge, 難易度★★☆☆☆)

11.2 連結な無向グラフ $G = (V, E)$ が与えられます．いま，$|E|$ 個の辺を順番に破壊していきます．各 $i(= 0, 1, \ldots, |E| - 1)$ について，i 番目の辺を破壊した段階において，グラフ G が何個の連結成分をもつかを求めてください．ただし全体で $O(|V| + |E|\alpha(|V|))$ の計算量で実現してください．(出典: AtCoder Beginner Contest 120 D - Decayed Bridges, 難易度★★★☆☆)

11.3 N 個の都市 $(0, 1, \ldots, N-1)$ があり，K 本の道路と L 本の鉄道が都市の間に伸びています．各道路と各鉄道は双方向に移動できるものとします．このとき，各都市 $i(= 0, 1, \ldots, N-1)$ に対して，都市 i から出発して道路のみを用いても到達できて，かつ鉄道のみを用いても到達できる都市の個数を求めてください．ただし全体で $O(N \log N + (K + L)\alpha(N))$ の計算量を実現してください．(出典: AtCoder Beginner Contest 049 D - 連結, 難易度★★★☆☆)

11.4 M 組の整数 (l_i, r_i, d_i) $(i = 0, 1, \ldots, M-1, 0 \le l_i, r_i \le N-1)$ が与えられます．$x_{r_i} - x_{l_i} = d_i$ を満たすような N 個の整数 $x_0, x_1, \ldots, x_{N-1}$ が存在するかどうかを判定してください．(出典: AtCoder Regular Contest 090 D - People on a Line, 難易度★★★★☆)

注 5　この問題に対しては，より高速な $O(|V| + |E|)$ の解法も知られています．

第 12 章

ソート

　ここまで設計手法，データ構造と解説してきました．本章では，これまでのことを活用しながら，ソートについて解説します．ソートとは，データの列を所定の順序に従って整列する処理です．実用的に数多くの場面で活用される重要な処理であるだけでなく，分割統治法や，ヒープなどのデータ構造，乱択アルゴリズムの考え方など，さまざまなアルゴリズム技法を学ぶことができる題材です．ソートアルゴリズムそのものを単に理解するだけでなく，それに用いられるアルゴリズム技法について学ぶ意識をもつことがよいでしょう．

12.1 ● ソートとは

$$6, 1, 2, 8, 9, 2, 5$$

という数列を小さい順に整列すると

$$1, 2, 2, 5, 6, 8, 9$$

となります．また，

$$\text{banana, orange, apple, grape, cherry}$$

という文字列の並びを ABC 順に整列すると

$$\text{apple, banana, cherry, grape, orange}$$

となります．このように，与えられたデータの列を，所定の順序に従って整列することを**ソート** (sort) といいます．

　ソートは，実用的に大変重要な処理です．Web サイトをアクセス数が多い

表 12.1　各種ソートアルゴリズムの比較

ソートの種類	平均時間計算量	最悪時間計算量	追加で必要な外部メモリ容量	安定ソートか注1	備考
挿入ソート	$O(N^2)$	$O(N^2)$	$O(1)$	○	初等整列法としてまずまずの性能です
マージソート	$O(N \log N)$	$O(N \log N)$	$O(N)$	○	最悪時の計算量も $O(N \log N)$ と高速です
クイックソート	$O(N \log N)$	$O(N^2)$	$O(\log N)$	×	最悪時の計算量は $O(N^2)$ ですが実用上は表中で最も高速です
ヒープソート	$O(N \log N)$	$O(N \log N)$	$O(1)$	×	ヒープを有効に活用します
バケットソート	$O(N + A)$	$O(N + A)$	$O(N + A)$	○	ソートしたい値が 0 以上 A 未満の整数の場合に活用でき，A が小さい場合には有効です

順に並び替えたり，試験の合否を決めるために受験者を得点が高い順に並び替えたりなど，多くの場面で活用できます．そしてそれだけでなく，6.1 節の「配列の二分探索」や，7.3 節の「区間スケジューリング問題に対する貪欲法」などで見たように，さまざまな問題を効率よく解くための「前処理」としても盛んに活用されます．このように，ソートは実用的にも理論的にも重要な処理であり，多数のアルゴリズムが考案されてきました（**表 12.1**）．

　本章では，挿入ソート，マージソート，クイックソート，ヒープソート，バケットソートを紹介します．まず 12.3 節では，ソートを実現するアルゴリズムの 1 つである挿入ソートを紹介します．挿入ソートは，ソートの仕方として自然なものです．しかし，この単純なソート方法は，並び替える対象の個数を N として，$O(N^2)$ の計算量を要します．12.4 節では，これを $O(N \log N)$ に改良できることを示します．なお，ソートに限らず，アルゴリズムの計算量を $O(N^2)$ から $O(N \log N)$ へと改善することは多くの場面で大きな意味をもちます．たとえば $N = 1,000,000$ 程度のサイズのデータに対し，$O(N^2)$ の計算量では標準的なコンピュータで 30 分以上の時間を要しますが，$O(N \log N)$ の計算量ではわずか 3 ミリ秒程度の時間で処理を終

注 1　ソートが安定であることの定義は 12.2.1 節を参照してください．

えることができます.

12.2 ● ソートアルゴリズムの良し悪し

12.2.1　in-place 性と安定性

各ソートアルゴリズムの良し悪しについて,以下の尺度で評価することにします.

- 計算量
- 追加で必要な外部メモリ容量 (in-place 性)
- 安定ソートかどうか (安定性)

これまでのアルゴリズムは主に計算量について評価してきました.ソートアルゴリズムについては,基本的なアルゴリズムであるために使用機会が多いだけでなく,使用時のコンピュータ環境も多岐にわたる特徴があります.そのため,計算量だけでは評価しきれない基準もしばしば重要なものとして語られます.

まずは,アルゴリズムの実行に必要なメモリ容量についてです.後述するように,挿入ソート (12.3 節) やヒープソート (12.6 節) は,外部メモリをほとんど必要とせず,与えられた配列内部の swap 操作でソート処理を実現できます.このようなアルゴリズムは **in-place** であるといいます.ソートに限らず,アルゴリズムが in-place であることは,組み込み系などのコンピュータ資源の限られた環境では重宝されます.

また,ソートアルゴリズムが**安定** (stable) であるとは,ソートの前後で同一の値をもつ要素間で順序関係が保たれることをいいます.ソートが安定でない場合に生じうる問題点について,例を挙げて説明します.たとえば**図 12.1**のように,5 人の生徒の英語,数学,国語の点数が与えられていて,これを数学の得点が高い順に並び替えたいとします.このとき,小林君と佐藤君は数学の得点が同一であるため,ソート前後で順序が保たれるとは限りません.ソートアルゴリズムが安定である場合には,同一の値をもつ要素間の順序関係が保たれることとなります.後述するように,挿入ソート (12.3 節),マージソート (12.4 節) は安定ですが,クイックソート (12.5 節),ヒープソート (12.6 節) は安定ではありません.

12.2.2　どのソートアルゴリズムがよいか

ソートアルゴリズムは非常に多くのものが考案されていることから,「どの

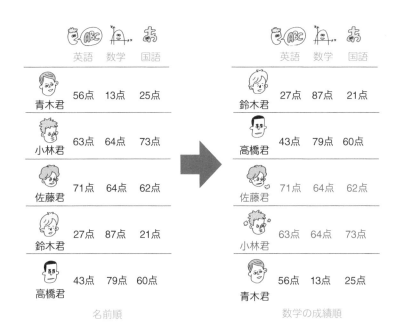

	英語	数学	国語
青木君	56点	13点	25点
小林君	63点	64点	73点
佐藤君	71点	64点	62点
鈴木君	27点	87点	21点
高橋君	43点	79点	60点

名前順

	英語	数学	国語
鈴木君	27点	87点	21点
高橋君	43点	79点	60点
佐藤君	71点	64点	62点
小林君	63点	64点	73点
青木君	56点	13点	25点

数学の成績順

図 12.1　安定でないソートでは図中の小林君と佐藤君のように，ソート前後で同じ値をも
つ要素の順序を保たないことがあります．

ソートアルゴリズムがよいのか」という疑問が当然生まれるかもしれません．
しかし現代では，活用できるコンピュータ資源が格段に豊かになったことや，
各言語の標準ライブラリの性能が向上したことにより，ほとんどの場面では
各言語の標準ライブラリを用いれば十分といえる状況となっています．安定
なソートを用いたい場面もありますが，たとえば C++ では，以下の 2 種類
のライブラリが用意されています．

- 安定とは限らないが高速な std::sort()
- 安定であることが保証されている std::stable_sort()

　したがって，何十種類とあるソートアルゴリズムについて物知りになるこ
とよりは，ソートの使いどころを習熟することの方が重要といえるでしょう．
また，ソートアルゴリズムは，計算量改善や，分割統治法，乱択アルゴリズ
ムの考え方など，さまざまなアルゴリズム技法を学べる格好の題材でもあり
ます．本章ではその点を意識しつつ，解説していきます．

12.3 ● ソート (1)：挿入ソート

12.3.1 動作と実装

まずは**挿入ソート** (insertion sort) を見ていきます．挿入ソートは，「左から i 枚がソートされている状態から $i+1$ 枚がソートされている状態にする」という考え方のソートアルゴリズムです．左から i 枚分が整列済みの状態であることを仮定して，$i+1$ 枚目のカードを適切な場所に挿入します．

図 12.2 のように，数列「4, 1, 3, 5, 2」を例にとって動作を追ってみます．まず 1 番目の「4」はそのままにします．次に 2 番目の「1」を適切な場所ま

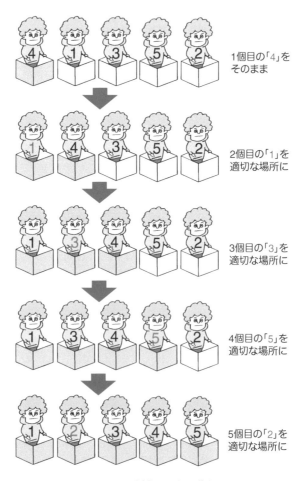

1個目の「4」を
そのまま

2個目の「1」を
適切な場所に

3個目の「3」を
適切な場所に

4個目の「5」を
適切な場所に

5個目の「2」を
適切な場所に

図 12.2　挿入ソートの動き

で運びます．具体的には「4」の前までもっていきます．次に3番目の「3」は「1」より大きく「4」より小さいので「1」と「4」の間まで運びます．そして4番目の「5」は「4」よりも大きいのでそのままの位置にします．最後に5番目の「2」は「1」と「3」の間まで運びます．以上の処理をC++で実装すると，コード12.1のように書けます．

code 12.1　挿入ソートの実装

```cpp
#include <iostream>
#include <vector>
using namespace std;

// 配列 a をソートする
void InsertionSort(vector<int> &a) {
    int N = (int)a.size();
    for (int i = 1; i < N; ++i) {
        int v = a[i]; // 挿入したい値

        // v を挿入する適切な場所 j を探す
        int j = i;
        for (; j > 0; --j) {
            if (a[j-1] > v) { // v より大きいものは 1 つ後ろに移す
                a[j] = a[j-1];
            }
            else break; // v 以下になったら止める
        }
        a[j] = v; // 最後に j 番目に v をもってくる
    }
}

int main() {
    // 入力
    int N; // 要素数
    cin >> N;
    vector<int> a(N);
    for (int i = 0; i < N; ++i) cin >> a[i];

    // 挿入ソート
    InsertionSort(a);
}
```

12.3.2　挿入ソートの計算量と性質

挿入ソートの最悪時の計算量は $O(N^2)$ です．具体的には，ソートしたい配列が $N, N-1, \ldots, 1$ というように，値が降順に並んでいるケースでは，各要素を左へと動かす回数はそれぞれ $0, 1, \ldots, N-1$ 回となります．その総

和は

$$0 + 1 + \cdots + N - 1 = \frac{1}{2}N(N-1)$$

となりますので，計算量は $O(N^2)$ です．一方，与えられた列がほとんど整列済みであるような数列に対しては，高速に動作することが知られています．場合によっては，クイックソートよりも高速に動作する場合もあります．また挿入ソートは，$O(N^2)$ なソートアルゴリズム [注2] としては，以下のよい性質をもっています．

- in-place なソートです
- 安定ソートです

12.4 ● ソート (2)：マージソート

12.4.1　動作と実装

前節の挿入ソートは $O(N^2)$ の計算量を要しましたが，本節で解説する**マージソート**は $O(N \log N)$ の計算量で動作します．マージソートは，4.6 節で紹介した**分割統治法**を活用したソートアルゴリズムです．**図 12.3** のように，配列を半分に分割し，左右それぞれを再帰的にソートしておき，その両者を併合することを繰り返します．具体的な動作を考えましょう．

```
MergeSort(a, left, right)
```

を配列 a の区間 [left, right) をソートする関数とします [注3]．また，配列 a の区間 [left, right) を a[left:right] と表すこととします．まず mid = (left + right) / 2 として，MergeSort(a, left, mid) と MergeSort(a, mid, right) をそれぞれ再帰的に呼び出します．これにより，a[left:right] の左半分 a[left:mid] と右半分 a[mid:right] とがそれぞれ整列済みの状態となります．そして左側 a[left:mid] と右側 a[mid:right] とがそれぞれ整列済みであることを利用して，a[left:right] 全体を整列済みの状態にします．この併合処理は，具体的には以下の手順で実現します．

- 左側配列 a[left:mid] と右側配列 a[mid:right] の中身をそれぞれ外部配列にコピーしておきます

注 2　$O(N^2)$ の計算量であるソートアルゴリズムとしては，他にバブルソートや選択ソートなどが有名です．
注 3　区間 [left, right) の意味については 5.6 節を参照してください．

図 12.3　マージソートの動き

- 左側に対応する外部配列と，右側に対応する外部配列がともに空になる
  まで，「左側の最小値」と「右側の最小値」を比較して小さい方を選び，
  それを抜き出すことを繰り返します（**図 12.4**）．ただし，左側の外部配列
  と右側の外部配列のうち，どちらかが空である場合には，他方の最小値
  を抜き出します

ここで簡単な工夫として，図 12.4 のように，右側の外部配列を左右反転して
おきます．そして左右の外部配列をつなぎます．こうすることにより，併合
処理において，左側の外部配列または右側の外部配列が空であるかどうかを
確認する必要がなくなります．つまり，併合処理は「つないでできた外部配

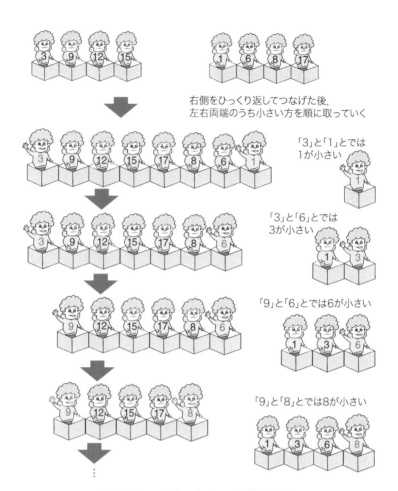

右側をひっくり返してつなげた後,
左右両端のうち小さい方を順に取っていく

「3」と「1」とでは
1が小さい

「3」と「6」とでは
3が小さい

「9」と「6」とでは6が小さい

「9」と「8」とでは8が小さい

図 12.4　マージソートのマージ部分の詳細

列の両端のうち，小さい方を抜き出すことを繰り返す」という明快なものと
なります．以上の手続きは，コード 12.2 のように実装できます．

code 12.2　マージソートの実装

```
1  #include <iostream>
2  #include <vector>
3  using namespace std;
4
5  // 配列 a の区間 [left, right) をソートする
6  // [left, right) は，left, left+1, ..., right-1 番目を表す
7  void MergeSort(vector<int> &a, int left, int right) {
8      if (right - left == 1) return;
```

```
 9         int mid = left + (right - left) / 2;
10
11         // 左半分 [left, mid) をソート
12         MergeSort(a, left, mid);
13
14         // 右半分 [mid, right) をソート
15         MergeSort(a, mid, right);
16
17         // いったん「左」と「右」のソート結果をコピーしておく（右側は左右反転）
18         vector<int> buf;
19         for (int i = left; i < mid; ++i) buf.push_back(a[i]);
20         for (int i = right - 1; i >= mid; --i) buf.push_back(a[i]);
21
22         // 併合する
23         int index_left = 0; // 左側の添字
24         int index_right = (int)buf.size() - 1; // 右側の添字
25         for (int i = left; i < right; ++i) {
26             // 左側採用
27             if (buf[index_left] <= buf[index_right]) {
28                 a[i] = buf[index_left++];
29             }
30             // 右側採用
31             else {
32                 a[i] = buf[index_right--];
33             }
34         }
35     }
36
37     int main() {
38         // 入力
39         int N; // 要素数
40         cin >> N;
41         vector<int> a(N);
42         for (int i = 0; i < N; ++i) cin >> a[i];
43
44         // マージソート
45         MergeSort(a, 0, N);
46     }
```

12.4.2 マージソートの計算量と性質

　マージソートの計算量は $O(N \log N)$ となります．直感的には，図 12.3 か
らわかるように，「分割」と「併合」とがそれぞれ $O(\log N)$ ステップになっ
ていて，それぞれの段階における併合作業に $O(N)$ ずつの計算量を要するこ
とから全体で $O(N \log N)$ の計算量になります．たとえば図 12.3 の場合は
$N = 8$ であり，分割と併合がそれぞれ 3 ステップからなっています．数式

を用いた解析は 12.4.3 節で行います.

さて, マージソートはコード 12.2 中の配列 buf があるため, サイズ $O(N)$ の外部メモリを必要とし, in-place 性を満たしていません. そのため, 組込系をはじめとして, ソフトウェアの移植性を重視しつつアルゴリズムを常に高速に動作させたい場合には, マージソートは採用されにくい傾向にあります. しかし, 入力配列を受け取る時点ですでにサイズ $O(N)$ のメモリを必要としていることを考えると, マージソートに要するメモリ容量は, 入力受け取りに要するメモリ容量の高々定数倍といえます. その程度の外部メモリ消費量は, 特に問題とならない場面も多くあります.

また, マージソートは安定であることが喜ばれる場面も多くあります. C++ の標準ライブラリでは, ソートアルゴリズムとして `std::sort()` と `std::stable_sort()` とが提供されています. 実際の速度においては, 前者が勝ることが多いようですが, 後者は安定ソートであることが保証されています. 多くの場合, 前者はクイックソートをベースとした実装がなされていて, 後者はマージソートをベースとした実装がなされています.

12.4.3　マージソートの計算量解析の詳細 (*)

マージソートの計算量を $T(N)$ とすると, 以下の漸化式が成立します. $O(N)$ は併合部分の計算量を表しています.

$$T(1) = O(1)$$
$$T(N) = 2T\left(\frac{N}{2}\right) + O(N) \quad (N > 1)$$

これを解くと $T(N) = O(N \log N)$ となることを示しましょう. なお, 厳密には $T(N) = T\left(\lfloor\frac{N}{2}\rfloor\right) + T\left(\lceil\frac{N}{2}\rceil\right) + O(N)$ として解くべきですが, ここでは簡単のため $\frac{N}{2}$ の切り上げ, 切り下げについては考慮しないものとします.

さて, より一般に, a, b を $a, b \geq 1$ を満たす整数, c, d を正の実数として

$$T(1) = c$$
$$T(N) = aT\left(\frac{N}{b}\right) + dN \quad (N > 1)$$

という漸化式で表された計算量が

$$T(N) = \begin{cases} O(N) & (a < b) \\ O(N \log N) & (a = b) \\ O(N^{\log_b a}) & (a > b) \end{cases}$$

となることを見ていきましょう。ここでも簡単のために，N が $N = b^k$ と表される整数である場合について考えます。漸化式を繰り返し用いると

$$
\begin{aligned}
T(N) \\
&= aT\left(\frac{N}{b}\right) + dN \\
&= a\left(aT\left(\frac{N}{b^2}\right) + d\frac{N}{b}\right) + dN \\
&= \dots \\
&= a\left(a\left(\dots a\left(aT\left(\frac{N}{b^k}\right) + d\frac{N}{b^{k-1}}\right) + d\frac{N}{b^{k-2}} + \dots\right) + d\frac{N}{b}\right) + dN \\
&= ca^k + dN\left(1 + \frac{a}{b} + \left(\frac{a}{b}\right)^2 + \dots + \left(\frac{a}{b}\right)^{k-1}\right) \\
&= cN^{\log_b a} + dN\left(1 + \frac{a}{b} + \left(\frac{a}{b}\right)^2 + \dots + \left(\frac{a}{b}\right)^{k-1}\right)
\end{aligned}
$$

となります。よって，

- $a < b$ のとき，$N\left(1 + \frac{a}{b} + \left(\frac{a}{b}\right)^2 + \dots + \left(\frac{a}{b}\right)^{k-1}\right) = N\left(\frac{1-\left(\frac{a}{b}\right)^k}{1-\frac{a}{b}}\right) < \frac{N}{1-\frac{a}{b}}$ となるので，$T(N) = O(N)$ です
- $a = b$ のとき，$k = \log_b N$ より，$T(N) = cN + dkN = O(N\log N)$ です
- $a > b$ のとき，$N\left(1 + \frac{a}{b} + \left(\frac{a}{b}\right)^2 + \dots + \left(\frac{a}{b}\right)^{k-1}\right) = N\frac{\left(\frac{a}{b}\right)^k - 1}{\frac{a}{b} - 1} = \frac{a^k - N}{\frac{a}{b} - 1}$ であり，$a^k = b^{k\log_b a} = N^{\log_b a}$ であることから，$T(N) = O(N^{\log_b a})$ です

マージソートの場合，$a = b = 2$ ですので計算量は $O(N\log N)$ とわかります。そして $a > b$ や $a < b$ の場合についても考察することで，興味深い現象が生じていることがわかります。**図 12.5** のように，分割統治法の計算量を以下のように分解して考えてみましょう。

- 分割統治法の再帰の根の部分において，併合作業に要する計算量 $O(N)$
- 分割統治法の再帰の根からの深さが 1 の部分において，併合作業に要する計算時間
  ⋮
- 分割統治法の再帰の葉の部分に要する計算時間の総和のオーダー $O(N^{\log_b a})$

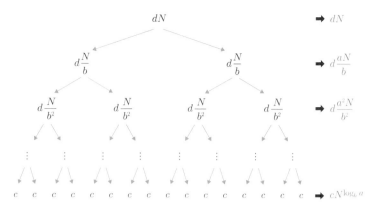

図 12.5　分割統治法の再帰関数の様子

$a > b$ の場合は，再帰の分岐数が小さくなることで最終的に根の部分が支配的になることで計算量が $O(N)$ となります．$a < b$ の場合は，再帰の分岐数が大きくなることで最終的に葉の部分が支配的になることで計算量が $O(N^{\log_b a})$ となります．$a = b$ の場合は，両者が均衡することにより，図 12.5 の木の各深さにおける計算量がすべて $O(N)$ となるため，それに木の高さ $O(\log N)$ の分をかけて，全体の計算量が $O(N \log N)$ となります．

12.5 ● ソート (3)：クイックソート

12.5.1　動作と実装

クイックソートもマージソートと同様に，配列を分割してそれぞれを再帰的に解いてまとめる分割統治法にのっとったアルゴリズムです．最悪時間計算量は $\Theta(N^2)$[注4] ですが，平均時間計算量は $O(N \log N)$ となります．クイックソートは**図 12.6** のように，配列の中から適当な要素 **pivot** を選び出し，配列全体を「pivot 未満のグループ」と「pivot 以上のグループ」に分割して，それぞれを再帰的に解きます．

配列全体を pivot 前後で分ける部分については，**図 12.7** (207 ページ) のように，いったん選んだ pivot を右端に移し，配列を左から順に走査しながら pivot の値よりも小さいものを左詰めしていきます．以上の処理を C++ で実装するとコード 12.3 のように書けます．12.4 節のマージソートとは異なり，外部配列を必要とせずに in-place 性をもつことに注意しましょう．

注 4　今まで用いてきた O 記法は，計算量を上から抑える考え方でした．しかし，ここでは，下から抑える視点も取り入れるため，Θ 記法 (2.7.3 節) を用いました．

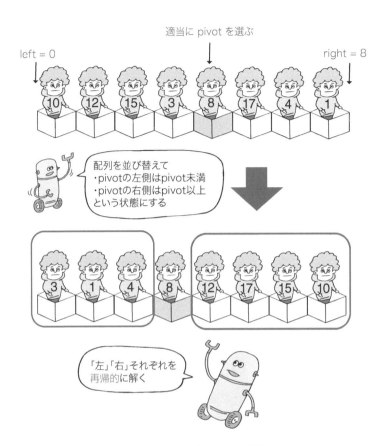

適当に pivot を選ぶ

left = 0

right = 8

配列を並び替えて
・pivotの左側はpivot未満
・pivotの右側はpivot以上
という状態にする

「左」「右」それぞれを
再帰的に解く

図 12.6　クイックソートの概念

code 12.3　クイックソートの実装

```cpp
#include <iostream>
#include <vector>
using namespace std;

// 配列 a の区間 [left, right) をソートする
// [left, right) は, left, left+1, ..., right-1 番目を表す
void QuickSort(vector<int> &a, int left, int right) {
    if (right - left <= 1) return;

    int pivot_index = (left + right) / 2; // 適当にここでは中点とします
    int pivot = a[pivot_index];
    swap(a[pivot_index], a[right - 1]); // pivot と右端を swap

    int i = left; // i は左詰めされた pivot 未満要素の右端を表す
    for (int j = left; j < right - 1; ++j) {
```

```
16          if (a[j] < pivot) { // pivot 未満のものがあったら左に詰めていく
17              swap(a[i++], a[j]);
18          }
19      }
20      swap(a[i], a[right - 1]); // pivot を適切な場所に挿入
21
22      // 再帰的に解く
23      QuickSort(a, left, i); // 左半分 (pivot 未満)
24      QuickSort(a, i + 1, right); // 右半分 (pivot 以上)
25  }
26
27  int main() {
28      // 入力
29      int N; // 要素数
30      cin >> N;
31      vector<int> a(N);
32      for (int i = 0; i < N; ++i) cin >> a[i];
33
34      // クイックソート
35      QuickSort(a, 0, N);
36  }
```

12.5.2　クイックソートの計算量と性質

　クイックソートの最悪時間計算量は $\Theta(N^2)$ です．具体的には，pivot とし
て毎回最も大きい要素，または最も小さい要素を選んでしまう場合です．こ
のような場合，サイズ m の配列を受け取っていたとすると，部分問題として
サイズ $m-1$ の問題とサイズ 1 の問題とに分割されることになります．入
力の配列長と同じだけ再帰呼び出しが行われ，ステップごとで $\Theta(N)$ 時間か
かるため，全体の計算量は $\Theta(N^2)$ となります．一方，毎回の pivot 選択にお
いて部分問題への分割が左右均等に分かれていれば計算量は $\Theta(N \log N)$ と
なります．そして実は，少々偏らせる程度では $\Theta(N^2)$ とはなりません．た
とえば，毎回の分割がサイズ比 $1:99$ であったとしても，常に $1:99$ であれ
ば計算量は $\Theta(N \log N)$ となります．

　さて，クイックソートの最悪時間計算量は $\Theta(N^2)$ ですが，実用上はマー
ジソートよりも高速に動作するといわれています．C++ の標準ライブラリ
にある std::sort() も，多くの場合，クイックソートをベースとしている
ようです．ただし注意点として std::sort() は，C++11 以降においては
最悪時間計算量も $\Theta(N \log N)$ であることが仕様として明記されています．
具体的に std::sort() がどのように実現されているかについてはライブラ
リの実装次第ですが，たとえば GNU Standard C++ library においては，

図 12.7　クイックソートの pivot の扱い方の詳細

12.6 節で後述するヒープソートとのハイブリッド方式である**イントロソート**をベースとした実装となっています.

12.5.3 乱択クイックソート (*)

ここまで紹介したクイックソートは,平均的なケースに対しては高速ですが,悪意のあるケースに対しては弱いという弱点があります.本節では,クイックソートのそのような弱点を改良した**乱択クイックソート**について考えます.

一般に,設計したアルゴリズムの平均的な挙動について考えるとき,入力データとして考えられるものが等確率で出現するという仮定をおきます.しかし現実には,入力データを与える側に悪意がある場合,あるいは悪意がなかったとしても入力分布に偏りがある場合など,そのような仮定が期待できない状況も多々考えられます.そのような場面で有効な手法として**乱択化** (randomization) があります.クイックソートの場合,毎回の pivot 選択において,コード 12.3 では pivot を a[(left+right)/2] としていたところを,a[left:right] から一様ランダムに pivot を選択するようにします.アルゴリズムを乱択化することは,悪意のある入力ケースや,入力が偏っているケースへの対策として有効です.

ここでは,上記の乱択化を施した乱択クイックソートの平均計算量が $O(N \log N)$ になることを解析します.ただし簡単のため,配列 a の値がすべて互いに相異なることを仮定します.なお,今回のような,アルゴリズム自体がランダムな挙動を行うとした場合の平均計算量と,通常のアルゴリズムに対してランダムな入力を与えたと考えたときの平均計算量 (2.6.2 節) とでは,同じ平均計算量といっても意味合いが異なることに注意します.

さて,乱択クイックソートにおいて,配列 a の i 番目に小さい要素と j 番目に小さい要素とが比較される瞬間がある場合には値 1 をとり,そうでない場合には値 0 をとる確率変数を X_{ij} とします.このとき乱択クイックソートの平均計算量は

$$E[\sum_{0 \le i < j \le N-1} X_{ij}] = \sum_{0 \le i < j \le N-1} E[X_{ij}]$$

と表すことができます.ここで,$E[X_{ij}]$ は i 番目と j 番目が比較される確率を表しています.それを求めるために,i 番目と j 番目の要素が比較される条件について考察します.i, j 番目の要素が pivot として選択されるよりも先に $i+1, i+2, \ldots j-1$ 番目の要素が pivot として選択された場合,i, j 番

目の要素はそれぞれ別々の再帰関数に飛ばされてしまうので，両者が比較されることはなくなります．逆に $i+1, i+2, \ldots, j-1$ 番目の要素が pivot として選択されるよりも先に i, j 番目の要素のどちらかが pivot として選択されれば，両者は比較されます．まとめると，$E[X_{ij}]$ は，$i, i+1, \ldots, j-1, j$ 番目の要素の中で i, j 番目のどちらかの要素が最初に選択される確率を表します．よって $E[X_{ij}] = \frac{2}{j-i+1}$ となりますので，

$$
\begin{aligned}
E[\sum_{0 \le i < j \le N-1} X_{ij}] &= \sum_{0 \le i < j \le N-1} \frac{2}{j-i+1} \\
&< \sum_{0 \le i \le N-1, 0 \le j-i \le N-1} \frac{2}{j-i+1} \\
&= \sum_{0 \le i \le N-1} \sum_{0 \le k \le N-1} \frac{2}{k+1} \\
&= 2N \sum_{1 \le k \le N} \frac{1}{k} \\
&= O(N \log N)
\end{aligned}
$$

となります．以上から，乱択クイックソートの平均計算量が $O(N \log N)$ となることが導かれました．ここで

$$
1 + \frac{1}{2} + \frac{1}{3} + \cdots + \frac{1}{N} = O(\log N)
$$

という性質を用いました．アルゴリズムの計算量解析においてしばしば登場する重要な関係式です (2 章の章末問題 2.6).

12.6 ● ソート (4)：ヒープソート

ヒープソートは，10.7 節で登場したヒープを活用します．マージソートと同様，最悪時でも計算量は $O(N \log N)$ になります．ヒープソート自体は安定ソートではないうえに平均的な速度ではクイックソートに劣りますが，ヒープ自体が重要なデータ構造です．14.6.5 節でダイクストラ法を高速化するときにもヒープが大活躍します．ヒープソートもヒープの使い方の 1 つとして味わい深いものです．ヒープソートは，以下のようにします．

- ステップ 1：与えられた配列の要素をすべてヒープに挿入する ($O(\log N)$ の操作を N 回実施)
- ステップ 2：ヒープの最大値を順に pop して配列の後ろから詰めていく

$\qquad$ ($O(\log N)$ の操作を N 回実施)

ステップ 1, 2 の処理をともに $O(N \log N)$ で実現できますので,全体の計算量も $O(N \log N)$ となります.

さて,ヒープソートのアイディア自体はこのように単純なものですが,さらに一工夫行います.一見するとヒープの構築自体に外部メモリが必要であるように思えますが,ソートしたい配列 a それ自体をヒープにしてしまいます.これによってコード 12.4 のように,外部メモリを必要としない in-place なアルゴリズムを実現できます.

なお,コード 12.4 は,ステップ 1 のヒープ構築処理において,着目する頂点の順序を工夫しています.実はこれによって,ヒープ構築に要する計算量が $O(N)$ に改善されています.その解析は省略しますが,関心のある方はブックガイド [9] のヒープソートの章などを読んでみてください.

code 12.4　ヒープソートの実装

```
1   #include <iostream>
2   #include <vector>
3   using namespace std;
4
5   // i 番目の頂点を根とする部分木について,ヒープ条件を満たすようにする
6   // a のうち 0 番目から N-1 番目までの部分 a[0:N] についてのみ考える
7   void Heapify(vector<int> &a, int i, int N) {
8       int child1 = i * 2 + 1; // 左の子供
9       if (child1 >= N) return; // 子供がないときは終了
10
11      // 子供同士を比較
12      if (child1 + 1 < N && a[child1 + 1] > a[child1]) ++child1;
13
14      if (a[child1] <= a[i]) return; // 逆転がなかったら終了
15
16      // swap
17      swap(a[i], a[child1]);
18
19      // 再帰的に
20      Heapify(a, child1, N);
21  }
22
23  // 配列 a をソートする
24  void HeapSort(vector<int> &a) {
25      int N = (int)a.size();
26
27      // ステップ 1: a 全体をヒープにするフェーズ
28      for (int i = N / 2 - 1; i >= 0; --i) {
29          Heapify(a, i, N);
```

```
30          }
31
32          // ステップ 2: ヒープから 1 個 1 個最大値を pop するフェーズ
33          for (int i = N - 1; i > 0; --i) {
34              swap(a[0], a[i]); // ヒープの最大値を右詰め
35              Heapify(a, 0, i); // ヒープサイズは i に
36          }
37      }
38
39      int main() {
40          // 入力
41          int N; // 要素数
42          cin >> N;
43          vector<int> a(N);
44          for (int i = 0; i < N; ++i) cin >> a[i];
45
46          // ヒープソート
47          HeapSort(a);
48      }
```

12.7 ● ソートの計算量の下界

　ここまで，マージソート，ヒープソートと $O(N \log N)$ の高速なソートアルゴリズムを見てきました．ここでは，これらよりも高速なアルゴリズムを設計することが可能かどうかを考えてみましょう．これまで見てきた挿入ソート，マージソート，クイックソート，ヒープソートといったソートアルゴリズムは，いずれも「ソート順序が入力要素の比較にのみ基づいて決定される」という性質のものでした．このようなものを**比較ソートアルゴリズム**とよぶことにします．実は，任意の比較ソートアルゴリズムにおいて，最悪の場合には $\Omega(N \log N)$[注5] 回の比較が必要であることを示すことができます．したがって，マージソート，ヒープソートはともに漸近的に最良の比較ソートアルゴリズムであるといえます．このことの証明はそれほど難しくはないので，そのアイディアを以下に示します．

　まず，比較ソートアルゴリズムは，**図 12.8** のように，大小比較を繰り返すことで最終的な順序を導く二分木としてとらえることができます．このとき，比較ソートアルゴリズムの最悪計算量は二分木の高さ h に対応します．N 要素の順序として考えられるものは $N!$ 通りありますので，二分木の葉の個数は $N!$ 個必要です．したがって，

注5　ここでは，計算量を下から抑える考え方をしているため，Ω 記法 (2.7.2 節) を用いています．

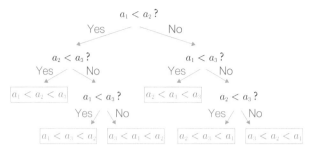

図 12.8　比較に基づくソートアルゴリズム

$$2^h \geq N!$$

を満たす必要があります．ここで，以下のスターリングの公式を用います．

$$\lim_{N \to \infty} \frac{N!}{\sqrt{2\pi N}(\frac{N}{e})^N} = 1$$

これによって，ここでは対数の底を e として $\log_e(N!) \simeq N \log_e N - N + \frac{1}{2}\log_e(2\pi N)$ が成立し，

$$\log_e(N!) = \Theta(N \log N)$$

であることがいえます注6．これと，$h \geq \log_2(N!) > \log_e(N!)$ であることから，

$$h = \Omega(N \log N)$$

が成立します．以上から，任意の比較ソートアルゴリズムは，最悪の場合には $\Omega(N \log N)$ 回の比較が必要であることが示されました．

12.8 ● ソート (5)：バケットソート

前節では，$O(N \log N)$ の計算量をもつマージソートやヒープソートが，漸近的に最速の比較ソートアルゴリズムであることを見ました．比較ソートアルゴリズムである限り，定数倍の違いを除いてこれらより速いものは存在しないといえます．

しかし，本節で紹介する**バケットソート**は，比較ソートアルゴリズムではありません．「ソートしたい配列 a の各要素値は 0 以上 A 未満の整数値であ

注 6　オーダー記法 Θ, Ω においては，対数の底の違いは無視できます．

る」という仮定の下では $O(N + A)$ の計算量を達成できます．バケットソートは，8.6 節でも見たような以下の配列を用います．

> **バケットソートのアイディアを示す配列**
> $\mathrm{num}[x] \leftarrow$ 配列 a 中に値 x をもつ要素が何個存在するか

これを用いてバケットソートは，コード 12.5 のように実装できます．計算量は $O(N + A)$ であり，特に $A = O(N)$ と考えられる場面では $O(N)$ となります．マージソートやヒープソートの計算量が $O(N \log N)$ であることを思い出すと夢のように思える計算量です．ただし，その適用場面は，ソート対象の配列の値が 0 以上 A 未満の整数値であり，A が $A = O(N)$ であると考えられる程度の小ささである場合に限られます．それでも，たとえば集合 $\{0, 1, \ldots, N - 1\}$ の部分集合 (サイズが N と同程度) の順列が与えられて，それを並び替えたいという場面は実用上も度々出現します．そのような場面では，クイックソートを上回る速度でソートできることも多々あります．

code 12.5　バケットソートの実装

```cpp
#include <iostream>
#include <vector>
using namespace std;

const int MAX = 100000; // ここでは配列の値は 100000 未満とする

// バケットソート
void BucketSort(vector<int> &a) {
    int N = (int)a.size();

    // 各要素の個数をカウントする
    // num[v]: v の個数
    vector<int> num(MAX, 0);
    for (int i = 0; i < N; ++i) {
        ++num[a[i]]; // a[i] をカウントする
    }

    // num の累積和をとる
    // sum[v]: v 以下の値の個数
    // 値 a[i] が全体の中で何番目に小さいかを求める
    vector<int> sum(MAX, 0);
    sum[0] = num[0];
    for (int v = 1; v < MAX; ++v) {
        sum[v] = sum[v - 1] + num[v];
```

```
25          }
26
27          // sum をもとにソート処理
28          // a2: a をソートしたもの
29          vector<int> a2(N);
30          for (int i = N - 1; i >= 0; --i) {
31              a2[--sum[a[i]]] = a[i];
32          }
33          a = a2;
34      }
35
36      int main() {
37          // 入力
38          int N; // 要素数
39          cin >> N;
40          vector<int> a(N);
41          for (int i = 0; i < N; ++i) cin >> a[i];
42
43          // バケットソート
44          BucketSort(a);
45      }
```

12.9 ● まとめ

本章では，いくつかのソートアルゴリズムの紹介を通して，分割統治法，その計算量解析，乱択アルゴリズムの考え方など，さまざまなアルゴリズム技法を解説しました．これらのアルゴリズム技法はソートに限らず，数多くの問題の解決に役立てることができます．

また，ソート自体もさまざまなアルゴリズムの前処理としてしばしば有効です．6 章で解説した「配列の二分探索」では，前処理として，あらかじめ配列を昇順にソートしておくことが必要でした．貪欲法に基づくアルゴリズムを設計するときは，その多くの場面において，最初になんらかの尺度に基づいて，対象物を昇順に並び替えます．コンピュータグラフィックス分野においても，さまざまな物体を描画したり物体の相互干渉などを考えたりするとき，左 (右)・下 (上)・奥 (手前) から順番に物体を処理していくことが多々あります[注7]．このとき，物体の位置関係をソートする考え方を活用します．

以上のように，ソートは数多くのアルゴリズム設計において基本的な役割を果たします．

注 7　関心のある方は Z ソート法や Z バッファ法などについて調べてみてください．

12.1 N 個の相異なる整数 $a_0, a_1, \ldots, a_{N-1}$ が与えられます．各 i に対して，a_i が何番目に小さいかを求めるアルゴリズムを設計してください．
（難易度★★☆☆☆）

12.2 N 箇所のお店があって，$i(= 0, 1, \ldots, N-1)$ 番目のお店では，1 本 A_i 円のエナジードリンクを最大 B_i 本まで売っています．全部で M 本のドリンクを買い揃えたいとき，最小で何円で揃えられるかを求めるアルゴリズムを設計してください．ただし $\sum_{i=0}^{N-1} B_i \geq M$ とします．
(出典: AtCoder Beginner Contest 121 C - Energy Drink Collector, 難易度★★☆☆☆)

12.3 N, K を正の整数とします $(K \leq N)$．いま空集合 S があって，N 個の相異なる整数 $a_0, a_1, \ldots, a_{N-1}$ が順に挿入されていきます．各 $i = k, k+1, \ldots, N$ に対して，S に i 個の整数が挿入されている段階を考えたときの，S に含まれる要素の中で，K 番目に小さい値を出力するアルゴリズムを設計してください．ただし全体で $O(N \log N)$ で実現してください．（難易度★★★☆☆）

12.4 計算量を表す関数 $T(N)$ が $T(N) = 2T\left(\frac{N}{2}\right) + O(N^2)$ を満たすとき，$T(N) = O(N^2)$ であることを証明してください．また $T(N) = 2T\left(\frac{N}{2}\right) + O(N \log N)$ の場合はどのようになるでしょうか．
（難易度★★★☆☆）

12.5 N 個の整数 $a_0, a_1, \ldots, a_{N-1}$ が与えられます．このうちの k 番目に小さい整数値を $O(N)$ で求めるアルゴリズムを設計してください．
(median of medians とよばれる有名問題, 難易度★★★★★)

12.6 整数 a, m が与えられます $(a \geq 0, m \geq 1)$．$a^x \equiv x \pmod{m}$ を満たす正の整数 x が存在するかどうかを判定し，存在するなら 1 つ求める $O(\sqrt{m})$ の計算量のアルゴリズムを設計してください．
(出典: AtCoder Tenka1 Programmer Contest F - ModularPowerEquation!!, 難易度★★★★★)

第 13 章

グラフ(1) : グラフ探索

　10 章ではグラフについて導入しました．世の中のさまざまな問題は，グラフに関する問題として定式化することによって見通しよく扱うことができるようになります．本章からは，いよいよグラフに関する問題を解いていきます．まずは，グラフ上の探索法について解説します．これは，あらゆるグラフアルゴリズムの基礎となるものです．また，3 章，4.5 節で解説したような全探索も，その多くはグラフ探索として理解できます．グラフ探索を自在に駆使することができるようになれば，アルゴリズム設計の幅が格段に広がります．

13.1 ● グラフ探索を学ぶ意義

　本章から，いよいよ具体的なグラフアルゴリズムを解説していきます．まずは，あらゆるグラフアルゴリズムの基礎ともいうべき**グラフ探索**について扱います．グラフ探索技法を身につけると，単にグラフに関する問題を解決できるようになるだけでなく，さまざまな対象物に対する探索を見通しよく扱えるようにもなります．1.2 節でも，虫食算を解く深さ優先探索や，迷路の最短路を求める幅優先探索の考え方を概観しました．このような，一見グラフとは関係ないように思える問題も，グラフ上の探索問題としてとらえ直すことができます．また，グラフ探索技法に習熟すると，10.1.3 節や 10.1.4 節で定義したような

- ウォーク，サイクル，パス
- 連結性

なども，自在に扱えるようになります．

13.2 ● 深さ優先探索と幅優先探索

それでは，いよいよグラフ $G = (V, E)$ の各頂点を順に探索する手法を解説します．一見するとそれは，単に頂点集合 V に含まれる頂点を順に列挙すればよいと思われるかもしれません．しかし，たとえば，10.2.3 節で登場した「○×ゲームの局面遷移を表すグラフ」を考えてみましょう．このグラフにおいては，○×ゲームの初期盤面から出発して，○×ゲームのルールに従って局面を 1 つ 1 つ作り出してみないことには，グラフの各頂点を列挙することはできません．本節で解説するグラフ探索は，このように，グラフ上のある頂点から出発して，その頂点に接続している辺をたどっていくことにより，1 つ 1 つの頂点を順に探索していく手法となっています．

さて，グラフ探索手法として代表的なものとして，**深さ優先探索** (depth-first search, DFS) と**幅優先探索** (breadth-first search, BFS) とがあります．最初に，深さ優先探索と幅優先探索とで共通する考え方を俯瞰するために，グラフ探索の基本形を解説します．問題設定としては，グラフ上の代表的な 1 つの頂点 $s \in V$ を指定して，s から辺をたどって到達できる各頂点を探索することとします．

グラフ探索は，ネットサーフィンを行うときのことを思い浮かべるとわかりやすいかもしれません．**図 13.1** のようなグラフを Web ページのリンク関係を表すものだと考えてみましょう．最初に頂点 0 に対応するページを開くことにします．これは，先ほど述べた問題設定における「代表的な頂点」に相当します．このとき，まずは図 13.1 の頂点 0 に対応する Web ページを一通り読みます．次に，頂点 0 からたどれるリンク先が頂点 1, 2, 4 と 3 つあります．これら 3 つの候補を「あとで読む」という意味を込めて，集合 todo に入れます．**図 13.2** はその状態を表しており，すでに読了済みの頂点 0 を赤色で，集合 todo に入った頂点 1, 2, 4 を橙色で示しています．

その次のステップの探索では，橙色で示した todo の頂点のうち，とりあ

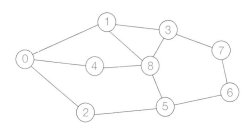

図 13.1　ネットサーフィンのモデルにするグラフ

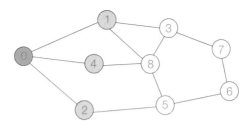

図 13.2　頂点 0 を読み終えて，頂点 1, 2, 4 を集合 todo に挿入した様子

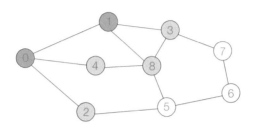

図 13.3　頂点 1 を読み終えて，新たに頂点 3, 8 を集合 todo に挿入した様子

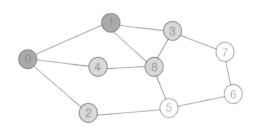

図 13.4　頂点 1 を読み終えた段階で発生する 2 つの選択肢

えず頂点 1 に進むことにします (頂点 2, 4 については保留とします)．頂点
1 を読み終わると，そこからたどれるリンク先の頂点として頂点 3, 8 があり
ますので，これらを新たに集合 todo に加えます (**図 13.3**).

　さて，この次に集合 todo の中からどの頂点を取り出すかについては，人
によって性格が表れる部分でしょう．**図 13.4** のように，大きく分けて以下の
2 つの方針が考えられます.

- 直前に読了した頂点 1 からそのままたどれる頂点 (3 か 8) へ進む方針
- 最初にいったん保留にしていた頂点 (2 か 4) へ進む方針

前者は，たどれるリンクをとにかく突き進む方針です．一方，後者は「いっ

たん保留にしていたページ」を一通り全部読み終わってから，より深いリンクへと進む方針です．前者が深さ優先探索 (DFS)，後者が幅優先探索 (BFS) に対応します．これらの探索法は，それぞれスタック，キュー (9 章) を用いて実現できます．前者の猪突猛進な探索方針は，集合 todo に新たなページを挿入したら，ただちにそれを取り出して訪問するという LIFO (last-in first-out) なスタック的探索となっています．後者の全体を舐めながら進む探索方針は，集合 todo に先に挿入したものから順番に取り出して訪問するという FIFO (first-in first-out) なキュー的探索となっています．

以上の話を，具体的なアルゴリズムとして記述してみましょう．**表 13.1** に示す 2 つのデータを管理します．ここで，seen はサイズ $|V|$ の配列であり，初期状態では配列全体を false で初期化しておきます．集合 todo は，初期状態では空の状態としておきます．

表 13.1　グラフ探索で用いる 2 つのデータ

変数名	データの型	説明
seen	vector<bool>	seen[v] = true であることは，頂点 v が todo に挿入された瞬間があったことを表します (すでに todo から取り出されている場合も含みます)．
todo	stack<int> または queue<int>	これから訪問する予定の頂点を格納します．

ここで，図 13.4 を振り返ります．グラフ探索過程において，各頂点は**表 13.2** に示す 3 つの状態のいずれかとなっていることがわかります．表中で「色」とは，図 13.4 で示した頂点の色を表しています．探索ステップが進行するにつれて，各頂点は「白色」の状態から開始して「橙色」に遷移し，最終的には「赤色」となります．

以上を踏まえて，2 つのデータ seen と todo を用いると，グラフ探索は

表 13.2　グラフ探索過程における，各頂点 v についての seen と todo の状態

色	状態	seen の状態	todo の状態
白	探索においていまだ見つかっていない状態 (todo にも挿入されていない)	seen[v] = false	v は todo に含まれていない
橙	訪問予定であるが，未訪問である状態	seen[v] = true	v は todo に含まれている
赤	訪問済みの状態	seen[v] = true	v は todo に含まれていない

コード 13.1 のように実装できます．深さ優先探索であるか幅優先探索であるかの違いは，集合 todo から頂点 v を取り出す作業を行うときに，どのようなポリシーに従って v を選ぶかによって生じます．todo をスタックにすると，たどれる Web リンクを猪突猛進に探索する深さ優先探索となります．todo をキューにすると，todo に加えた頂点を順に一通り読んでから，より深いところへと進んでいく幅優先探索となります．なお，コード 13.1 は幅優先探索を行う場合を示しています．コード 13.1 中の queue を stack に変更すれば，深さ優先探索となります．また，グラフを表すデータ型 Graph の実現方法については，10.3 節を参照してください．

code 13.1　グラフ探索の実装

```
 1  // グラフ G において，頂点 s を始点とした探索を行う
 2  void search(const Graph &G, int s) {
 3      int N = (int)G.size(); // グラフの頂点数
 4
 5      // グラフ探索のためのデータ構造
 6      vector<bool> seen(N, false); // 全頂点を「未訪問」に初期化する
 7      queue<int> todo; // 空の状態（深さ優先探索の場合は stack<int>）
 8
 9      // 初期条件
10      seen[s] = true; // s は探索済みとする
11      todo.push(s); // todo は s のみを含む状態となる
12
13      // todo が空になるまで探索を行う
14      while (!todo.empty()) {
15          // todo から頂点を取り出す
16          int v = todo.front();
17          todo.pop();
18
19          // v からたどれる頂点をすべて調べる
20          for (int x : G[v]) {
21              // すでに発見済みの頂点は探索しない
22              if (seen[x]) continue;
23
24              // 新たな頂点 x を探索済みとして todo に挿入
25              seen[x] = true;
26              todo.push(x);
27          }
28      }
29  }
```

ここで，22 行目の「seen[x] = true であったならばそのような頂点 x を飛ばす」という処理が重要です．サイクルを含むグラフの場合，この処理を実行しないと無限ループに陥ることになります．

13.3 ● 再帰関数を用いる深さ優先探索

前節では，深さ優先探索・幅優先探索に共通の実現方法として，表 13.1 に
示したデータ seen, todo を用いる実現方法を紹介しました．しかし，深さ
優先探索は 4 章で解説した再帰関数と相性がよく，再帰関数を用いることで，
より簡潔に実装できることが多々あります．また，再帰関数を用いることで，
13.4 節で見るように，「行きがけ順」と「帰りがけ順」という重要な概念も明
快なものとなります．

再帰関数を用いる深さ優先探索は，コード 13.2 のように実装できます．こ
れは，グラフ $G = (V, E)$ の頂点を全探索するものとなっています．コー
ド 13.2 中の関数 dfs(G, v) は，「頂点 v からたどることのできる頂点のう
ち，まだ訪問していない頂点をすべて訪問する」という深さ優先探索を実施
するものです．一般にグラフ G において，ある 1 つの頂点 $v \in V$ に対し
て dfs(G, v) を呼び出しても，すべての頂点が探索されるとは限りません．
そこで，コード 13.2 では，main 関数内の 33 行目から 36 行目までの for
文ループにより，未訪問頂点がなくなるまで関数 dfs を呼び出しています．
今後グラフに関するさまざまな例題を扱いますが，そのほとんどは，コード
13.2 にほんの少し手を加えるだけで解くことができます．

code 13.2 再帰関数を用いる深さ優先探索の実装の基本形

```
1   #include <iostream>
2   #include <vector>
3   using namespace std;
4   using Graph = vector<vector<int>>;
5
6   // 深さ優先探索
7   vector<bool> seen;
8   void dfs(const Graph &G, int v) {
9       seen[v] = true; // v を訪問済にする
10
11      // v から行ける各頂点 next_v について
12      for (auto next_v : G[v]) {
13          if (seen[next_v]) continue; // next_v が探索済ならば探索しない
14          dfs(G, next_v); // 再帰的に探索
15      }
16  }
17
18  int main() {
19      // 頂点数と辺数
20      int N, M;
21      cin >> N >> M;
22
```

```
23        // グラフ入力受取（ここでは有向グラフを想定）
24        Graph G(N);
25        for (int i = 0; i < M; ++i) {
26            int a, b;
27            cin >> a >> b;
28            G[a].push_back(b);
29        }
30
31        // 探索
32        seen.assign(N, false); // 初期状態では全頂点が未訪問
33        for (int v = 0; v < N; ++v) {
34            if (seen[v]) continue; // すでに訪問済みなら探索しない
35            dfs(G, v);
36        }
37    }
```

　ここで，**図 13.5** のグラフ（有向グラフです）を例にとって，コード 13.2 による深さ優先探索の動きを詳細に追ってみましょう．ただし，各頂点 $v \in V$ に隣接する頂点集合 G[v] は，頂点番号の小さい順に並んでいるものとします．**図 13.6** のような動きになります．

- ステップ 1：まず最初に，dfs(G, 0) が呼び出されます．頂点 0 に入り，頂点 0 が探索済みとなります．このとき，頂点 0 に隣接している頂点 5 も「探索予定」の状態になります．
- ステップ 2：次に，頂点 0 から行くことのできる頂点 5 に入り，その後は頂点 5 から行くことのできる頂点は存在しませんので，いったん再帰関数 dfs から抜けます．
- ステップ 3：次に，元の main 関数の 33 行目から 36 行目の for 文ループに戻って，改めて dfs(G, 1) が呼び出され，頂点 1 に入ります．
- ステップ 4：頂点 1 に隣接している頂点は 3 と 6 の 2 種類があります．

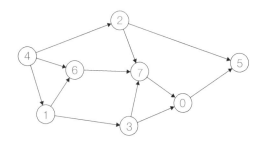

図 13.5　深さ優先探索の動作の確認に用いるグラフ

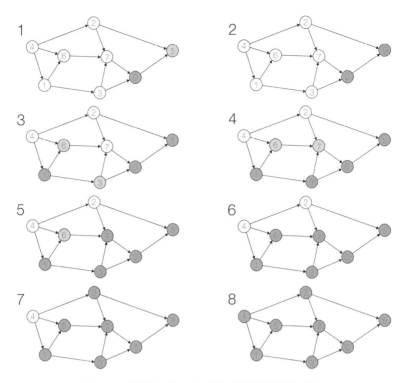

図 13.6　具体的なグラフに対する深さ優先探索の動き

まず，頂点番号の小さい 3 の方に入ります．

- ステップ 5：頂点 3 に隣接している頂点は 0 と 7 の 2 種類があります が，頂点 0 はすでに seen[0] = true の状態になっているため，頂点 7 に入ります．
- ステップ 6：頂点 7 からは頂点 0 へと行けますが，やはり頂点 0 はすで に seen[0] = true の状態になっているため，頂点 7 に関する再帰関数 dfs(G, 7) を抜けて，続いて dfs(G, 3) も抜けて，関数 dfs(G, 1) 内に戻ります．そして，頂点 1 から行けるもう 1 つの頂点 6 に進みます．
- ステップ 7：頂点 6 から行ける頂点はすべて探索済みとなっているため， 頂点 6 に関する処理を終え，また頂点 1 に戻りますが，頂点 1 から行け る頂点もすべて探索済みとなるため関数 dfs(G, 1) を抜けて main 関 数内に戻ります．改めて dfs(G, 2) が呼び出され，頂点 2 に入ります．
- ステップ 8：頂点 2 から行ける頂点はすべて探索済みとなっているた め，すぐに dfs(G, 2) を抜けて main 関数内に戻ります．$v = 3$ の場

合はすでに `seen[3] = true` となっているため $v = 4$ の場合に進み，`dfs(G, 4)` が呼び出され，頂点 4 に入ります．

- 終了：頂点 4 から行ける頂点はすべて探索済みとなっているため，`dfs(G, 4)` もすぐに抜けます．$v = 5, 6, 7$ のケースもすでに探索済みなので反復処理を終えます．

13.4 ● 「行きがけ順」と「帰りがけ順」

ここで，深さ優先探索の探索順序について掘り下げてみましょう．本節での考察は，13.9 節で扱うトポロジカルソートや，13.10 節で扱う「木上の動的計画法」を学ぶときにも，理解の助けとなります．

本節では簡単のため，探索対象とするグラフを根付き木として，根を始点とした深さ優先探索を行うことを考えます．まず，

- コード 13.1 において，頂点 v が todo から取り出されるタイミング
- コード 13.2 において，再帰関数 `dfs(G, v)` が呼び出されるタイミング

とが一致することに注意しましょう．このタイミングが早い順に，各頂点に番号付けをすると，**図 13.7** 左のようになります．これを**行きがけ順** (pre-order) とよびます．さらに，各頂点 v についての，「再帰関数 `dfs(G, v)` から抜けるタイミング」についても考察してみましょう．このタイミングが早い順に各頂点を番号付けをすると，図 13.7 右のようになります．これを**帰りがけ順** (post-order) とよびます．

「行きがけ順」と「帰りがけ順」を照合してみると，深さ優先探索は，根付き木を囲い込むように一周する動きをしていることがよくわかります．各頂点 v に対して，以下のことが成立しています．

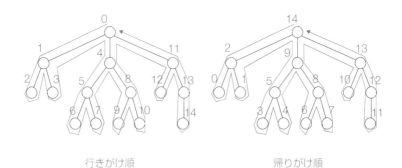

行きがけ順　　　　　　　　　　　帰りがけ順

図 13.7　根付き木における行きがけ順と帰りがけ順

- 行きがけ順においては，v の子孫となる頂点はすべて v よりも後に登場しています
- 帰りがけ順においては，v の子孫となる頂点はすべて v よりも前に登場しています

この性質は，13.9 節で「DAG のトポロジカルソート順」を求める際にも重要な役割を果たします．

13.5 ● 最短路アルゴリズムとしての幅優先探索

次に，幅優先探索について掘り下げます．幅優先探索は，探索の始点となる頂点 s から，各頂点への最短路を求めるアルゴリズムともみなせることを見ていきます．まず，幅優先探索の実装例をコード 13.3 に示します．これは，コード 13.1 に対し，「幅優先探索によって始点 s から各頂点への最短路長も求める」ということを意識して少し手を加えたものです．関数 BFS(G, s) は，グラフ G 上の 1 頂点 $s \in V$ を始点として，幅優先探索を実施するものです．

コード 13.3 で使用している変数 dist, que は，それぞれ表 13.1 における seen, todo に対応しています．配列 dist は，アルゴリズム終了時には，頂点 s から各頂点までの最短路長が格納されます．幅優先探索において，頂点 v から未訪問の頂点 x へと探索を進めるとき，dist[x] の値は dist[v]+1 となります (29 行目)．

また，配列 dist は，初期状態では配列全体を -1 に初期化しておきます．これによって配列 dist は，表 13.1 における配列 seen が担っていた役割も，同時に果たすことができます．具体的には，dist[v] == -1 と seen[v] == false とは同じ意味をもちます．que は，表 13.1 における todo をキューとしたものです．

code 13.3　幅優先探索の実装の基本形

```
1   #include <iostream>
2   #include <vector>
3   #include <queue>
4   using namespace std;
5   using Graph = vector<vector<int>>;
6
7   // 入力: グラフ G と, 探索の始点 s
8   // 出力: s から各頂点への最短路長を表す配列
9   vector<int> BFS(const Graph &G, int s) {
10      int N = (int)G.size(); // 頂点数
```

```
11        vector<int> dist(N, -1); // 全頂点を「未訪問」に初期化
12        queue<int> que;
13
14        // 初期条件（頂点 0 を初期頂点とする）
15        dist[s] = 0;
16        que.push(s); // 0 を橙色頂点にする
17
18        // BFS 開始（キューが空になるまで探索を行う）
19        while (!que.empty()) {
20            int v = que.front(); // キューから先頭頂点を取り出す
21            que.pop();
22
23            // v からたどれる頂点をすべて調べる
24            for (int x : G[v]) {
25                // すでに発見済みの頂点は探索しない
26                if (dist[x] != -1) continue;
27
28                // 新たな白色頂点 x について距離情報を更新してキューに挿入
29                dist[x] = dist[v] + 1;
30                que.push(x);
31            }
32        }
33        return dist;
34    }
35
36    int main() {
37        // 頂点数と辺数
38        int N, M;
39        cin >> N >> M;
40
41        // グラフ入力受取（ここでは無向グラフを想定）
42        Graph G(N);
43        for (int i = 0; i < M; ++i) {
44            int a, b;
45            cin >> a >> b;
46            G[a].push_back(b);
47            G[b].push_back(a);
48        }
49
50        // 頂点 0 を始点とした BFS
51        vector<int> dist = BFS(G, 0);
52
53        // 結果出力（各頂点の頂点 0 からの距離を見る）
54        for (int v = 0; v < N; ++v) cout << v << ": " << dist[v] <<
                endl;
55    }
```

それでは，**図 13.8** のグラフを例にとって，コード 13.3 による幅優先探索

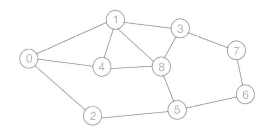

図 13.8　幅優先探索の動作の確認に用いるグラフ

の動きを詳細に追ってみましょう．深さ優先探索では有向グラフを用いましたが，今回は無向グラフを用います．**図 13.9** のような動きになります．なお，図中の各頂点の色 (白色，橙色，赤色) は，表 13.2 で示したものと同じです．

- ステップ 0 : まずは探索の始点となる頂点 0 をキューに挿入します．このとき dist[0] = 0 となりますので，頂点 0 に 0 という値を付記しています．
- ステップ 1 : キューから頂点 0 を取り出して訪問し，頂点 0 に隣接する頂点 1, 2, 4 をキューに挿入します．このとき，頂点 1, 2, 4 の dist の値はそれぞれ 1 になりますので，1 という値を付記しています．
- ステップ 2 : キューから頂点 1 を取り出します．頂点 1 に隣接する頂点 0, 3, 4, 8 のうち，白色頂点 3, 8 をキューに挿入します．このとき，頂点 3, 8 に対する dist の値は 2 (= dist[1] + 1) となります．
- ステップ 3 : キューから頂点 4 を取り出します．頂点 4 に隣接する頂点 0, 1, 8 の中に白色頂点はないので，キューに新たに頂点を挿入することなくステップを終えます．
- ステップ 4 : キューから頂点 2 を取り出します．頂点 2 に隣接する頂点 0, 5 のうちの白色頂点 5 を新たにキューに挿入します．このとき，頂点 5 に対する dist の値は 2 (= dist[2] + 1) となります．
- ステップ 5 : キューから頂点 3 を取り出します．頂点 3 に隣接する頂点 1, 7, 8 のうち白色頂点 7 をキューに挿入します．このとき，頂点 7 に対する dist の値は 3 (= dist[3] + 1) となります．
- ステップ 6 : キューから頂点 8 を取り出します．キューに新たに頂点を挿入することなくステップを終えます．
- ステップ 7 : キューから頂点 5 を取り出します．白色頂点 6 をキューに新たに挿入し，頂点 6 に対する dist の値は 3 (=dist[5]+1) となり

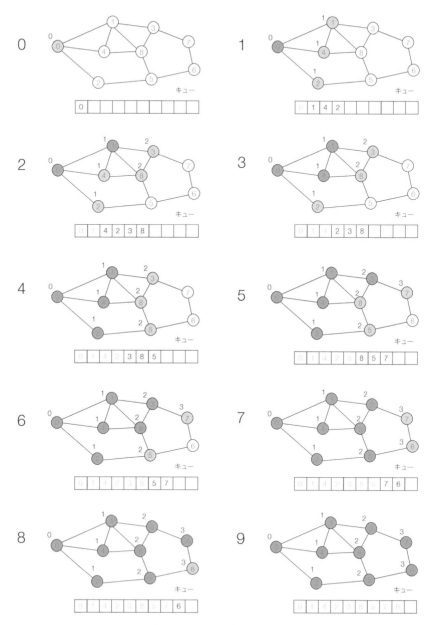

図 13.9　具体的なグラフに対する幅優先探索の動き

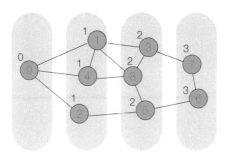

距離０層　　距離１層　　距離２層　　距離３層

図 13.10　幅優先探索によって求められた dist の様子

ます．
- ステップ 8：キューから頂点 7 を取り出します．
- ステップ 9：キューから頂点 6 を取り出します．
- 終了：キューが空になったので処理を終了します．

以上の幅優先探索が終了したときには，各頂点 v について，dist[v] の値は始点 s から頂点 v までの最短路長を表しています．**図 13.10** は，dist の値で頂点を分類した様子を示しています．グラフ G の任意の辺 $e = (u, v)$ について，dist[u] と dist[v] との差は 1 以下となっていることがわかります．また，幅優先探索は dist の値が小さくなるところから順に探索するアルゴリズムであるといえます．始点 s から出発して，dist の値が 1 の頂点をすべて探索し，それが終了したら dist の値が 2 の頂点をすべて探索し，それが終了したら dist の値が 3 の頂点をすべて探索し，以後それを繰り返すアルゴリズムとなっています．

13.6 ● 深さ優先探索と幅優先探索の計算量

深さ優先探索，幅優先探索の計算量を評価します．グラフ $G = (V, E)$ に対するアルゴリズムの計算量を述べるときは，通常は，頂点数 $|V|$，辺数 $|E|$ の 2 つを入力サイズとします．

扱うグラフの性質によっては，$|E| = \Theta(|V|^2)$ であると想定できる場面もあれば，$|E| = O(|V|)$ であると想定できる場面もあります[注1]．前者のようなグラフを**密グラフ** (dense graph) とよび，後者のようなグラフを**疎グラフ** (sparse graph) とよぶことがあります．密グラフの例として，たとえば，す

注 1　Θ 記法の定義については，2.7.3 節を参照してください．

べての頂点間に辺があるような単純グラフ (**完全グラフ** (complete graph) と
よびます) を考えると，

$$|E| = \frac{|V|(|V|-1)}{2}$$

となります (無向グラフの場合)．一方，疎グラフの例として，たとえば，各
頂点について接続している辺の本数が高々 k 本であるようなグラフを考え
ると，

$$|E| \leq \frac{k|V|}{2}$$

となります．

　このように，扱うグラフの性質によって $|V|$ と $|E|$ との「バランス」が異
なるため，グラフアルゴリズムの計算量を表すときは，$|V|$ と $|E|$ の 2 つを
入力サイズとします．さて，深さ優先探索，幅優先探索のどちらについても，
次のことがわかります．

- 各頂点 v に着目すると，それらは高々 1 回ずつ探索される (同じ頂点を
  二度探索することはないため)
- 各辺 $e = (u, v)$ に着目すると，それらは高々 1 回ずつ探索される (辺 e
  の始点 u が二度探索されることはないため)

したがって，深さ優先探索，幅優先探索の計算量はともに $O(|V|+|E|)$ とな
ります．頂点数 $|V|$ に対しても辺数 $|E|$ に対しても線形時間となることがわ
かります．これは，グラフを入力として受け取るのと同等の計算量で，グラ
フ探索も実施できることを意味しています．

13.7 ● グラフ探索例 (1)：s-t パスを求める

　それでは，グラフに関する具体的な問題を，グラフ探索を駆使して解いて
みましょう．多くの問題は，深さ優先探索と幅優先探索のどちらの探索法を
用いても解くことができますが，ここでは深さ優先探索による解法を中心に
示します．

　まずはじめに，有向グラフ $G = (V, E)$ とグラフ G 上の 2 頂点 $s, t \in V$
が与えられたときに，**図 13.11** のような s-t パスが存在するかどうかを判定
する問題を考えてみましょう．これは，頂点 s から出発して頂点 t へとたど
り着くことが可能かどうかを判定する問題であるといえます．

　深さ優先探索，幅優先探索のどちらを用いたとしても，頂点 s を始点とし
たグラフ探索を行い，その過程で頂点 t を訪問したかどうかを調べることで，

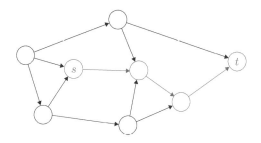

図 13.11　*s-t* パスが存在するかどうかを判定する問題

問題を解くことができます．深さ優先探索を用いる実装をコード 13.4 に示します．幅優先探索についてもぜひ実装してみてください (章末問題 13.2)．また，計算量は $O(|V| + |E|)$ となります．

code 13.4　*s-t* パスがあるかどうかを深さ優先探索を用いて判定

```cpp
#include <iostream>
#include <vector>
using namespace std;
using Graph = vector<vector<int>>;

// 深さ優先探索
vector<bool> seen;
void dfs(const Graph &G, int v) {
    seen[v] = true; // v を訪問済にする

    // v から行ける各頂点 next_v について
    for (auto next_v : G[v]) {
        if (seen[next_v]) continue; // next_v が探索済ならば探索しない
        dfs(G, next_v); // 再帰的に探索
    }
}

int main() {
    // 頂点数と辺数，s と t
    int N, M, s, t;
    cin >> N >> M >> s >> t;

    // グラフ入力受取
    Graph G(N);
    for (int i = 0; i < M; ++i) {
        int a, b;
        cin >> a >> b;
        G[a].push_back(b);
    }

```

```
31        // 頂点 s をスタートとした探索
32        seen.assign(N, false); // 全頂点を「未訪問」に初期化
33        dfs(G, s);
34
35        // t にたどり着けるかどうか
36        if (seen[t]) cout << "Yes" << endl;
37        else cout << "No" << endl;
38    }
```

13.8 ● グラフ探索例 (2)：二部グラフ判定

次は，与えられた無向グラフが**二部グラフ** (bipartite graph) であるかど
うかを判定する問題を考えます．二部グラフとは「白色の頂点同士が隣接す
ることはなく，黒色の頂点同士が隣接することもない」という条件を満たす
ように，各頂点を白色または黒色に塗り分けることが可能なグラフのことで
す．言い換えると，二部グラフとは**図 13.12** のように，グラフを左右のカテ
ゴリに分割して，同じカテゴリ内の頂点間には辺がない状態にできることを
いいます．

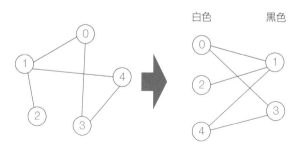

図 13.12　二部グラフ

与えられたグラフ G が二部グラフであるかどうかを判定する方法を考え
ましょう．G が連結でない場合には「すべての連結成分が二部グラフである
かどうか」を判定すればよいので，G が連結な場合のみを考えればよいです．
まず，G の 1 つの頂点 v を選び，v を白色に塗るとしても一般性を失わな
いので白色に塗ります．このとき，v に隣接する頂点については，すべて黒
色に塗る必要があることがわかります．同様に，

- 白色頂点に隣接した頂点は黒色に塗る
- 黒色頂点に隣接した頂点は白色に塗る

という操作を繰り返すことにより，最終的にすべての頂点が白色または黒色に塗られた状態となります．この過程でもし「両端点が同色であるような辺」が検出されたならば，二部グラフではないことが確定します．逆にそのような状態を生じることなく探索処理を終えられたならば，二部グラフであることが確定します．

以上の考察に基づいた，深さ優先探索による二部グラフ判定の実装をコード13.5 に示します．ここで配列 color の各値は，1 のとき黒色で確定したことを表し，0 のとき白色で確定したことを表し，−1 のとき未探索であることを表します．各頂点 v に対して color[v] == −1 であることと seen[v] == false であることが同値になります．計算量は $O(|V| + |E|)$ となります．

code 13.5　二部グラフ判定

```
1   #include <iostream>
2   #include <vector>
3   using namespace std;
4   using Graph = vector<vector<int>>;
5
6   // 二部グラフ判定
7   vector<int> color;
8   bool dfs(const Graph &G, int v, int cur = 0) {
9       color[v] = cur;
10      for (auto next_v : G[v]) {
11          // 隣接頂点がすでに色確定していた場合
12          if (color[next_v] != -1) {
13              // 同じ色が隣接した場合は二部グラフではない
14              if (color[next_v] == cur) return false;
15
16              // 色が確定した場合には探索しない
17              continue;
18          }
19
20          // 隣接頂点の色を変えて，再帰的に探索
21          // false が返ってきたら false を返す
22          if (!dfs(G, next_v , 1 - cur)) return false;
23      }
24      return true;
25  }
26
27  int main() {
28      // 頂点数と辺数
29      int N, M;
30      cin >> N >> M;
31
32      // グラフ入力受取
33      Graph G(N);
```

```
34      for (int i = 0; i < M; ++i) {
35          int a, b;
36          cin >> a >> b;
37          G[a].push_back(b);
38          G[b].push_back(a);
39      }
40
41      // 探索
42      color.assign(N, -1);
43      bool is_bipartite = true;
44      for (int v = 0; v < N; ++v) {
45          if (color[v] != -1) continue; // v が探索済みの場合は探索しない
46          if (!dfs(G, v)) is_bipartite = false;
47      }
48
49      if (is_bipartite) cout << "Yes" << endl;
50      else cout << "No" << endl;
51  }
```

13.9 ● グラフ探索例(3)：トポロジカルソート

トポロジカルソートとは**図 13.13**のように，与えられた有向グラフに対し，各頂点を辺の向きに沿うように順序付けて並び替えることです．応用例として，make などのビルドシステムに見られるような，依存関係を解決する処理が挙げられます．任意の有向グラフがトポロジカルソート可能であるわけ

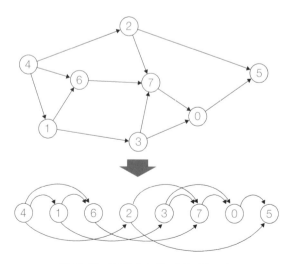

図 13.13　DAG のトポロジカルソート

ではないことに注意しましょう。有向サイクル[注2] を含むような有向グラフ
では、有向サイクル中の頂点を順序付けることはできません。トポロジカル
ソートが可能であるためには、与えられるグラフ G が有向サイクルをもた
ないことが必要 (かつ十分) です。そのような有向グラフを **DAG** (Directed
Acyclic Graph) とよびます。また、トポロジカルソート順は一般には一意で
はなく、複数通り考えられます。

　実は、DAG が与えられたときにトポロジカルソート順を求めるアルゴリ
ズムは、「再帰関数を用いる深さ優先探索」として示したコード 13.2 に、ほ
んの少し手を加えるだけで実現できます。各頂点 $v \in V$ についての「再帰
関数 dfs(G, v) が呼ばれる瞬間 (行きがけ順)」を v-in と表し、「再帰関数
dfs(G, v) を終了する瞬間 (帰りがけ順)」を v-out と表すことにします。
図 13.13 のグラフに対してコード 13.2 を適用したときに発生するイベントを
時系列順に整理すると、

$$0\text{-in} \to 5\text{-in} \to 5\text{-out} \to 0\text{-out}$$
$$\to 1\text{-in} \to 3\text{-in} \to 7\text{-in} \to 7\text{-out} \to 3\text{-out} \to 6\text{-in} \to 6\text{-out} \to 1\text{-out}$$
$$\to 2\text{-in} \to 2\text{-out}$$
$$\to 4\text{-in} \to 4\text{-out}$$

となります。ここで、たとえば 1-out に着目すると、頂点 1 からたどるこ
とのできる頂点 $(5, 0, 7, 3, 6)$ に対して 5-out, 0-out, 7-out, 3-out, 6-out
がすべて 1-out よりも先に終了していることがわかります。つまり、頂点
$5, 0, 7, 3, 6$ に対する再帰関数をすべて終了してはじめて、頂点 1 についても
再帰関数を終了していることがわかります。一般に、任意の頂点 v について、
v からたどることのできる頂点すべてについて再帰関数を終了してはじめて、
頂点 v についての再帰関数も終了します。この性質から、以下のことがいえ
ます。

> **トポロジカルソートのアイディア**
>
> 　深さ優先探索における再帰関数を抜けた順序に頂点を並べ、それを逆
> 順に並べ直すことでトポロジカルソート順が得られます。

　以上の考察から、深さ優先探索を用いるトポロジカルソートの実装をコー

注2　10.1.3 節を参照.

ド 13.6 に示します．計算量は $O(|V| + |E|)$ となります．

code 13.6　トポロジカルソートの実装

```cpp
#include <iostream>
#include <vector>
#include <algorithm>
using namespace std;
using Graph = vector<vector<int>>;

// トポロジカルソートする
vector<bool> seen;
vector<int> order; // トポロジカルソート順を表す
void rec(const Graph &G, int v) {
    seen[v] = true;
    for (auto next_v : G[v]) {
        if (seen[next_v]) continue; // すでに訪問済みならば探索しない
        rec(G, next_v);
    }

    // v-out を記録する
    order.push_back(v);
}

int main() {
    int N, M;
    cin >> N >> M; // 頂点数と枝数
    Graph G(N); // 頂点数 N のグラフ
    for (int i = 0; i < M; ++i) {
        int a, b;
        cin >> a >> b;
        G[a].push_back(b);
    }

    // 探索
    seen.assign(N, false); // 初期状態では全頂点が未訪問
    order.clear(); // トポロジカルソート順
    for (int v = 0; v < N; ++v) {
        if (seen[v]) continue; // すでに訪問済みならば探索しない
        rec(G, v);
    }
    reverse(order.begin(), order.end()); // 逆順に

    // 出力
    for (auto v : order) cout << v << " -> ";
    cout << endl;
}
```

13.10 ● グラフ探索例 (4)：木上の動的計画法 (*)

　木に関する問題を解くとき，特に根があることを前提としないケースも多々あります．根なし木においては，「どの頂点がどの頂点の親であるか」という関係性はありません．しかし，根なし木に対しても便宜的に根をどれか 1 つ決めて根付き木とすることで，しばしば見通しがよくなります (18.2 節の「重み付き最大安定集合問題」など)．**図 13.14** は，根なし木に対し，青い矢印で示す頂点を根とすることで右側の根付き木になることを表しています．木に根を指定することによって，「どの頂点がどの頂点の親であり，どの頂点がどの頂点の子であるか」といった「系統樹」としての構造が生まれることがわかります．

　ここでは，根なし木に対して，「ある 1 つの頂点を決めて根にすることで形成される根付き木の形状」を求める問題を考えます．具体的には，各頂点 v に対して以下の値を求めてみましょう．

- 頂点 v の深さ
- 頂点 v を根とした部分木のサイズ (部分木に含まれる頂点数)

なお，根なし木は，入力データが以下の形式で与えられるものとします．

N
$a_0\ b_0$
$a_1\ b_1$
$\vdots$
$a_{N-2}\ b_{N-2}$

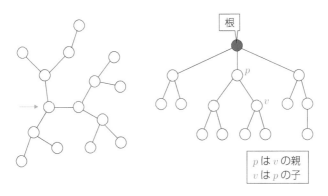

図 13.14　根なし木から 1 頂点を選んで根付き木にした様子

この入力形式は，10.3 節で示したものとほぼ同様ですが，頂点数を N，辺数を M としたときに，$M = N - 1$ が常に成立することから，M については省略しています (10 章の章末問題 10.5).

さて，根を指定することで根付き木がどのようになるかを求めるためには，深さ優先探索を用いると明快です．幅優先探索でもよいのですが，各頂点の帰りがけ時において，その子頂点の情報をまとめる処理を行いたい場合が多いため，この場合は深さ優先探索の方が適しています．木に対して深さ優先探索を実行するときは，「木はサイクルをもたないこと」を利用して，実装を少し簡潔にすることができます．具体的にはコード 13.2 で登場した配列 seen をなくして，コード 13.7 のように実現できます．p は v の親であることを示しています．ただし，実際には探索を行うまでは p が v の親であることがわからないことに注意します．

code 13.7　根なし木の走査の実装の基本形

```
using Graph = vector<vector<int>>;

// 木上の探索
// v: 現在探索中の頂点，p: v の親（v が根のときは p = -1）
void dfs(const Graph &G, int v, int p = -1) {
    for (auto c : G[v]) {
        if (c == p) continue; // 探索が親方向へ逆流するのを防ぐ

        // c は v の各子頂点を動く．このとき c の親は v となる．
        dfs(G, c, v);
    }
}
```

さて，根付き木に関するさまざまな問題は，コード 13.7 に少し手を加えることで解くことができます．まず，各頂点 v の深さについては，コード 13.8 のように，再帰関数の引数に深さの情報を追加することで求められます．

code 13.8　根なし木を根付き木としたときの各頂点の深さを求める

```
using Graph = vector<vector<int>>;
vector<int> depth; // 便宜上グローバルに答えを格納する

// d: 頂点 v の深さ（v が根のときは d = 0）
void dfs(const Graph &G, int v, int p = -1, int d = 0) {
    depth[v] = d;
    for (auto c : G[v]) {
        if (c == p) continue; // 探索が親方向へ逆流するのを防ぐ
        dfs(G, c, v, d + 1); // d を 1 増やして子頂点へ
```

```
10        }
11    }
```

次に，各頂点 v を根とする部分木のサイズ subtree_size[v] を考えます．これは，以下の漸化式によって求めることができます．1 を足しているのは頂点 v 自身を表しています．

部分木サイズの漸化式 (動的計画法)

$$\text{subtree\_size[v]} = 1 + \sum_{c:(v \text{ の子頂点})} \text{subtree\_size[c]}$$

---

subtree_size[v] を求めるためには，頂点 v の各子頂点 c に対して subtree_size[c] が確定している必要があることに注意しましょう．したがってこの処理は帰りがけ時に行います．なお，このような「子頂点についての情報を用いて，親頂点についての情報を更新する」という処理は，**動的計画法** (dynamic programming) を木に対して適用したとみなすこともできます．以上の処理をまとめると，コード 13.9 のように実装できます．計算量は $O(|V|)$ となります．

最後に，「深さ」と「部分木のサイズ」をどのようにして求めたかを振り返ります．それぞれの値を求めたタイミングを考えると，

- 各頂点の深さ：行きがけ時に求めた
- 各頂点を根としたときの部分木のサイズ：帰りがけ時に求めた

といえます．行きがけ順を意識した処理は「親頂点についての情報を子頂点へと配る」のに適していて，帰りがけ順を意識した処理は「子頂点の情報を集めて親頂点の情報を更新する」のに適しています．上手に使い分けましょう．

code 13.9　根なし木を根付き木にしたときの，各頂点の深さや部分木サイズを求める

```
1    #include <iostream>
2    #include <vector>
3    using namespace std;
4    using Graph = vector<vector<int>>;
5
6    // 木上の探索
7    vector<int> depth;
8    vector<int> subtree_size;
```

```cpp
 9   void dfs(const Graph &G, int v, int p = -1, int d = 0) {
10       depth[v] = d;
11       for (auto c : G[v]) {
12           if (c == p) continue; // 探索が親方向へ逆流するのを防ぐ
13           dfs(G, c, v, d + 1);
14       }
15
16       // 帰りがけ時に，部分木サイズを求める
17       subtree_size[v] = 1; // 自分自身
18       for (auto c : G[v]) {
19           if (c == p) continue;
20
21           // 子頂点を根とする部分きのサイズを加算する
22           subtree_size[v] += subtree_size[c];
23       }
24   }
25
26   int main() {
27       // 頂点数（木なので辺数は N - 1 で確定）
28       int N;
29       cin >> N;
30
31       // グラフ入力受取
32       Graph G(N);
33       for (int i = 0; i < N - 1; ++i) {
34           int a, b;
35           cin >> a >> b;
36           G[a].push_back(b);
37           G[b].push_back(a);
38       }
39
40       // 探索
41       int root = 0; // 仮に頂点 0 を根とする
42       depth.assign(N, 0);
43       subtree_size.assign(N, 0);
44       dfs(G, root);
45
46       // 結果
47       for (int v = 0; v < N; ++v) {
48           cout << v << ": depth = " << depth[v]
49           << ", subtree_size = " << subtree_size[v] << endl;
50       }
51   }
```

13.11 ● まとめ

本章では，グラフ探索の技法として，深さ優先探索と幅優先探索を詳しく解説しました．これらは，あらゆるグラフアルゴリズムの基礎となる重要なものです．14 章で解説する最短路アルゴリズムは幅優先探索を一般化したものとみなせますし，16 章で解説するネットワークフローでは，サブルーチンとしてグラフ探索技法が活躍します．

最後に，今後の章で登場するグラフに関する話題について簡単に述べます．14 章では，各辺に重みがある重み付きグラフについて考察し，より高度な最短路アルゴリズムを解説します．さらに 15 章では最小全域木問題を紹介し，貪欲法に基づいたクラスカル法を解説します．最後に 16 章では，グラフアルゴリズムの華ともいうべきネットワークフロー理論を紹介します．

● ● ● ● ● ● ● 　章末問題　 ● ● ● ● ● ● ● ●

13.1　11.7 節では，無向グラフの連結成分の個数を数える問題を Union-Find を用いて解きました．同じ問題を深さ優先探索または幅優先探索を用いて解いてください．（難易度★☆☆☆☆）

13.2　コード 13.4 では，グラフ $G = (V, E)$ 上の 2 頂点 $s, t \in V$ に対して s-t パスが存在するかどうかを判定しています．これを幅優先探索によって実装してください．（難易度★★☆☆☆）

13.3　コード 13.5 では，無向グラフ $G = (V, E)$ が二部グラフかどうかを判定しています．これを幅優先探索によって実装してください．
（難易度★★☆☆☆）

13.4　1.2.2 節で見たような迷路について，迷路のサイズを $H \times W$ として，スタートからゴールまでたどり着く最短路を $O(HW)$ で求めるアルゴリズムを設計してください．（難易度★★☆☆☆）

13.5　コード 13.6 のトポロジカルソートを幅優先探索によって実装してください．（難易度★★★★☆）

13.6　有向グラフ $G = (V, E)$ が有向サイクルを含むかどうかを判定し，含むならば具体的に 1 つ求めるアルゴリズムを設計してください．
（難易度★★★★☆）

第 14 章

グラフ(2)：
最短路問題

　13 章では，重みなしグラフに対しては幅優先探索によって最短路が求められることを見てきました．本章ではより一般の，グラフの各辺に重みがある場合の最短路問題に対する解法をまとめます．これにより，現実世界の問題への応用範囲が飛躍的に広がります．また，グラフ上の最短路問題に対する種々のアルゴリズムは，5 章で解説した動的計画法の直接の応用といえます．さらに，グラフの各辺の重みが非負である場合に適用できるダイクストラ法は，7 章で解説した貪欲法に基づいたアルゴリズムとなっています．

14.1 ● 最短路問題とは

　最短路問題とは，その名の通り，グラフ上で長さが最小の路 (ウォーク) を求める問題です．なお本章では，グラフの各辺 e の重みを $l(e)$ と書き，路 W，閉路 C，道 P の長さをそれぞれ $l(W), l(C), l(P)$ と書くことにします．本章では，路 (ウォーク)，閉路 (サイクル)，道 (パス) といった概念が随所で登場します．これらの定義に不安のある方は，10.1.3 節を確認してください．

　最短路問題は，カーナビや鉄道の乗換案内サービスという応用が広いだけでなく，理論的にも重要な問題です．最初に，本章全体で共有する問題設定や諸概念について整理します．

14.1.1　重み付き有向グラフ

　本章では，重み付き有向グラフについて考えます．重みなしグラフは各辺の重みが 1 の重み付きグラフと考えることができます．また，無向グラフは各辺 $e = (u, v)$ に対応して双方向の辺 $(u, v), (v, u)$ が張られた有向グラフ

と考えることができます．よって，重み付き有向グラフは，一般性の高い考察対象といえます．また，同じ頂点対を結ぶ互いに逆方向の有向辺 (u, v)，(v, u) が異なる重みをもってもよいとします．これは，たとえば坂道を自転車で通るときのような，進む方向によって所要時間が変化する状況をモデル化するために有効です．

14.1.2 単一始点最短路問題

14.7 節を除き，本章で扱う問題は，**単一始点最短路問題**とします．単一始点最短路問題とは，有向グラフ $G = (V, E)$ 上の 1 点 $s \in V$ が与えられて，s から各点 $v \in V$ へいたる最短路を求める問題です．**図 14.1** は，具体的な重み付き有向グラフの例と，そのグラフにおいて $s = 0$ を始点とした場合の各頂点への最短路長 (赤字) および最短路 (赤辺) を示しています．各頂点への最短路を重ね合わせると頂点 $s(= 0)$ を根とした根付き木になることが見てとれます．

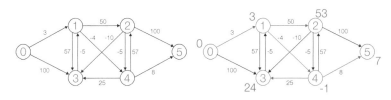

頂点 s（=0）を始点とした
各頂点への最短路

図 14.1　単一始点最短路問題の例．たとえば頂点 $s(= 0)$ から頂点 5 への最短路長は 7 であり，具体的な最短路は $0 \rightarrow 1 \rightarrow 4 \rightarrow 5$ となります．

14.1.3 負辺と負閉路

負の重みをもつ辺を**負辺**とよびます．本章では，負辺をもつグラフも考えることにします．負辺は，その辺を通ることでコスト削減につながるボーナスが得られるような状況を表していると考えられます．また，長さが負の閉路を**負閉路** (negative cycle) とよびます．負閉路をもつグラフでは，最短路問題の扱いが要注意です．負閉路を何周もすることで，路の長さをいくらでも小さくすることができるからです．たとえば，**図 14.2** で頂点 0 から頂点 4 への最短路を考えるとき，閉路 $1 \rightarrow 2 \rightarrow 3 \rightarrow 1$ の重みが -4 であることから，これを何周もすることにより，いくらでも路長を小さくできることが

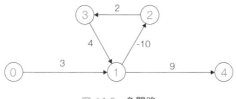

図 14.2　負閉路

わかります.

　ただし, 負辺をもつグラフであっても, 負閉路をもつとは限りません. 負閉路をもたないグラフでは, 最短路を求めることができます. また, 負閉路をもつグラフであっても, 始点から負閉路へと到達できない場合には, 負閉路を無視できることになります (実装上は少し注意が必要です). さらに, 始点から負閉路に到達可能な場合であっても, その負閉路から到達できない頂点 v に対しては, 始点から v へといたる最短路を求めることができます. 14.5 節で解説するベルマン・フォード法は, 始点から到達可能な負閉路がある場合にはその旨を報告し, そのような負閉路がない場合には各頂点への最短路を求めるものです. なお, グラフが負辺をもたないことがわかっている場合には, 14.6 節で解説するダイクストラ法によって, より高速に最短路を求めることができます.

14.2 ● 最短路問題の整理

　13.5 節では, 重みなしグラフ上の最短路問題は幅優先探索で解きました. また, 5 章の動的計画法では, いくつかの最適化問題に対し, それをグラフの最短路を求める問題とみなして解きました. 5 章で登場したグラフの特徴は, 有向閉路 (サイクル) をもたないことでした. 有向閉路をもたないため, 状態がループせず, トポロジカルソート順 (13.9 節) が明確に定まりました. そのようなグラフを DAG とよぶことは, すでに 13.9 節で見ました. DAG 上の最短路問題を考えるときは,「どの辺から順に緩和していけばよいか」があらかじめ自明であり, その順に緩和処理を実行していくことで, 各頂点への最短路が順に求まったのです (5.3.1 節).

　しかし, 閉路をもつグラフでは, どの辺から順番に緩和していけばよいかが明らかではありません. より高度なアルゴリズムが必要になります. そのようなグラフに対しても最短路を求めることのできるアルゴリズムとして, 本章ではベルマン・フォード法やダイクストラ法について解説します. これらのアルゴリズムを適用できるグラフの性質などを最初に整理すると, **表 14.1**

表 14.1　最短路問題の整理

グラフの特性	方法	計算量	備考
負の重みの辺も含むグラフ	ベルマン・フォード法	$O(|V||E|)$	どの頂点から順に最短路が確定するかが自明ではないので $|V|$ 回ループを回します
辺の重みがすべて非負なグラフ	ダイクストラ法	$O(|V|^2)$ または $O(|E| \log |V|)$	どの頂点から順に最短路が確定するかはあらかじめ決まりませんが，計算を経ていく過程で自動的に決まります
DAG	動的計画法	$O(|V| + |E|)$	どの頂点から順に最短路が確定するかがあらかじめ決まります
重みなしグラフ	幅優先探索	$O(|V| + |E|)$	13 章を参照してください

のようになります[注1].

14.3 ● 緩和

ここで，動的計画法についての解説で導入した**緩和** (5.3.1 節) の考え方を掘り下げます．まず，5.3.1 節で導入した関数 chmin を，コード 14.1 として再掲します．関数 chmin の処理内容は，

1. 暫定最小値 a を
2. 新たな最小値候補 b と比較して
3. もし $a > b$ ならば a を b に更新する

というものでした．ただし，コード 14.1 の関数 chmin は，5.3.1 節の関数 chmin の機能を拡張し，更新が行われたかどうかをブール値 (true または false) で返すようにしています．

code 14.1　緩和に用いる関数 chmin

```
1  template<class T> bool chmin(T& a, T b) {
2      if (a > b) {
3          a = b;
4          return true;
5      }
6      else return false;
7  }
```

本章で解説する最短路アルゴリズムは，いずれも始点 s から各頂点 v への

注 1　他に，グラフの各辺の重みが 0 か 1 である場合に対する計算量 $O(|V| + |E|)$ の解法なども知られています．「0-1 BFS」でインターネット検索をしてみてください.

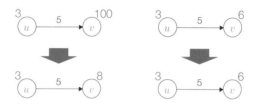

図 14.3　緩和の様子．ここでは辺 (u, v) (長さ 5) についての緩和を行い，$d[v]$ の値を必要であれば更新しています．左の場合，$d[v] = 100$ と比べて $d[u] + 5 = 8$ の方が小さいので $d[v]$ の値を 8 に更新します．右の場合，$d[v] = 6$ は $d[u] + 5 = 8$ より小さいので，特に更新せず，そのままとします．

最短路長を推定する値 $d[v]$ を管理し，各辺についての緩和を繰り返していくものとなっています．アルゴリズム開始時点における，最短路長推定値 $d[v]$ の初期値を，

$$d[v] = \begin{cases} \infty & (v \neq s) \\ 0 & (v = s) \end{cases}$$

とします．辺 $e = (u, v)$ についての緩和とは，

$$\mathrm{chmin}(d[v], d[u] + l(e))$$

という処理のことを指します．**図 14.3** のように，$d[v]$ に対し，$d[u] + l(e)$ の方が小さければそれに更新します．アルゴリズム開始時点においては，始点 s 以外の頂点 v に対して ∞ の値であった最短路長推定値 $d[v]$ は，各辺についての緩和処理を繰り返すことによって，徐々に減少していきます．最終的に，任意の頂点 v に対して $d[v]$ が実際の最短路長 (以後 $d^*[v]$ と表します) へと収束していきます．

　ここで，最短路問題および緩和のもつ意味について，そのイメージを簡単に説明します．まず，最短路問題とは**図 14.4** のように，何個かの頂点と，それらを結ぶ何本かのヒモで構成されたオブジェクトに対して，特定の頂点 s をつまんで残りの各頂点をピンと張ったときに，それぞれの頂点が s からどれだけ離れているかを求める問題と解釈することもできます [注2]．

　次に，緩和のもつ意味について考えます．最短路アルゴリズムが管理する最短路長推定値 $d[v]$ を，数直線上にプロットすることを考えてみましょう．

注 2　実は，この問題は最短路問題の双対問題とよばれるものであり，元の最短路問題と等価なものとなっています．具体的には「各頂点同士の距離がある制限値を超えないようにした範囲内で，各頂点をどれだけ s から遠く引き離すことができるか」を求める最大化問題です．この双対問題については，14.8 節で掘り下げます．

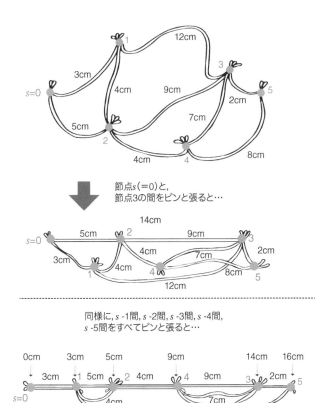

節点s($=0$)と，
節点3の間をピンと張ると…

同様に，s -1間，s -2間，s -3間，s -4間，
s -5間をすべてピンと張ると…

図 14.4　最短路を求めることを，ヒモをピンと張ることと解釈した様子.

頂点 v を，数直線上の座標 $d[v]$ に配置します．ここで，座標 $d[v]$ に配置された頂点 v を，特に節点 v とよぶことにします．アルゴリズムの初期状態においては，節点 s のみが座標 0 の地点にあり（$d[s] = 0$），他の節点 v は無限遠の地点にあります（$d[v] = \infty$）．辺 $e = (u, v)$ に関する緩和は，節点 v の位置 $d[v]$ を以下のように動かす処理といえます．

- 節点 v の位置 $d[v]$ が，節点 u の位置 $d[u]$ よりも $l(e)$ 以上右にあるならば，節点 v を節点 u の方向へと引き寄せるようにしつつ，節点 u と節点 v との間を長さ $l(e)$ のヒモでつないでピンと張ります
- このとき，節点 v の位置 $d[v]$ は，$d[u] + l(e)$ に更新されます

図 **14.5** に一例を示します．緩和を行う前の時点では，節点 v の位置（$d[v] = 100$）は，節点 u の位置（$d[u] = 3$）から $l(e) = 5$ だけ右に進んだ位置

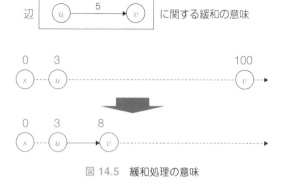

図 14.5 　緩和処理の意味

$(d[u] + l(e) = 8)$ よりも，さらに右にある状況です．このとき，辺 $e = (u, v)$ に関する緩和を行うことにより，節点 v の位置 $d[v]$ は $d[u] + l(e) = 8$ に更新されます．

　これから検討する最短路アルゴリズムは，いずれも，緩和を繰り返すことによって，各節点を少しずつ節点 s 方向へと引き寄せていくアルゴリズムとなっています．「どの辺に対して緩和を行っても節点の位置が更新されない状態」となったならば，アルゴリズムを終了できます．

　ここで，先ほどの「最短路を求めることは，ヒモをピンと張ることであると解釈できる」という観察を思い出しましょう (図 14.4)．緩和処理を繰り返したすえに確定した各節点 v の位置 $d[v]$ は，s から v への最短路長 $d^*[v]$ に一致することがわかります．なお，上記のヒモに関する議論をさらに掘り下げると，**ポテンシャル** (potential) という概念が現れます．ポテンシャルについては，関心のある方を対象に 14.8 節で解説します．

14.4 ● DAG 上の最短路問題：動的計画法

　まずは，グラフが DAG である場合を考えます．私たちはすでに 5.2 節で，そのような DAG の最短路問題を解きました．具体的には，**図 14.6** のようなグラフにおいて，頂点 0 から各頂点への最短路長を，動的計画法に基づいて順に求めていきました．そのときに「貰う遷移形式」と「配る遷移形式」の双方を検討しましたが，いずれにしても重要なことは，次の性質を満たすようにしたことでした．

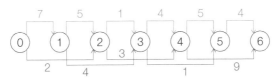

図 14.6　Frog 問題を表すグラフ (再掲)

DAG における緩和処理の順序のポイント

　各辺 $e = (u, v)$ に対して緩和処理を実施するときには，頂点 u に対する $d[u]$ が真の最短路長に収束している．

この性質を担保するために重要となるのが，13.9 節でも登場したトポロジカルソートです．DAG 全体をトポロジカルソートすることで，緩和すべき辺の順序を明らかにできます．トポロジカルソートによって得られた頂点順に，「貰う遷移形式」または「配る遷移形式」によって定まる順序で辺を緩和していくことで，各頂点にいたる最短路長を求めることができます[注3]．トポロジカルソートと各辺の緩和処理をともに $O(|V| + |E|)$ の計算量で実行できますので，全体の計算量も $O(|V| + |E|)$ となります．

　なお，5.2 節で図 14.6 のようなグラフに対して最短路問題を解いたときには，明示的にはトポロジカルソートを行いませんでした．それは，トポロジカルソート順があらかじめ明らかであったためです (頂点番号順です)．

14.5 ● 単一始点最短路問題：ベルマン・フォード法

　前節では，有向閉路をもたない有向グラフに対して最短路問題を考えました．本節では，有向閉路を含む有向グラフに対しても最短路を求めることのできるアルゴリズムを考えます．本節で紹介する **ベルマン・フォード** (Bellman–Ford) **法** は，もし始点 s から到達できる負閉路が存在するならばその旨を報告し，負閉路が存在しないならば各頂点 v への最短路を求めるアルゴリズムです．なお，辺の重みがすべて非負であることが保証されている場合には，次節で学ぶダイクストラ法が有効です．

注3　なお，メモ化再帰を用いると，「トポロジカルソートする」「得られた頂点順序に従って緩和していく」という 2 ステップの処理をまとめて実行してしまうこともできます．

14.5.1　ベルマン・フォード法のアイディア

　さて，有向閉路を含むグラフでは，DAG 上の最短路問題とは異なり，有効な辺緩和順序がわかりません．そこで，「各辺に対して一通り緩和する (順序は不問)」という操作を，最短路長推定値 $d[v]$ が更新されなくなるまで反復することにしましょう (**図 14.7**)．実は，始点 s から到達可能な負閉路をもたない場合には，高々 $|V| - 1$ 回の反復によって，$d[v]$ の値が真の最短路長 $d^*[v]$ に収束することが示せます (14.5.3 節参照)．つまり，$|V|$ 回目の反復を行っても，$d[v]$ の値は更新されません．各辺に対する緩和に $O(|E|)$ の計算量を要し，それを $O(|V|)$ 回の反復を行うため，ベルマン・フォード法の計算量は $O(|V||E|)$ となります．

　逆に，始点 s から到達可能な負閉路をもつならば，$|V|$ 回目の反復時にある辺 $e = (u, v)$ が存在して，辺 e に関する緩和によって $d[v]$ の値が更新されることも示せます (14.5.3 節参照)．

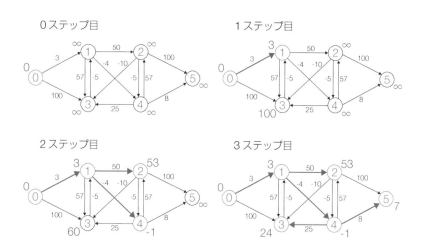

図 14.7　ベルマン・フォード法の実行例．頂点 0 を始点とした単一始点最短路問題を解きます．なお，1 回の反復における辺緩和の順序は，辺 $(2, 3)$, $(2, 4)$, $(2, 5)$, $(4, 2)$, $(4, 3)$, $(4, 5)$, $(3, 1)$, $(1, 2)$, $(1, 3)$, $(1, 4)$, $(0, 1)$, $(0, 3)$ の順序であるとします．これは非常に効率の悪い順序ですが，それでも反復することで，各頂点への最短路が求められることがわかります．各反復において，最短路が求められた部分については赤太字で示しています (実際は，どこで最短路が確定しているかは，アルゴリズムが終了するまでわからないことに注意)．また，このグラフの場合は 3 回目の反復で最短路が求められています (実際は，4 回目の反復を実施して更新が発生しないことを確認するまでは，そのことが確定しないことに注意)．

14.5.2 ベルマン・フォード法の実装

　ベルマン・フォード法は，コード 14.2 のように実装できます^{注4}．入力形式は以下のようにしています．N はグラフの頂点数，M は辺数を表し，s は始点番号を表します．また，$i(= 0, 1, \ldots, M-1)$ 番目の辺が，頂点 a_i から頂点 b_i へと重み w_i で結んでいることを表します．

$$N \ M \ s$$
$$a_0 \ b_0 \ w_0$$
$$a_1 \ b_1 \ w_1$$
$$\vdots$$
$$a_{M-1} \ b_{M-1} \ w_{M-1}$$

コード 14.2 は，以下の処理を行っています．

- 「各辺について一通り緩和する」という操作を $|V|$ 回反復します (負閉路がなければ $|V|$ 回目の操作では更新が発生しないはずです)
- $|V|$ 回目の操作で更新が発生するならば，始点 s から到達可能な負閉路が存在することを意味しますので，その旨を報告します

なお，ここでは始点 s から到達不可能な負閉路については不問としています．具体的には 48 行目の処理により，始点 s から到達できていない頂点からの緩和は行わないようにしています．そして最後に，始点 s から到達可能な負閉路が存在しないことが確定したならば，各頂点 v への最短路長 $d[v]$ を出力しています (69 行目)．ただし $d[v] = \mathrm{INF}$ である場合には，s から v へ到達不可能であることを意味しているのでその旨を報告します (70 行目)．

　また，アルゴリズムが早く終了するための工夫として，「更新が発生しなかったならば，最短路が求められていることが確定するので反復を打ち切る (59 行目)」という処理を入れています．

code 14.2　ベルマン・フォード法の実装

```
1   #include <iostream>
2   #include <vector>
3   using namespace std;
```

注 4　細かい注意点ですが，ここでの実装では，ある反復においてある頂点 u に対する最短路推定値 $d[u]$ が更新されたときに，その値を同じ反復中で u を始点とする辺の緩和に用いる可能性があります．実際上はこれによって反復回数が減少することが期待できますが，本来のベルマン・フォード法では同じ反復時には更新前の推定値を用います．

```
4
5      // 無限大を表す値
6      const long long INF = 1LL << 60; // 十分大きな値を用いる（ここでは 2^60）
7
8      // 辺を表す型，ここでは重みを表す型を long long 型とする
9      struct Edge {
10         int to; // 隣接頂点番号
11         long long w; // 重み
12         Edge(int to, long long w) : to(to), w(w) {}
13     };
14
15     // 重み付きグラフを表す型
16     using Graph = vector<vector<Edge>>;
17
18     // 緩和を実施する関数
19     template<class T> bool chmin(T& a, T b) {
20         if (a > b) {
21             a = b;
22             return true;
23         }
24         else return false;
25     }
26
27     int main() {
28         // 頂点数，辺数，始点
29         int N, M, s;
30         cin >> N >> M >> s;
31
32         // グラフ
33         Graph G(N);
34         for (int i = 0; i < M; ++i) {
35             int a, b, w;
36             cin >> a >> b >> w;
37             G[a].push_back(Edge(b, w));
38         }
39
40         // ベルマン・フォード法
41         bool exist_negative_cycle = false; // 負閉路をもつかどうか
42         vector<long long> dist(N, INF);
43         dist[s] = 0;
44         for (int iter = 0; iter < N; ++iter) {
45             bool update = false; // 更新が発生したかどうかを表すフラグ
46             for (int v = 0; v < N; ++v) {
47                 // dist[v] = INF のときは頂点 v からの緩和を行わない
48                 if (dist[v] == INF) continue;
49
50                 for (auto e : G[v]) {
51                     // 緩和処理を行い，更新されたら update を true にする
```

```
52              if (chmin(dist[e.to], dist[v] + e.w)) {
53                  update = true;
54              }
55          }
56      }
57
58      // 更新が行われなかったら，すでに最短路が求められている
59      if (!update) break;
60
61      // N 回目の反復で更新が行われたならば，負閉路をもつ
62      if (iter == N - 1 && update) exist_negative_cycle = true;
63  }
64
65  // 結果出力
66  if (exist_negative_cycle) cout << "NEGATIVE CYCLE" << endl;
67  else {
68      for (int v = 0; v < N; ++v) {
69          if (dist[v] < INF) cout << dist[v] << endl;
70          else cout << "INF" << endl;
71      }
72  }
73 }
```

14.5.3　ベルマン・フォード法の正当性 (*)

　「始点 s から到達可能な負閉路をもたないグラフでは，高々 $|V|-1$ 回の反復によってアルゴリズムが収束すること」および「始点 s から到達可能な負閉路をもつグラフでは，$|V|$ 回目の反復時に必ず更新が発生すること」を示します．

　まず，到達可能な負閉路をもたないグラフにおいては，長さが最小の路 (ウォーク) を求める最短路問題を，長さが最小の道 (パス) を求める最短道問題と考えてもよいことに注意しましょう．道は路とは異なり，同じ頂点を 2 回以上通ってはいけないという制約が付きます．到達可能な負閉路をもたないグラフ上で，長さが最小の路を考える場合には，同じ頂点を 2 回以上通るような無駄な動きをする必要がありません．より正確にいえば，路中に含まれる閉路を除去することで道にする操作を行っても長さが増加することはありません (**図 14.8**)．よって，グラフが負閉路をもたない場合，最短路問題の考察対象を道のみに限ってよいことがわかります．つまり，路のうち，それに含まれる辺の本数が高々 $|V|-1$ 以下であるもののみを考えればよいことがわかります．これはベルマン・フォード法において，「各辺について一通り緩和する」という処理を最大でも $|V|-1$ 回反復すれば，始点 s から到達

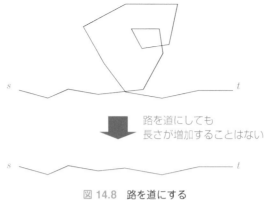

路を道にしても
長さが増加することはない

図 14.8　路を道にする

可能な全頂点に対する最短路長が求められることを意味しています.

　次に,始点 s から到達可能な負閉路があった場合には,$|V|$ 回目の反復時に必ず更新が発生することを示します.始点 s から到達可能な負閉路 P の各頂点を $v_0, v_1, \ldots, v_{k-1}, v_0$ とします.もし,P に含まれるすべての辺について更新が行われなかったと仮定すると,

$$
\begin{aligned}
l(P) &= \sum_{i=0}^{k-1} l((v_i, v_{i+1})) \quad (v_k = v_0 \text{とします}) \\
&\geq \sum_{i=0}^{k-1} (d[v_{i+1}] - d[v_i]) \\
&= 0
\end{aligned}
$$

が成立します.これは P が負閉路であることに矛盾します.よって,始点 s から到達可能な負閉路がある場合には,$|V|$ 回目の反復時に必ず更新が発生することが示されました.

14.6 ● 単一始点最短路問題:ダイクストラ法

　前節のベルマン・フォード法では,負辺を含むグラフについて考えました.しかし,すべての辺の重みが非負であることがわかっている場合には,より効率的な解法が存在します.本節で学ぶ **ダイクストラ** (Dijkstra) **法**は,そのようなアルゴリズムです.

14.6.1 2種類のダイクストラ法

ダイクストラ法は，それを実現するためのデータ構造として何を用いるかによって，計算量が変わってきます．本節では，

- 単純に実装した場合の，計算量 $O(|V|^2)$ の方法
- ヒープ (10.7 節) を用いる場合の，計算量 $O(|E| \log |V|)$ の方法

の 2 種類を紹介します．密グラフ ($|E| = \Theta(|V|^2)$) においては前者の $O(|V|^2)$ の方法を用いる方が有利であり，疎グラフ ($|E| = O(|V|)$) においては後者の $O(|E| \log |V|)$ の方法を用いる方が有利です．いずれの場合も，ベルマン・フォード法の $O(|E||V|)$ より改善しています 注5.

14.6.2 単純なダイクストラ法

まず最初に，単純に実装した場合の計算量 $O(|V|^2)$ の方法を紹介します．ヒープを用いる $O(|E| \log |V|)$ の解法については，14.6.5 節で改めて解説します．ダイクストラ法は，7 章で解説する貪欲法に基づいたアルゴリズムとなっています．すでに繰り返し述べてきたように，DAG とは限らない一般のグラフにおいては，適切な辺緩和順序があらかじめ判明することはありません．しかし実は，各辺が非負であることがわかっている場合は，最短路推定値 $d[v]$ の値を動的に更新していく過程で，緩和を行うべき頂点順序が自動的に決まる構造となっています．

ダイクストラ法では「すでに最短路が求められていることが確定している頂点の集合 S」を管理します．ダイクストラ法の開始時には，以下のように初期化します．

- $d[s] = 0$
- $S = \{s\}$

S に含まれている頂点 v については，$d[v]$ の値がすでに真の最短路長 $d^*[v]$ に収束していることに注意します．そして，毎回の反復において「まだ S に含まれていない頂点 v のうち，$d[v]$ の値が最小の頂点」に着目します．実は，そのような頂点 v では，すでに $d[v] = d^*[v]$ が成立しています (後ほど示します)．そして，頂点 v を新たに S に挿入し，頂点 v を始点とする各辺について緩和を行います．以上の処理を，全頂点が S に挿入されるまで繰り返し

注 5　なお，さらなる工夫を行うと計算量を $O(|E| + |V| \log |V|)$ とできることが知られており，密グラフ・疎グラフにかかわらず漸近的に高速なものとなります．しかし実用上は遅いことが知られています．関心のある方は，ブックガイド [9] のフィボナッチヒープに関する章を読んでみてください．

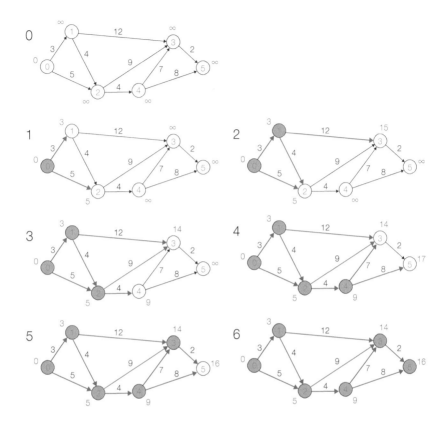

図 14.9　ダイクストラ法の実行例．頂点 0 を始点とした最短路問題を解きます．各ステップにおいて，使用済みの頂点集合 S と，緩和が完了した辺を赤く示しています．たとえばステップ 2 終了時点では，使用済みの頂点集合 S に含まれていないものは，頂点 2 (dist[2]=5)，頂点 3 (dist[3]=15)，頂点 4 (dist[4]=∞)，頂点 5 (dist[5]=∞) の 4 個です．そのうち dist の値が最小のものは頂点 2 ですので，ステップ 3 では頂点 2 を新たに S に挿入し，頂点 2 を始点とする各辺について緩和を行います．

ます (**図 14.9**)．

　以上の手続きは，コード 14.3 のように実装できます．実装上は，頂点 v が S に含まれているかどうかを効率よく管理するために，std::vector<bool> 型の変数 used を用いています．各頂点 v について，used[v] == true であることが，$v \in S$ であることに対応します．またこのとき，v は「使用済み」であるとよぶこととします．コード 14.3 の計算量は，毎回の反復 ($O(|V|)$ 回) において dist 値が最小の頂点を線形探索する部分 ($O(|V|)$) がボトルネックであり，全体で $O(|V|^2)$ となります．

code 14.3 ダイクストラ法の実装

```
1   #include <iostream>
2   #include <vector>
3   using namespace std;
4
5   // 無限大を表す値
6   const long long INF = 1LL << 60; // 十分大きな値を用いる（ここでは 2^60）
7
8   // 辺を表す型，ここでは重みを表す型を long long 型とする
9   struct Edge {
10      int to; // 隣接頂点番号
11      long long w; // 重み
12      Edge(int to, long long w) : to(to), w(w) {}
13  };
14
15  // 重み付きグラフを表す型
16  using Graph = vector<vector<Edge>>;
17
18  // 緩和を実施する関数
19  template<class T> bool chmin(T& a, T b) {
20      if (a > b) {
21          a = b;
22          return true;
23      }
24      else return false;
25  }
26
27  int main() {
28      // 頂点数，辺数，始点
29      int N, M, s;
30      cin >> N >> M >> s;
31
32      // グラフ
33      Graph G(N);
34      for (int i = 0; i < M; ++i) {
35          int a, b, w;
36          cin >> a >> b >> w;
37          G[a].push_back(Edge(b, w));
38      }
39
40      // ダイクストラ法
41      vector<bool> used(N, false);
42      vector<long long> dist(N, INF);
43      dist[s] = 0;
44      for (int iter = 0; iter < N; ++iter) {
45          // 「使用済み」でない頂点のうち，dist 値が最小の頂点を探す
46          long long min_dist = INF;
47          int min_v = -1;
```

```
48          for (int v = 0; v < N; ++v) {
49              if (!used[v] && dist[v] < min_dist) {
50                  min_dist = dist[v];
51                  min_v = v;
52              }
53          }
54
55          // もしそのような頂点が見つからなければ終了する
56          if (min_v == -1) break;
57
58          // min_v を始点とした各辺を緩和する
59          for (auto e : G[min_v]) {
60              chmin(dist[e.to], dist[min_v] + e.w);
61          }
62          used[min_v] = true; // min_v を「使用済み」とする
63      }
64
65      // 結果出力
66      for (int v = 0; v < N; ++v) {
67          if (dist[v] < INF) cout << dist[v] << endl;
68          else cout << "INF" << endl;
69      }
70  }
```

14.6.3 ダイクストラ法の直感的なイメージ

ダイクストラ法の直感的なイメージについて述べます．14.3 節でも見たように，最短路アルゴリズムを「ヒモをピンと張っていく操作」に対応させて考えてみましょう (**図 14.10**)．節点 s を固定して，s から出ているヒモを右手でつまみながら，ジリジリと右に動かしていくことを想像します．

たとえば，図 14.10 において，節点 $s, 1, 2$ が固定された瞬間を考えます (上から 3 番目)．このとき，s-1 間，s-2 間については，すでにピンと張った状態となっています．そして，節点 $s, 1, 2$ を固定して，節点 2 の位置から「右手のつまみ」を少しずつ右へ右へと動かしていきます．このとき，節点 $s, 1, 2$ の次につかまるのは節点 4 となります (図 14.10 の上から 4 番目)．この瞬間，s-4 間もピンと張った状態となります．ダイクストラ法は，このような「各節点を左から順にピンと張っていく動作」を，アルゴリズムとして実現したものと考えることができます．「ダイクストラ法における手続き」と，「ヒモをピンと張っていく操作」との対応をとると，**表 14.2** のようになります．

14.6.4 ダイクストラ法の正当性 (*)

ダイクストラ法の正当性 (使用済みでない頂点のうち $d[v]$ が最小の頂点 v

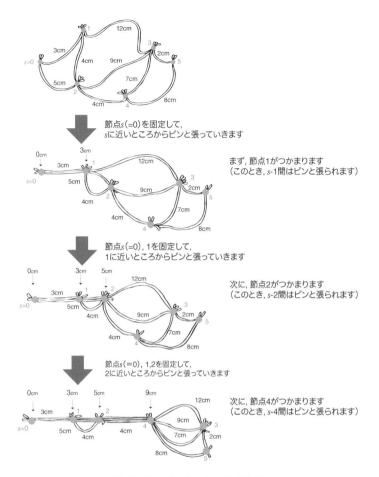

図 14.10　ダイクストラ法の様子

表 14.2　ダイクストラ法の手続きと「ヒモをピンと張っていく操作」との対応

ダイクストラ法における手続き	ヒモをピンと張っていく操作
「使用済み」でない頂点のうち $d[v]$ が最小の頂点 v を探索する	節点 v が「右手のつまみ」につかまる
頂点 v を始点とする各辺についての緩和を行う	「右手のつまみ」をさらに右へと移動させることで、節点 v と他の節点間のヒモをピンと張っていく

において、$d[v] = d^*[v]$ が成立していること）を数学的帰納法によって示します。具体的には、ダイクストラ法の各段階において、すべての使用済みの頂点 u に対して $d[u] = d^*[u]$ が成立していると仮定して、使用済みでない頂

点のうち $d[v]$ が最小の頂点 v をとると，$d[v] = d^*[v]$ が成立していることを示します．

　始点 s から頂点 v への最短路の 1 つを P とし，P において v の直前の頂点を u とします．u が使用済みである場合と，使用済みでない場合とに分けて考えます．

　まず，頂点 u が使用済みである場合には，帰納法の仮定より $d[u] = d^*[u]$ が成立しています．アルゴリズムの手順から，辺 (u, v) についての緩和がすでに行われているため，$d[v] \le d^*[u] + l(e) = d^*[v]$ が成立します．これによって $d[v] = d^*[v]$ であることが導かれます．

　次に，頂点 u が使用済みでない場合について考えます．路 P において，s から順にたどって最初の使用済みでない頂点を x とします (**図 14.11**)．このとき，先ほどと同様の議論によって

$$d[x] = d^*[x]$$

が成立します．また，s から v への最短路 P において，s から x までの部分を切り取っても，それが s から x への最短路となっていることに注意しましょう．ここで，グラフ G の各辺の重みが非負であることから，

$$d^*[x] \le d^*[v]$$

が成立します．さらに，使用済みでない頂点の中で d の値が最小の頂点が v であることから，

$$d[v] \le d[x]$$

となります．以上をまとめると，

$$d[v] \le d[x] = d^*[x] \le d^*[v]$$

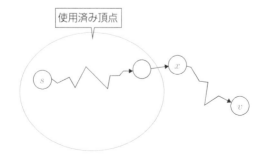

図 14.11　ダイクストラ法の証明の様子

という関係が成立し，$d[v] = d^*[v]$ であることが導かれます．

14.6.5 疎グラフの場合：ヒープを用いた高速化 (*)

先ほどは $O(|V|^2)$ の計算量をもつダイクストラ法を実装しました．次に，ヒープを用いる $O(|E|\log|V|)$ の計算量をもつダイクストラ法を実装します．これは，グラフが疎グラフである場合 ($|E| = O(|V|)$ であると考えられる場合) においては，$O(|V|\log|V|)$ の計算量になります．先ほどの $O(|V|^2)$ に比べて高速化を達成しています．ただし，グラフが密グラフである場合 ($|E| = \Theta(|V|^2)$ であると考えられる場合) においては，$\Theta(|V|^2\log|V|)$ の計算量になると考えられます．この場合には，単純な $O(|V|^2)$ の計算量をもつダイクストラ法を用いる方が高速です．

さて，コード 14.3 に示したダイクストラ法において，ヒープを用いて効率化できる部分は以下の部分です．

> **ダイクストラ法の高速化を目指す部分**
> 使用済みでない頂点 v のうち，$d[v]$ の値が最小の頂点を求める部分

コード 14.3 では，この部分の処理を実現するために線形探索 (3.2 節) を実施しました．この部分の処理を，ヒープ (10.7 節) を用いて**表 14.3** のように実装します．なお，ヒープの各要素は

- 使用済みでない頂点 v
- その頂点 v における $d[v]$

の組とします．$d[v]$ をキー値とします．ただし，ヒープは通常，キー値が最大の要素を取得しますが，ここではキー値が最小の要素を取得するように変更します．表 14.3 のように整理すると，確かに d の値が最小のものを取得

表 14.3　ダイクストラ法に対するヒープの活用

必要な処理	方法	計算量	工夫前の計算量
使用済みでない頂点から $d[v]$ が最小のものを取り出す	ヒープの根を除去してヒープを整える	$O(\log|V|)$	$O(|V|)$
辺 $e = (u,v)$ について緩和する	$d[v]$ の値が更新される場合，ヒープにおいてその変更を反映する	$O(\log|V|)$	$O(1)$

する部分については高速化されることがわかります．しかし代償として，各辺の緩和処理には余分に時間がかかることになります．結局この部分がボトルネックとなり，全体の計算量は $O(|E| \log |V|)$ となります．

最後に，$d[v]$ の値を変更する処理を，ヒープ上でどのように扱うかについて補足します注6．1 つ考えられる方法は，ヒープの機能を拡張して，ヒープ中の特定の要素にランダムアクセスできる状態にして，そのキー値を変更できるようにする方法です．キー値を変更した後は，ヒープ条件を満たすように整えます．ヒープを整える必要がありますので，計算量は $O(\log |V|)$ となります．多くの書籍ではこの方法が紹介されていますが，大変複雑な実装となります．

そこで，ヒープの機能を拡張することなく実現できる，簡易的な方法を紹介します．それは，ヒープのキー値 $d[v]$ を更新する代わりに，更新後の $d[v]$ の値を新たにヒープに挿入する方法です．このとき，ヒープには同じ頂点 v に対して複数種類の要素 $(v, d_1[v])$，$(v, d_2[v])$ が存在しうることになります．しかし，ヒープから取り出される要素はそのうちの $d[v]$ の値が最小かつ最新のものとなります．$d[v]$ の値が古い要素は「ゴミ」として残るだけなので問題ありません．懸念点は，ヒープがゴミを多く含むことによって，計算量が増大してしまう可能性です．しかし，辺を緩和する回数は $|E|$ 回であることから，ヒープサイズは高々 $|E|$ となります．$|E| \leq |V|^2$ より $\log |E| \leq 2 \log |V|$ ですので，ヒープのクエリ処理に要する計算量は結局 $O(\log |V|)$ となります．以上から，ゴミを含んだヒープを用いても，計算量が悪化しないことがわかりました．

以上の工夫を加味して ダイクストラ法を実装すると，コード 14.4 のように書けます．ここではヒープとして，C++ の標準ライブラリ `std::priority_queue` を用いています．`std::priority_queue` は，デフォルトでは最大値を取得する仕様となっていますので，最小値を取得するように指定しています．また，ヒープから頂点 v を取り出したときに，それがゴミであった場合には，頂点 v はすでに「使用済み」の状態であることに注意します．よって，ヒープから取り出した要素がゴミであるかどうかを判定して，ゴミである場合には，頂点 v を始点とする各辺の緩和を省略します（60 行目）．

さて，ダイクストラ法を実現するコード14.4 が，13.5 節で実装した幅優先探索のコード13.3 に似ていると感じた方も多いかもしれません．実際，60 行目のゴ

注6　10.7 節で紹介したヒープの実装では，ヒープ中の特定の要素のキー値を変更する処理はサポートされていないことに注意しましょう．

ミ処理を除くと，幅優先探索における `std::queue` を `std::priority_queue` に変更しただけのものとなっています．これは，ダイクストラ法が「距離が小さいもの優先探索」とでもいうべきものであることを表しています．このような探索を最良優先探索とよぶこともあります．

code 14.4　ヒープを用いるダイクストラ法の実装

```cpp
#include <iostream>
#include <vector>
#include <queue>
using namespace std;

// 無限大を表す値（ここでは 2^60 とします）
const long long INF = 1LL << 60;

// 辺を表す型，ここでは重みを表す型を long long 型とします
struct Edge {
    int to; // 隣接頂点番号
    long long w; // 重み
    Edge(int to, long long w) : to(to), w(w) {}
};

// 重み付きグラフを表す型
using Graph = vector<vector<Edge>>;

// 緩和を実施する関数
template<class T> bool chmin(T& a, T b) {
    if (a > b) {
        a = b;
        return true;
    }
    else return false;
}

int main() {
    // 頂点数，辺数，始点
    int N, M, s;
    cin >> N >> M >> s;

    // グラフ
    Graph G(N);
    for (int i = 0; i < M; ++i) {
        int a, b, w;
        cin >> a >> b >> w;
        G[a].push_back(Edge(b, w));
    }

    // ダイクストラ法
```

```
42        vector<long long> dist(N, INF);
43        dist[s] = 0;
44
45        // (d[v], v) のペアを要素としたヒープを作る
46        priority_queue<pair<long long, int>,
47                       vector<pair<long long, int>>,
48                       greater<pair<long long, int>>> que;
49        que.push(make_pair(dist[s], s));
50
51        // ダイクストラ法の反復を開始
52        while (!que.empty()) {
53            // v: 使用済みでない頂点のうち d[v] が最小の頂点
54            // d: v に対するキー値
55            int v = que.top().second;
56            long long d = que.top().first;
57            que.pop();
58
59            // d > dist[v] は，(d, v) がゴミであることを意味する
60            if (d > dist[v]) continue;
61
62            // 頂点 v を始点とした各辺を緩和
63            for (auto e : G[v]) {
64                if (chmin(dist[e.to], dist[v] + e.w)) {
65                    // 更新があるならヒープに新たに挿入
66                    que.push(make_pair(dist[e.to], e.to));
67                }
68            }
69        }
70
71        // 結果出力
72        for (int v = 0; v < N; ++v) {
73            if (dist[v] < INF) cout << dist[v] << endl;
74            else cout << "INF" << endl;
75        }
76    }
```

14.7 ● 全点対間最短路問題：フロイド・ワーシャル法

これまでに検討した最短路問題は，いずれも，グラフ上の 1 頂点 s から各頂点への最短路長を求めるという単一始点最短路問題でした．ここで趣向を変えて，グラフ上の全頂点対間について最短路長を求める**全点対間最短路問題**を考えます．

全点対間最短路問題を，動的計画法に基づいて解くことを考えてみましょう．ここで紹介するものは，**フロイド・ワーシャル** (Floyd–Warshall) **法**と

よばれるもので，計算量は $O(|V|^3)$ となります．天下りに感じられるかもしれませんが，部分問題を以下のように定義します．

> **フロイド・ワーシャル法における動的計画法**
>
> $dp[k][i][j] \leftarrow$ 頂点 $0, 1, \ldots, k-1$ のみを中継頂点として通ってよいとした場合の，頂点 i から頂点 j への最短路長

まず，初期条件は

$$d[0][i][j] = \begin{cases} 0 & (i = j) \\ l(e) & (\text{辺 } e = (i, j) \text{ が存在する}) \\ \infty & (\text{それ以外}) \end{cases}$$

と表すことができます．次に，$dp[k][i][j]$ $(i = 0, \ldots, |V|-1, j = 0, \ldots, |V|-1)$ の値を用いて，$dp[k+1][i][j]$ $(i = 0, \ldots, |V|-1, j = 0, \ldots, |V|-1)$ の値を更新することを考えます．これは，以下の 2 通りの場合を考えることで解決します（**図 14.12**）．

- 新たに使用できる頂点 k を使用しない場合：$dp[k][i][j]$
- 新たに使用できる頂点 k を使用する場合：$dp[k][i][k] + dp[k][k][j]$

この 2 通りの選択肢のうち，値が小さい方を採用します．以上より，

$$dp[k+1][i][j] = \min(dp[k][i][j], dp[k][i][k] + dp[k][k][j])$$

となることがわかりました．

以上の処理を実装すると，コード 14.5 のように書けます．ここで，実は配

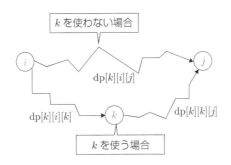

図 14.12　フロイド・ワーシャル法の更新の様子

列 dp は 3 次元にする必要はなく，k から $k+1$ への更新を in-place に実現することができます．また，コード 14.5 のコア部分は 26〜29 行目のわずか 4 行です．極めて簡潔に実装できることがわかります [注7]．さらに，フロイド・ワーシャル法によって，負閉路が存在するかどうかを判定できます．もし dp$[v][v] < 0$ となる頂点 v が存在すれば，負閉路が存在することになります．

code 14.5　フロイド・ワーシャル法の実装

```
1   #include <iostream>
2   #include <vector>
3   using namespace std;
4
5   // 無限大を表す値
6   const long long INF = 1LL << 60;
7
8   int main() {
9       // 頂点数, 辺数
10      int N, M;
11      cin >> N >> M;
12
13      // dp 配列 (INF で初期化します)
14      vector<vector<long long>> dp(N, vector<long long>(N, INF));
15
16      // dp 初期条件
17      for (int e = 0; e < M; ++e) {
18          int a, b;
19          long long w;
20          cin >> a >> b >> w;
21          dp[a][b] = w;
22      }
23      for (int v = 0; v < N; ++v) dp[v][v] = 0;
24
25      // dp 遷移 (フロイド・ワーシャル法)
26      for (int k = 0; k < N; ++k)
27          for (int i = 0; i < N; ++i)
28              for (int j = 0; j < N; ++j)
29                  dp[i][j] = min(dp[i][j], dp[i][k] + dp[k][j]);
30
31      // 結果出力
32      // もし dp[v][v] < 0 なら負閉路が存在する
33      bool exist_negative_cycle = false;
```

注 7　フロイド・ワーシャル法のコア部分について，for 文の構造が行列積計算に似ていると感じた方は多いかもしれません．実際この部分は，**トロピカル線形代数**とよばれる分野において，ある種の行列の累乗計算を実現したものとみなすことができます．関心のある方は，たとえば L. Pachter and B. Sturmfels による "Algebraic Statistics for Computational Biology" の Tropical arithmetic and dynamic programming の節を読んでみてください．

```
34      for (int v = 0; v < N; ++v) {
35          if (dp[v][v] < 0) exist_negative_cycle = true;
36      }
37      if (exist_negative_cycle) {
38          cout << "NEGATIVE CYCLE" << endl;
39      }
40      else {
41          for (int i = 0; i < N; ++i) {
42              for (int j = 0; j < N; ++j) {
43                  if (j) cout << " ";
44                  if (dp[i][j] < INF/2) cout << dp[i][j];
45                  else cout << "INF";
46              }
47              cout << endl;
48          }
49      }
50  }
```

14.8 ● 参考：ポテンシャルと差分制約系 (*)

　最短路アルゴリズムの理論的背景に関心のある方向けに，ポテンシャルという概念について補足します．図 14.4 で示した「ヒモをピンと張る問題」を思い出しましょう．各節点間がピンと張られているとは限らない場合において，各節点の位置関係としてありうるものをポテンシャルとよびます．より正確には，各頂点 v に対して値 $p[v]$ が定まっているとき，任意の辺 $e = (u, v)$ に対して

$$p[v] - p[u] \le l(e)$$

を満たすような p を**ポテンシャル** (potential) とよびます．

　さて，ポテンシャルについて以下の命題が成立します．これは，p をポテンシャルとして $p[v] - p[s]$ の最大値を求める問題が，s を始点として v への最短路長を求める問題の**双対問題** (dual problem) となっていることを表しています[注8]．

最短路問題の最適性の証拠
頂点 s から頂点 v へ到達可能であるとします．このとき，

注 8　双対問題の定義については本書では省略しますが，関心のある方はブックガイド [18]，[22]，[23] などを読んでみてください．

$$d^*[v] = \max\{p[v] - p[s] \,|\, p \text{ はポテンシャル}\}$$

が成立します.

この双対性を用いると,

$$
\begin{aligned}
\text{最大化} \quad & x_t - x_s \\
\text{条件} \quad & x_{v_1} - x_{u_1} \leq d_1 \\
& x_{v_2} - x_{u_2} \leq d_2 \\
& \cdots \\
& x_{v_m} - x_{u_m} \leq d_m
\end{aligned}
$$

といった**差分制約系** (system of difference constraints) の最適化問題に対し,適切なグラフを構築して最短路アルゴリズムを適用して解くことができることもわかります.

ここで,上記の性質を証明しておきましょう.まず,始点 s から頂点 v への任意の路 P に対して,

$$l(P) = \sum_{e:P \text{ の辺}} l(e) \geq \sum_{e:P \text{ の辺}} (p[e \text{ の終点}] - p[e \text{ の始点}]) = p[v] - p[s]$$

が成立します.これが任意の路 P,ポテンシャル p に対して成り立つことから,P として特に,頂点 s から頂点 v への最短路をとることで,

$$d^*[v] \geq \max\{p[v] - p[s] \,|\, p \text{ はポテンシャル}\}$$

となることがわかります.一方,d^* はそれ自体がポテンシャルですので,

$$d^*[v] = d^*[v] - d^*[s] \leq \max\{p[v] - p[s] \,|\, p \text{ はポテンシャル}\}$$

が成立します.これらを併せると,

$$d^*[v] = \max\{p[v] - p[s] \,|\, p \text{ はポテンシャル}\}$$

という関係が導かれます.

14.9 ● まとめ

本章では，グラフ上の最短路を求める問題の解法として，古典的によく知られているものをまとめました．その際には，5章で解説した動的計画法や，7章で解説した貪欲法，13章で解説したグラフ探索，10.7節で解説したヒープなど，これまでに解説したさまざまなアルゴリズム設計技法やデータ構造が活躍しました．最短路問題は実用上重要な問題であるだけでなく，理論的にも重要な位置付けにあることがわかります.

●　●　●　●　●　●　●　　**章末問題**　●　●　●　●　●　●　●

14.1　有向閉路のない有向グラフ $G = (V, E)$ が与えられます．G の有向パスのうち，最長の長さを $O(|V| + |E|)$ で求めるアルゴリズムを設計してください．　(出典: AtCoder Educational DP Contest G - Longest Path, 難易度★★★☆☆)

14.2　重み付き有向グラフ $G = (V, E)$ が与えられます．$V = \{0, 1, \ldots, N-1\}$ とします．グラフ G 上の頂点 0 から頂点 $N-1$ へいたるまでの最長路の長さを求めてください．ただしいくらでも大きくできる場合は inf と出力してください．　(出典: AtCoder Beginner Contest 061 D - Score Attack, 難易度★★★☆☆)

14.3　有向グラフ $G = (V, E)$ と 2 頂点 $s, t \in V$ が与えられます．s から t へといたるパスのうち，長さが 3 の倍数であるものについて，その長さとして考えられる最小値を求めてください．　(出典: AtCoder Beginner Contest 132 E - Hopscotch Addict, 難易度★★★☆☆)

14.4　以下のような $H \times W$ のマップが与えられます．「.」は通路を，「#」は壁を表しています．s からスタートして上下左右に移動しながら g へ向かいたいとします．「.」マスには進めますが「#」マスには進めません．いま，「#」マスを何個か破壊することで s から g へ到達可能にしたいとします．壊す必要のある「#」マスの個数の最小値を $O(HW)$ で求めるアルゴリズムを設計してください．　(出典: AtCoder Regular Contest 005 C - 器物損壊！高橋君, 難易度★★★☆☆)

```
 1 │ 10 10
 2 │ s.........
 3 │ #########.
 4 │ #.......#.
 5 │ #..####.#.
 6 │ ##....#.#.
 7 │ #####.#.#.
 8 │ g##.#.#.#.
 9 │ ###.#.#.#.
10 │ ###.#.#.#.
11 │ #.....#...
```

14.5 正の整数 K が与えられます．K の倍数のうち，十進法表記で各桁の和
として考えられる最小値を $O(K)$ で求めるアルゴリズムを設計してく
ださい．(出典: AtCoder Regular Contest 084 D - Small Multiple,
難易度★★★★★)

第 15 章

グラフ(3)：最小全域木問題

　本章では，ネットワーク設計において基本的な問題の 1 つである最小全域木問題を扱います．いくつかの通信拠点をすべて通信用ケーブルでつなぎ，すべての建物間で通信できるようにしたいとします．最小全域木問題は，最小コストでこれを実現する方法を問うものです．

　本章では，最小全域木問題を解くアルゴリズムとしてクラスカル法を解説します．クラスカル法は，7 章で解説した貪欲法に基づいています．7 章では，貪欲法によって最適解が導けるような問題は，その構造自体によい性質が内包されている可能性が高いことを述べました．最小全域木問題はまさにそのような問題であり，背後に極めて深淵で美しい理論を有しています．本章では，そのような美しい構造の一端を紹介します．

15.1 ● 最小全域木問題とは

　連結な重み付き無向グラフ $G = (V, E)$ を考えます．なお本章では，グラフの各辺 e の重みを $w(e)$ と書くことにします．G の部分グラフであって木であるもののうち，G の全頂点をつなぐものを**全域木** (spanning tree) とよびます．全域木 T の**重み**は，全域木に含まれる辺 e の重み $w(e)$ の総和と定義します．これを $w(T)$ と表します．

　本章で解説する**最小全域木問題**とは，重みが最小の全域木を求める問題です (**図 15.1**)．この問題は，N 地点をケーブルでつなぎたいと考えた場合に，最小の長さのケーブルで全地点を接続する問題と考えることができます．

最小全域木問題

連結な重み付き無向グラフ $G = (V, E)$ が与えられます．G の全域木 T の重み $w(T)$ として考えられる最小値を求めてください．

たとえば図 15.1 のグラフに対しては，答えは 31 になります．

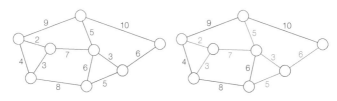

図 15.1　最小全域木問題

15.2 ● クラスカル法

最小全域木問題は，実は，誰もが最初に思い浮かべるような，単純な貪欲法によって最適解が得られます．これは**クラスカル** (Kruskal) **法**とよばれるものです [注1]．

最小全域木を求めるクラスカル法

辺集合 T を空集合とします

各辺を重みが小さい順にソートして $e_0, e_1, \ldots, e_{M-1}$ とします

各 $i = 0, 1, \ldots, M-1$ に対して：

　　T に辺 e_i を追加したときに，サイクルが形成されるならば：

　　　　辺 e_i を破棄します

　　サイクルが形成されないならば：

　　　　T に辺 e_i を追加します

T が求める最小全域木となります

クラスカル法の動きを示します (**図 15.2**)．

● 初期状態：辺集合 T を空集合とします．

注1　最小全域木を求めるアルゴリズムは，クラスカル法以外にもプリム法など，さまざまなものが考案されています．

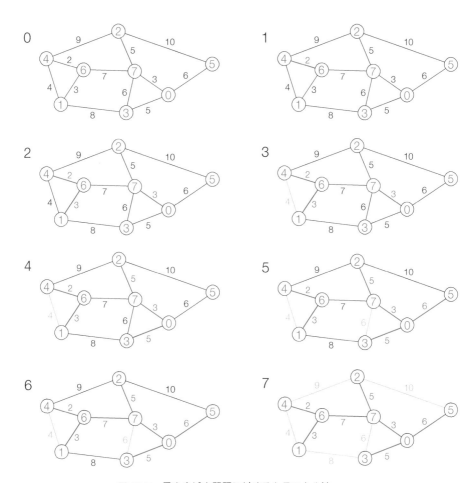

図 15.2　最小全域木問題に対するクラスカル法

- ステップ 1：重みが最小の辺 (頂点 4 と頂点 6 を結ぶ辺，重み 2) を T に追加します.
- ステップ 2：2 番目に重みが小さい辺は，重み 3 です．重み 3 の辺は 2 本あり，それらをともに T に追加します.
- ステップ 3：その次に重みが小さい辺は，重み 4 の辺 (頂点 1 と頂点 4 を結ぶ辺) です．しかし，その辺を T に加えるとサイクルが形成されてしまうので，破棄します.
- ステップ 4：その次に重みが小さい辺は，重み 5 の辺です．重み 5 の辺は 2 本ありますが，どちらも T に追加します.
- ステップ 5：その次に重みが小さい辺は，重み 6 の辺です．重み 6 の辺

は 2 本ありますが，そのうちの一方 (頂点 0 と頂点 5 を結ぶ辺) は T に追加し，もう一方 (頂点 3 と頂点 7 を結ぶ辺) はサイクルが形成されてしまうので破棄します．

- ステップ 6：その次に重みが小さい辺は，重み 7 の辺です．重み 7 の辺 (頂点 6 と頂点 7 を結ぶ辺) を T に追加します．この時点で T は最小全域木となっています．

- ステップ 7：残りの辺も順に見ていき，いずれも T に加えるとサイクルを形成してしまうので破棄します．

15.3 ● クラスカル法の実装

クラスカル法の正当性の証明は後に回して，先にクラスカル法を実装してみましょう．まず，グラフ G の各辺を，辺の重みが小さい順にソートします．そして，重みが小さい順に辺を T に加えていき，新たに加えた辺によってサイクルが形成されてしまうようであれば破棄します．

実装上は，11 章で解説した Union-Find を用いることで，効率的に実現できます．Union-Find の各頂点を，グラフ G の各頂点に対応させます．クラスカル法の開始時点では，Union-Find の各頂点が単独で別々のグループを形成している状態とします．

新たな辺 $e = (u, v)$ を T に追加するとき，頂点 u, v に対応する Union-Find 上の 2 頂点 u', v' について併合処理 unite(u', v') を実施します．また，新たな辺 $e = (u, v)$ を T に追加することによってサイクルが形成されてしまうかどうかは，u' と v' が同じグループに属するかどうかによって，判定できます．以上の考察をふまえて，クラスカル法はコード 15.1 のように実装できます．ただし，コード中で用いている Union-Find は 11 章で解説していますので，記述を省略しています．計算量は，

- 辺を重みが小さい順にソートする部分：$O(|E| \log |V|)$
- 各辺を順に処理する部分：$O(|E| \alpha(|V|))$

であることから，全体で $O(|E| \log |V|)$ となります．

code 15.1　クラスカル法の実装

```
1   #include <iostream>
2   #include <vector>
3   #include <algorithm>
4   using namespace std;
5
```

```
6    // Union-Find の実装は略
7
8    // 辺 e = (u, v) を {w(e), {u, v}} で表す
9    using Edge = pair<int, pair<int,int>>;
10
11   int main() {
12       // 入力
13       int N, M; // 頂点数と辺数
14       cin >> N >> M;
15       vector<Edge> edges(M); // 辺集合
16       for (int i = 0; i < M; ++i) {
17           int u, v, w; // w は重み
18           cin >> u >> v >> w;
19           edges[i] = Edge(w, make_pair(u, v));
20       }
21
22       // 各辺を，辺の重みが小さい順にソートする
23       // pair はデフォルトで（第一要素，第二要素）の辞書順比較
24       sort(edges.begin(), edges.end());
25
26       //クラスカル法
27       long long res = 0;
28       UnionFind uf(N);
29       for (int i = 0; i < M; ++i) {
30           int w = edges[i].first;
31           int u = edges[i].second.first;
32           int v = edges[i].second.second;
33
34           // 辺 (u, v) の追加によってサイクルが形成されるときは追加しない
35           if (uf.issame(u, v)) continue;
36
37           // 辺 (u, v) を追加する
38           res += w;
39           uf.unite(u, v);
40       }
41       cout << res << endl;
42   }
```

15.4 ● 全域木の構造

　クラスカル法は，自然な貪欲法に基づくアルゴリズムですが，最適解が求められる理由がそれほど明らかではありません．これからクラスカル法の正当性を示していきます．まず，クラスカル法の正当性を追求する前に，全域木がもつ構造について調べておきます．

15.4.1　カット

　最初に，グラフの**カット** (cut) を定義します．グラフ $G = (V, E)$ のカット[注2]とは，頂点集合 V の分割 (X, Y) のことです．ただし X, Y はともに空集合であってはいけません．また，$X \cup Y = V$, $X \cap Y = \emptyset$ を満たす必要があります．X に含まれる頂点と Y に含まれる頂点とを結ぶ辺を**カット辺** (cut edge) とよび[注3]，カット辺全体の集合を**カットセット** (cut set) とよびます (**図 15.3**).

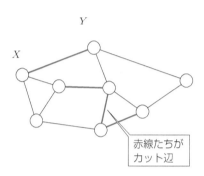

図 15.3　グラフのカットとカット辺

15.4.2　基本サイクル

　さて，連結な無向グラフ $G = (V, E)$ の全域木を 1 つとって T とします．ここで T に含まれない辺 e を 1 つとると，e と T とで 1 つのサイクルが形成されます．これを T と e に関する**基本サイクル**とよびます (**図 15.4**). こ

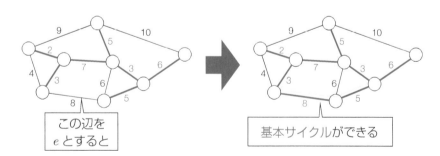

図 15.4　全域木の基本サイクル

注 2　カットは有向グラフ，無向グラフともに定義できます．
注 3　有向グラフにおいては，X 側の頂点を始点として Y 側の頂点を終点とする辺と定義します．

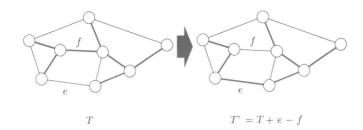

図 15.5　全域木の微小変形

のとき，**図 15.5** のように，基本サイクル上の辺 $f(\neq e)$ を 1 つとって，

$$T' = T + e - f$$

とすると，T' は新たな全域木となることに注意します．最小全域木について
は，以下の性質を導くことができます．

最小全域木の基本サイクルに関する性質

　連結な重み付き無向グラフ G において，T を最小全域木とします．
T に含まれない辺 e を 1 つとって，T と e に関する基本サイクルを C
とします．このとき，C に含まれる辺のうち，辺 e は重みが最大の辺と
なっています．

　C に含まれる e 以外の任意の辺を f とします．このとき，$T' = T + e - f$
も全域木となります．T が最小全域木であることから，

$$w(T) \leq w(T') = w(T) + w(e) - w(f)$$

となります．以上から，$w(e) \geq w(f)$ であることが導かれました．

15.4.3　基本カットセット

　T に含まれる辺 e を 1 つとり，T のうち e を取り除くことによって分割
される 2 つの部分木の頂点集合を X, Y とします．(X, Y) がカットをなす
ので，それにともなうカットセットを考えることができます．これを，T と
e に関する**基本カットセット**とよびます（**図 15.6**）．
　基本カットセットに対しても，基本サイクルと同様の性質を導くことができ

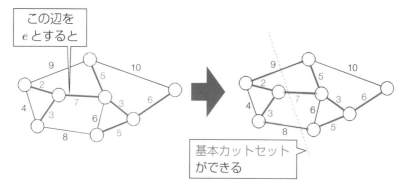

図 15.6　全域木の基本カットセット

ます．まず，基本カットセット上の辺 $f(\neq e)$ を 1 つとって $T' = T - e + f$ とすると，T' も全域木となっています．このことから，以下の性質を導くことができます．この性質の証明は章末問題 15.1 とします．

最小全域木の基本カットセットに関する性質

　連結な重み付き無向グラフ G において，T を最小全域木とします．T に含まれる辺 e を 1 つとって，T, e に関する基本カットセットを C とします．このとき，C に含まれる辺のうち，辺 e は重みが最小の辺となっています．

15.5 ● クラスカル法の正当性 (*)

　これまでに議論してきた全域木の性質を踏まえて，クラスカル法の正当性を示しましょう．以下の性質を示します．これは，最小全域木の最適性をわかりやすい条件で言い換えるものです．

最小全域木の最適性条件

　連結な重み付き無向グラフ $G = (V, E)$ が与えられます．G の全域木 T に対して以下の 2 条件は同値です [注a]．

　　A：T は最小全域木である

　　B：T に含まれない任意の辺 e に対して，T と e に関する基本サ

イクルにおいて e の重みは最大である

特に，クラスカル法によって求められる全域木は条件Bを満たしますので，最小全域木となります．

注a 「T に含まれる任意の辺 e に対して，T と e に関する基本カットセットにおいて e の重みは最小である」もこれらと同値です．

条件Bは，全域木 T を少し変形してできる全域木 T' の重みが，T よりも大きくなることを意味しています．つまり，「全域木全体を定義域とする重み関数の最小値を求めたい問題において，T がその重み関数の谷底にある」という状況を表しています．このような「局所的な最適解」のことを**局所最適解** (local optimal solution) とよびます．局所最適解は，一般には全体の最適解とは限りません．**図 15.7** のように，真の最適解は離れた場所にある可能性があるのです．一方，最小全域木の最適性条件に関する上記の命題は，最小全域木問題においては，局所最適解が全体でも最適解であることを主張しています[注4]．

「A $\Rightarrow$ B」についてはすでに述べた通りです．「B $\Rightarrow$ A」が成立すること

条件Bは全域木Tが
谷底にあることを意味する

しかし真の最適解が
離れた場所にある可能性も

図 15.7 局所最適解の様子

注4 凸解析についての素養があれば，全域木のこの性質の中に，離散凸性の一端を感じとれるでしょう．

を示します．そのために，全域木に関する以下の性質を示します．

> **全域木間での辺の交換**
>
> 　連結な重み付き無向グラフ $G = (V, E)$ において，2つの相異なる全域木を S, T とします．そして S には含まれるが T には含まれない辺 e を1つとります．このとき，T に含まれるが S には含まれない辺 f が存在して，$S' = S - e + f$ も全域木となります．

図 15.8 に示すように，

- S, e に関する基本カットセット
- T, e に関する基本サイクル

の双方に含まれる辺は2本あります．そのうちの一方は辺 e です．もう一方の辺を f とします．このとき，$f \notin S, f \in T$ を満たし，$S' = S - e + f$ も全域木となっています注5．

　以上の「全域木間での辺の交換」に関する命題は，次のことを意味してい

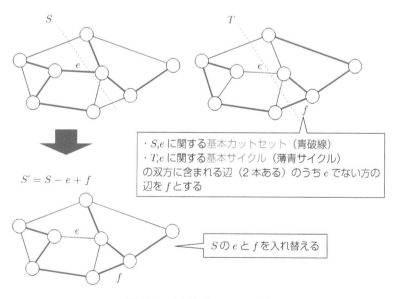

・S,e に関する基本カットセット（青破線）
・T,e に関する基本サイクル（薄青サイクル）
の双方に含まれる辺（2本ある）のうち e でない方の
辺を f とする

$S' = S - e + f$

S の e と f を入れ替える

図 15.8　全域木間での辺の交換

注5　このとき同時に，$T + e - f$ も全域木になっています．

ます．T をある全域木としたとき，任意の全域木 S を少し変形して S' にすることで，T に近づけることができます．具体的には「T には含まれるが S に含まれないような辺の本数」(以後これを S と T との距離とよぶことにします) が 1 だけ減少します．これが最終的に 0 になったとき，$S = T$ となります．

この性質を用いて，最小全域木の最適性条件に戻って「B ⇒ A」であることを示しましょう．T を条件 B を満たす全域木としたとき，任意の全域木 S に対して $w(T) \leq w(S)$ が成立することを示します．全域木 S, T に対して，「全域木間での辺の交換」に関する命題で示したような辺 e, f を選び，$S' = S - e + f$ とします．辺 f が T, e に関する基本サイクル上の辺であることから，条件 B より

$$w(f) \leq w(e)$$

が成立します．よって，

$$w(S') = w(S) - w(e) + w(f) \leq w(S)$$

となります．ここで，S' と T との距離は，S と T との距離よりも小さいことに注目しましょう．よって，S' と T に対して同様のことを繰り返すことにより，T に収束する全域木の列 $S, S', S'', \ldots, T$ が得られることになります．これらに対して

$$w(S) \geq w(S') \geq w(S'') \geq \cdots \geq w(T)$$

が成立します．以上より，全域木 T が条件 B を満たすとき，任意の全域木 S に対して $w(T) \leq w(S)$ を満たすことが示されました．

最後に，本章で考察した最小全域木問題には，非常に深淵な理論背景があることを紹介します．本章のこれまでの議論は，**マトロイド** (matroid) に一般化することができます．マトロイドは離散的な凸集合を表すものと考えることができます．マトロイドの概念をさらに拡張した **M 凸集合** (M-convex set) を考えることもできます．関心のある方は，たとえばブックガイド [18] などを通して，**離散凸解析** (discrete convex analysis) について学んでみてください．

15.6 ● まとめ

本章では，ネットワーク設計において最も基本的な問題の 1 つである最小全域木問題を解きました．最小全域木問題を解くクラスカル法は，7 章で解説した貪欲法に基づいたものであり，11 章で登場した Union-Find を効果的に活用しました．

最小全域木問題は，単なる「グラフに関する問題の 1 つ」という位置付けにとどまらず，背後に非常に深淵で美しい理論を有しています．最小全域木の最適性条件を，全域木の局所的な性質のみを用いて記述できることは，最小全域木問題のもつ構造の豊かさを示すものにほかなりません．次章で解説するネットワークフロー理論も，背後に深淵で美しい理論を有するものとなっています．

● ● ● ● ● ● ● ● **章末問題** ● ● ● ● ● ● ● ●

15.1 15.4.3 節で紹介した「最小全域木の基本カットセットに関する性質」を証明してください．（難易度★★☆☆☆）

15.2 連結な重み付き無向グラフ $G = (V, E)$ が与えられます．G の全域木のうち，全域木に含まれる辺の重みのメディアンの最小値を $O(|E| \log |V|)$ で求めるアルゴリズムを設計してください．（出典: JAG Practice Contest for ACM-ICPC Asia Regional 2012 C - Median Tree，難易度★★★★☆）

15.3 連結な重み付き無向グラフ $G = (V, E)$ が与えられます．G の最小全域木は複数存在し得ます．そのうちのどの最小全域木を考えたとしても，必ず含まれる辺をすべて求めるアルゴリズムを設計してください．計算量としては $O(|V||E|\alpha(|V|))$ 程度を費やしてもよいものとします．（出典: ACM-ICPC Asia 2014 F - There is No Alternative，難易度★★★★☆）

第 **16** 章

グラフ(4)：
ネットワークフロー

いよいよ「きれいに解ける」問題の代表ともいえるネットワークフロー理論を解説します．ネットワークフロー理論は，グラフアルゴリズムの中でも特に流麗で鮮やかな体系を有しており，本書の華といえる部分です．ネットワークフロー理論は，輸送ネットワークにおけるトラフィックを考える問題を1つの動機として発展しましたが，さまざまな分野の問題に応用されて，豊かな成果を挙げてきました．本章では，その一端を紹介します．

16.1 ● ネットワークフローを学ぶ意義

ネットワークフローに関する一連の問題は，「効率よく多項式時間で解ける問題」を象徴する存在といえます．17章で後述するように，世の中の問題の多くは，多項式時間で解くことはできないだろうといわれています．しかしそんな中で燦然と輝く「効率よく解ける」問題には，興味深い性質や構造が隠されていると考えられます．ネットワークフローにはそんな興味深い構造が凝縮されています．さらに，連結度 (16.2 節)，二部マッチング (16.5 節)，プロジェクト選択 (16.7 節) など，多彩な応用をもちます．確かに実務上で発生する問題は，一見ネットワークフローに定式化して解けそうな問題であっても，特殊な制約条件を考慮する必要性によって解けなくなることも多々あります．しかし，ネットワークフローはある程度の制約条件までは表現できる柔軟性もあり，応用できる場面も多くあります．野球のバッターにとってヒットを打てる甘い球を見逃すことがもったいないのと同様，アルゴリズム設計者にとってネットワークフローで効率よく解ける問題を見逃すことはもったいないといえるでしょう．

本章では，**最大流問題** (max-flow problem) と**最小カット問題** (min-cut problem) を中心に解説します．なお，本章では有向グラフについて考えますが，無向グラフも有向グラフとみなして扱うことができます．

16.2 ● グラフの連結度

最大流問題そのものを扱う前に，グラフの連結度に関する問題を考えます．これは最大流問題において，各辺の容量を 1 とした特殊ケースとみなせます (容量については 16.3 節で改めて述べます)．

16.2.1　辺連結度

図 16.1 左のグラフにおいて，頂点 s から頂点 t に対して互いに辺を共有しない s-t パスは最大で何本とれるでしょうか．答えは，図 16.1 右に示すように，2 本となります．この値をグラフの 2 頂点 s,t に関する**辺連結度** (edge-connectivity) とよびます．辺連結度は，グラフネットワークの頑健性を評価するものとして，古くから盛んに研究されてきました．また，互いに辺を共有しないことを**辺素** (edge-disjoint) であるといいます．

それでは，なぜ**図 16.1** のグラフにおいて，s-t 間の辺連結度が 2 であるといいきれるのでしょうか．直感的には明らかですが，証拠を示したいとします．ここでは，**図 16.2** のように，頂点集合 $S = \{s,1,2,3,4,5\}$ から出ている辺が 2 本しかないことが証拠になります．s-t パスはすべて，この頂点集合 S を抜ける必要がありますので，2 本よりも多くの辺素な s-t パスをとることは不可能です．

なお，頂点集合 V の分割 (S,T) を**カット** (cut) とよび，S 側に始点をもち T 側に終点をもつような辺の集合を，カット (S,T) に関する**カットセット** (cutset) とよびます (図 16.2)[注1]．また，カット (S,T) の**容量** (capacity)

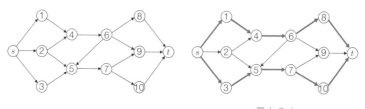

最大 2 本

図 16.1　辺連結度を求める問題．このグラフの場合，答えは 2 です．

注 1　カットは 15.4 節でも登場しました．

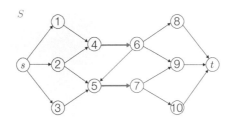

図 16.2 頂点集合 $S = \{s, 1, 2, 3, 4, 5\}$ と $T = V - S$ に関するカットセットは $\{(4,6), (5,7)\}$ です．$c(S,T) = 2$ であることが，2 本より多くの s-t パスをとることが不可能であることの証拠となります．なお，辺 $(6,5)$ は辺の向きが逆であるため，カットセット (S,T) には含まれないことに注意してください．

をカットセットに含まれる辺の本数として定義し，$c(S,T)$ と表すこととします．

16.2.2 最小カット問題

図 16.1 のグラフでは，最大本数を達成していると思われる辺素な s-t パス集合に対し，実際に最大本数を達成していることの証拠となるカットセットが都合よく見つかりました．それでは一般のグラフにおいても，最大本数と思われる辺素な s-t パス集合に対し，都合よく証拠となるカットセットが見つかるでしょうか．このような疑問から以下の**最小カット問題** (min-cut problem) を考えることができます．ここで $s \in S, t \in T$ を満たすようなカット (S,T) は特に s-t **カット**であるといいます．

> **最小カット問題 (辺の容量が 1 の場合)**
>
> 　有向グラフ $G = (V, E)$ と 2 頂点 $s, t \in V$ が与えられます．s-t カットのうち，容量が最小のものを求めてください．

最小カット問題は，グラフ G 上で最小本数の辺を取り除くことで，s-t 間を分断する問題ともいえます．比較的自明にわかることとして，次のことがいえます．

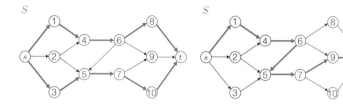

2 本の s-t パスがあり，
S={s,1,2,3} から出て行く辺は
少なくとも 2 本あります
（実際は 4 本あり c(S,T)=4 です）

s-t パスは 1 本ですが，
1 本のパスによって 2 回以上
S から出て行くこともあります
（実際は c(S,T)=2 です）

図 16.3　k 本の辺素な s-t パスがあるとき，そのパスに沿って S から出て行く辺は少なくとも k 本以上あります．たとえば左図では s-t パスが 2 本あり，それぞれ S から 1 回ずつ出ています．それ以外に S から出ている辺が 2 本あって合計で 4 本出ているので，容量は $c(S,T) = 4$ です．また右図では，s-t パスは 1 本のみですが，S から 2 回出ていることがわかります．それ以外には S から出ている辺はありませんので，$c(S,T) = 2$ となります．

辺連結度に関する問題の弱双対性

　　辺素な s-t パスの最大本数 $\leq$ s-t カットの最小容量

この性質は次のように示すことができます．任意の辺素な s-t パスの集合 (k 本とします) に対し，任意の s-t カット (S,T) を考えると，$c(S,T) \geq k$ となることを示せばよいのです．**図 16.3** のように s-t カット (S,T) に対し，先述の k 本の辺素な s-t パスが横切ることから，s-t カット (S,T) に含まれる辺は少なくとも k 本以上になることがわかります．よって，$c(S,T) \geq k$ が成立します．

　このような性質を**弱双対性** (weak duality) といいます．弱双対性は次のようなことを意味しています．k 本の辺素な s-t パスの集合があったときに，もし，ある s-t カットが存在して，その容量がちょうど k であることがわかったならば，

- 辺素な s-t パスの最大本数 $= k$
- s-t カットの最小容量 $= k$

が成立することになります．つまりこの場合，実際に得られている k 本の辺素な s-t パスからなる集合が，考えられる最大サイズを達成していることが

確定します．さらに，辺素な s-t パスの最大本数と，s-t カットの最小容量が一致することもわかります．実は，以上のことは任意のグラフで成立します．このような性質を**強双対性** (strong duality) といいます．また，辺連結度を求める問題と最小カット問題は，互いに**双対問題**であるといいます^{注2}．

> **辺連結度に関する問題の強双対性**
> 　辺素な s-t パスの最大本数 ＝ s-t カットの最小容量

　この定理は，1956 年にフォード・ファルカーソンによって一般の最大流問題に対する解法が考案されるよりもずっと前の，1927 年にメンガー (Menger) によって証明されました．次節でメンガーの定理を証明し，実際に最大本数の辺素な s-t パス集合を求めるアルゴリズムを示します．

16.2.3　辺連結度を求めるアルゴリズムと強双対性の証明

　それでは実際に，有向グラフ $G = (V, E)$ と 2 頂点 $s, t \in V$ が与えられたときに，辺素な s-t パスの最大本数を求めるアルゴリズムを考えましょう．ここで解説するものは，16.4 節で実装するフォード・ファルカーソン法を，各辺の容量が 1 のグラフに対して適用したものとみなすことができます．

　実は，辺素な s-t パスの最大本数は，「s-t パスを追加でとれるならとる」という処理を繰り返す，という貪欲法に基づいたアルゴリズムによって求めることができます．s-t パスをそれ以上とれなくなった時点でアルゴリズムは動作を停止し，その段階で実は最大本数を達成していることが保証されます．最大数を達成していることを保証するのに，先述の最小カット問題との双対性を有効に活用します．

　しかし，単純な貪欲法ではうまくいかないように思われるかもしれません．たとえば**図 16.4** 左のグラフで示すような s-t パスをとってしまうと，これ以上 s-t パスをとることができないように思えます．こんなときは図 16.4 右のように，すでにある s-t パスとして使われている辺を逆流するようにパスをとり，結果として s-t パスを増やすことができます．互いにパスが双方向に通過した辺の部分は相殺すると考えます．このように，すでにある s-t パスに使われている辺については逆流を許しながら，新たに追加できる s-t パスを**増加パス** (augmenting path) とよびます．

注2　14.8 節で紹介したように，最短路問題とポテンシャルに関する問題との間にも，強双対性が成立しています．

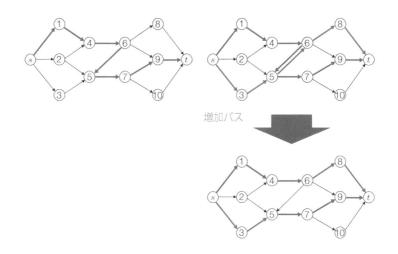

図 16.4　左の s-t パスに対し，右上の青いパスが増加パスとなっています．頂点 $5, 6$ を結ぶ部分が相殺し，結果として 2 本の s-t パスが残ります．

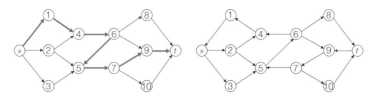

左図の s-t パスに関する残余グラフ
（辺 $5 \to 6$ を進めることに注意）

図 16.5　残余グラフの作り方．残余グラフにおいて，図 16.4 で示した増加パスに対応する s-t パス $(s \to 3 \to 5 \to 6 \to 8 \to t)$ がとれることに注意しましょう．

　増加パスについて考えるときには，**残余グラフ** (residual graph) を考えると見通しがよくなります．**図 16.5** のように，s-t パスをとったときは，パス上の各辺に対して逆向きの辺を張り直したグラフを新たに考えます．これを残余グラフとよびます．そして残余グラフ上に s-t パスがなくなるまで，s-t パスをとり続けます．残余グラフ上に s-t パスがなくなったとき，実は，最大本数を達成していることを示すことができます (後述)．まとめると，グラフ G の辺素な s-t パスの最大本数を求めるアルゴリズムは以下のように記述できます．具体的な実装方法については，16.4 節で，各辺の容量が一般のグラフに対するフォード・ファルカーソン法として示します．

このアルゴリズムの終了時に k 本の辺素な s-t パス $P_1, P_2, \ldots, P_k$ が得られるとして，それをもとに容量 k のカットが構成できることを示しましょう．それによって辺素な s-t パスの最大本数が k であることが確定します．**図 16.6** のように，残余グラフ G' において s から到達できる頂点集合を S とし，$T = V - S$ とします．G' 上に s-t パスは存在しないことから，$s \in S$，$t \in T$ となります．また，元のグラフ G と S に関して以下のことが成立し

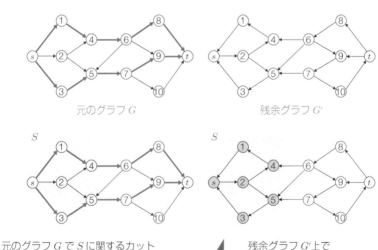

元のグラフ G

残余グラフ G'

S

S

元のグラフ G で S に関するカット
セットを考えると，
・S から出る辺はすべて s-t パスに含まれます
・S に入る辺はすべて s-t パスに含まれません

残余グラフ G' 上で
s から到達可能な頂点集合
を S とします

図 16.6　左上の 2 本の s-t パスが最大本数を達成していることの証明．残余グラフ G' において s から到達可能な頂点の集合を S とします．頂点 1, 3 にも，頂点 4, 5 経由で到達できることに注意してください．このとき，元のグラフ G で $c(S, T) = 2$ となっています．

ます.

- 元のグラフ G において S から出ている任意の辺 $e = (u,v)$ ($u \in S$, $v \in T$) は,k 本の s-t パス $P_1, P_2, \ldots, P_k$ のうちのいずれかの中に含まれています (そうでなければ,v も残余グラフ上で頂点 s から到達可能であり,$v \in T$ であることに矛盾します).
- 元のグラフ G において S へと入っている任意の辺 $e = (u,v)$ ($u \in T$, $v \in S$) は,どの s-t パス $P_1, P_2, \ldots, P_k$ の中にも含まれていません (そうでなければ,残余グラフ上では辺 e の向きは逆なので,頂点 u も頂点 s から到達可能ということになり,$u \in T$ であることに矛盾します).

以上から,$u \in S$, $v \in T$ であるような辺 $e = (u,v)$ はそれぞれ P_1, P_2, $\ldots$, P_k と一対一に対応しますので,$c(S,T) = k$ であることがわかります. これは,上記のアルゴリズムの終了時に得られる k 本の辺素な s-t パス P_1, $P_2, \ldots, P_k$ が最大本数を達成していることを意味しています.

最後に,上記のアルゴリズムが有限回の反復で終了することに注意しましょう. 1 回の反復によって辺素な s-t パスの本数が 1 ずつ増えていきますので,辺素な s-t パスの最大本数を k としたとき,k 回の反復で終了することがわかります. また,k は最大でも $O(|V|)$ で抑えられる (頂点 s から出ている辺数は最大でも $|V| - 1$ 本です) ことと,各反復において s-t パスを見つける処理は $O(|E|)$ でできることから,全体の計算量は $O(|V||E|)$ となります.

16.3 ● 最大流問題と最小カット問題

16.3.1　最大流問題とは

前節では,有向グラフ $G = (V, E)$ と 2 頂点 $s, t \in V$ に対して,最大本数の辺素な s-t パスを求めるアルゴリズムを示しました. 本節では,いよいよ各辺 e が**容量** (capacity) $c(e)$ をもつ一般の場合の最大流問題を考えます.

最大流問題とは,たとえば**図 16.7** のような物流ラインにおいて,供給地である地点 s から需要地である地点 t へと「もの」をできるだけたくさん運ぶ方法を考える問題です. ただし,各辺 e には運べる量の「上限」を表す容量 $c(e)$ が設けられています ($c(e)$ は整数). たとえば,頂点 1 から頂点 3 へは 37 の流量を運ぶことができますが,頂点 1 から頂点 2 へは 4 の流量しか運ぶことができません. また,頂点 s, t 以外の頂点では物流を滞らせてはいけません. つまり,たとえば頂点 3 に着目すると,頂点 s と頂点 1 から合計で f の流量があるならば,頂点 2 と頂点 4 に向けて合計で f の流量を送ら

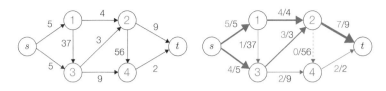

最大流量：9

図 16.7　容量付き有向グラフの最大流問題. 右側に最適解の 1 つを示しています. 各辺
に対する流量を赤字で示しています. また, 赤矢印の太さは流量の大きさを可視
化しています. たとえば頂点 3 から頂点 4 への流量は 2 です. 辺 $(s, 1), (1, 2),$
$(3, 2), (4, t)$ については, 流量が上限と一致して飽和していることがわかります.
それ以外の辺については流量に余裕があります.

なければいけません. 以上の制約下で, 最大でいくつの流量を頂点 s から頂
点 t へと送り出すことができるでしょうか. 答えは図 16.7 右に示すように 9
となります. なお, 各辺 e に対して流量を表す値 $x(e)$ があって, 以下の条
件を満たすとき, x を**フロー** (flow) または**許容フロー**とよびます.

- 任意の辺 e に対して, $0 \leq x(e) \leq c(e)$
- 任意の s, t 以外の頂点 v において, v に入る辺 e に対する $x(e)$ の総和
  と, v から出て行く辺 e に対する $x(e)$ の総和とが等しい

このとき, 各辺 e に対する $x(e)$ を辺 e の**流量**とよび, 頂点 s から出て行く
辺 e に対する $x(e)$ の総和を, フロー x の**総流量**とよびます. 総流量が最大
のフローを**最大フロー** (max-flow) とよび, 最大フローを求める問題を**最大
流問題** (max-flow problem) とよびます.

16.3.2　フローの性質

　通常は, 最大流問題において, 各辺 e の容量 $c(e)$ は正の整数値とします.
したがって前節の辺連結度に関する問題は, 最大流問題において各辺の容量
が 1 の問題と考えることができます. 辺連結度を求める問題における「辺素」
という条件は, 容量が 1 の辺に 2 以上の流量を流せないことに相当します.
　フロー x は次のような性質を満たします. 任意の $s \in S, t \in T$ を満たす
カット (S, T) に対し, S から T へ出て行く各辺 e の流量 $x(e)$ の総和から,
T から S へ入ってくる各辺 e の流量 $x(e)$ の総和を引いた値が, フロー x
の総流量に一致します (**図 16.8**). この性質は, 形式的にはフローの定義から
証明することができますが, フローを水の流れととらえると, どこで観察し

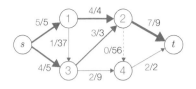

総流量：9

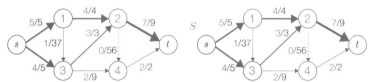

頂点集合 $S = \{s, 1, 3\}$ から見た流量は
$4 + 3 + 2 = 9$

頂点集合 $S = \{s, 3\}$ から見た流量は
$5 - 1 + 3 + 2 = 9$

図 16.8　総流量が 9 のフローにおいて，頂点集合 S をどのようにとっても，S から出て
いく流量から S に入っていく流量を引いた値は 9 になります．特に右側につい
て，S に入ってくる流量として，辺 (1, 3) を 1 だけ流れていますが，出て行く
流量の総和が 10 であることから，差し引き 10 - 1 = 9 の流量となっています．

ても流量が一定であることは直感的にも納得がいくでしょう．

16.3.3　最小カット問題との双対性

辺連結度を求める問題に対しては，その双対問題である最小カット問題を
考えることで，「最適性の証拠」を突き付けることができました．同様に，一
般の最大流問題に対しても，その双対問題として最小カット問題 (辺に重み
があるバージョン) を考えることができます．

まず，図 16.7 において，流量 9 のフローが最適解であることの証拠はどの
ように示せるでしょうか．それは**図 16.9** のように，頂点集合 $S = \{s, 1, 3, 4\}$
から出ている辺の容量の総和が 9 であることから示せます．つまり，どんな
フローも総流量が 9 を超えることはありません．一方，実際に総流量が 9 の
フローが得られていますので，これが最適解であることが確定します．

ここまでの流れは，前節の辺連結度に関する問題と同様です．辺連結度の
場合と同様に，以下の最小カット問題を定式化します．なお，各辺に容量が
ついたグラフにおいては，$s\text{-}t$ カット (S, T) の容量を $s\text{-}t$ カット (S, T) に含
まれる辺 e の容量 $c(e)$ の総和と定義し，$c(S, T)$ と表します．

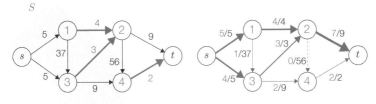

S から出ている辺の容量の和 = 9

図 16.9　頂点集合の部分集合 $S = \{s, 1, 3, 4\}$ と $T = V - S$ に関するカットセットに含まれる辺は，$(1, 2), (3, 2), (4, t)$ の 3 本であり，その容量の総和は 9 です．ここで，このカットセットに辺 $(2, 4)$ は含まれないことに注意してください (辺の向きが逆)．

最小カット問題

容量付き有向グラフ $G = (V, E)$ と 2 頂点 $s, t \in V$ が与えられます．s-t カットのうち，容量が最小のものを求めてください．

そして辺連結度の場合と同様に，以下の**強双対性 (最大流最小カット定理**とよびます) が成立します．

最大流最小カット定理 (強双対性)

最大フローの総流量 = s-t カットの最小容量

証明の流れは，辺連結度を求める問題とまったく同様です．「残余グラフ上で見つけた s-t パス上にフローを流せるだけ流す」という処理を，残余グラフ上に s-t パスがなくなるまで繰り返します．このアルゴリズムを**フォード・ファルカーソン** (Ford–Fulkerson) **法**とよびます．フォード・ファルカーソン法が終了したとき，総流量 F のフロー x が求められていたとします．実はこのとき，ある s-t カットを構成できて，その容量が F であることを示すことができます．こうして最大フローの総流量と，s-t カットの最小容量とがともに F に等しいことが示されます．次節で，フォード・ファルカーソン法を具体的に解説します．

16.3.4 フォード・ファルカーソン法

辺連結度を求める問題で定義した残余グラフを，辺に容量をもつグラフに対しても定義します．容量 $c(e)$ をもつ辺 $e = (u, v)$ に大きさ $x(e)$ $(0 < x(e) \leq c(e))$ のフローが流れたとき，辺 e は以下の状態になるといえます．

- u から v への方向にはさらに $c(e) - x(e)$ の流量を流すことができます（$x(e) = c(e)$ のときは流せません）
- v から u への方向に，いくらかフローを流して押し戻すことができます．最大で $x(e)$ の流量を押し戻すことができます

よって，残余グラフにおいては，各辺 $e = (u, v)$ について，u から v への方向には $c(e) - x(e)$ の容量をもつ辺を張ります．なお，$c(e) = x(e)$ の場合であっても，容量 0 の辺を張るものとすると，実装が簡潔になります．そして v から u への方向については，元のグラフに辺 $e' = (v, u)$ が存在しない場合には，容量 $x(e)$ の辺を張ります．存在する場合には，容量 $c(e') + x(e)$ の辺を張ります．こうして作られるグラフを残余グラフとします (**図 16.10**)．

そして，残余グラフ上に s-t パスがなくなるまで，残余グラフ上の s-t パス P を 1 本見つけて，P 上にフローを流します．具体的には P に含まれる辺の容量の最小値を f として，P 上に大きさ f のフローを流します．ここで f は整数になることに注意しましょう．まとめると，グラフ $G = (V, E)$

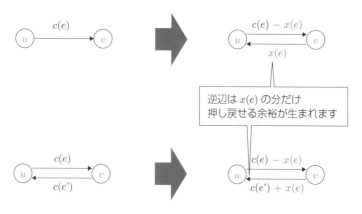

図 16.10　残余グラフの作り方

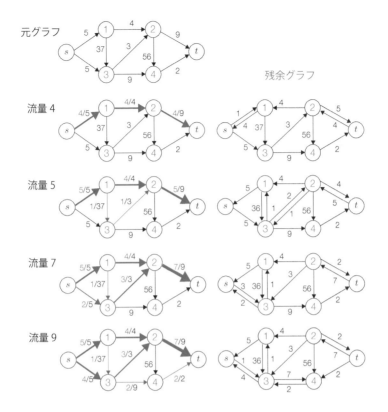

図 16.11 　フォード・ファルカーソン法の実行例．まず，パス $s \to 1 \to 2 \to t$ に沿って
流量 4 のフローを流します．このとき残余グラフは右側のグラフのようになり
ます．次に，パス $s \to 1 \to 3 \to 2 \to t$ に沿って流量 1 のフローを流します．
さらに，パス $s \to 3 \to 2 \to t$ に沿って流量 2 のフローを流し，最後にパス
$s \to 3 \to 4 \to t$ に沿って流量 2 のフローを流すと，残余グラフ上に s-t パスが
なくなります．よって，最大流量は 9 です．

の最大流を求めるフォード・ファルカーソン法を，以下のように記述できま
す．**図 16.11** にフォード・ファルカーソン法の実行例を示します.

最大流を求めるフォード・ファルカーソン法

フロー流量を表す変数 F を $F \leftarrow 0$ と初期化します

残余グラフ G' を元のグラフ G で初期化します

while 残余グラフ G' において s-t パス P が存在するならば：

　　f をパス P 上の各辺の容量の最小値とします

$F+=f$ とします
　　　パス P 上に大きさ f のフローを流します
　　　残余グラフ G' を図 16.10 のように更新します
　F が求める最大流量です

　アルゴリズム終了時の F が最大流量を達成していることを証明する方法は，前節の辺連結度を求める問題のときとまったく同様です．残余グラフ G' において s から到達できる頂点集合を S として，$T = V - S$ としたとき，カット (S, T) の容量が F であることが示せます（**図16.12**）．このカットが，アルゴリズム終了時に得られたフローが最大流量を達成していることの証拠となります．

　ところで，フォード・ファルカーソン法によるフローの構成方法から，得られる最大フローの各辺での流量は明らかに整数値となります．これは特に，最大流問題の最適解であって，各辺の流量が整数であるものが存在すること

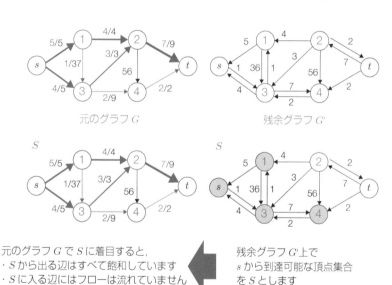

元のグラフ G

残余グラフ G'

S

S

元のグラフ G で S に着目すると，
・S から出る辺はすべて飽和しています
・S に入る辺にはフローは流れていません

残余グラフ G' 上で
s から到達可能な頂点集合
を S とします

図 16.12　フォード・ファルカーソン法終了時に得られたフローに対し，その総流量と同じ容量をもつカットが得られることを示します．残余グラフ G' 上で s から到達可能な頂点集合を $S(= \{s, 1, 3, 4\})$ とします．元のグラフ G において，S から出て行く辺 $(1, 2), (3, 2), (4, t)$ はいずれも飽和しており，S に入ってくる辺 $(2, 4)$ にはフローが流れていない状態です．よってカット (S, T) の容量は，得られたフローの総流量に等しくなっています．

を意味しています.

　最後に,フォード・ファルカーソン法の計算量を評価します.最大流値を F としたとき,各反復によって総流量は最低でも 1 以上増加していくことから,反復回数は F 回で抑えられます.各反復に $O(|E|)$ の計算量を要することから,全体の計算量は $O(F|E|)$ となります.実は,この計算量は多項式時間アルゴリズムではありません.その理由を簡単に述べると,$|V|$ や $|E|$ は「個数」を表す量ですが,F は「数値」を表す量であるからです (17.5.2 節を参照).このように,数値に関して多項式であるが実際には多項式時間ではない計算量を,**擬多項式時間** (pseudo-polynomial time) とよびます.

　しかし,フォード・ファルカーソン法が提唱されて以降,より高速な最大流アルゴリズムが多数考案されてきました.1970 年には,エドモンズ・カープ (Edmonds–Karp),ディニッツ (Dinic) によって独立に多項式時間アルゴリズムが開発されました.2013 年にはオーリン (Orlin) によって $O(|V||E|)$ のアルゴリズムも開発されています.これらのアルゴリズムに関心のある方は,ブックガイド [19],[20],[21] などを読んでみてください.

16.4 ● フォード・ファルカーソン法の実装

　それでは,フォード・ファルカーソン法を実装してみましょう.まず,残余グラフを**図 16.13** のように作ることを思い出します.辺 $e = (u, v)$ に対してフローを流すとき,辺 e の容量だけでなく,逆向きの辺 $e' = (v, u)$ の容量も変更する必要があることに注意します.また実装上は,グラフ G において辺 $e = (u, v)$ に対する逆辺 $e' = (v, u)$ が存在していなかったとしても,便宜的に容量 0 の辺 $e' = (v, u)$ があるものとします.以上を踏まえて,フォード・ファルカーソン法を実装するうえで,以下の点が難所となります.

　各辺 $e = (u, v)$ に対して,逆向きの辺 $e' = (v, u)$ を取得できるようにする必要があります

辺 $e = (u, v)$ に沿って $x(e)$ だけフローを流すと…

図 16.13　残余グラフの作り方 (再掲)

これについては，次のように対応します．なお，グラフ G の各頂点 v について，v を始点とする各辺を格納する配列を $G[v]$ と表すこととします．

辺 $e = (u, v)$ から逆辺 $e' = (v, u)$ を取得できるようにする

グラフ G の入力受け取り時において，辺 $e = (u, v)$ を，配列 $G[u]$ の最後尾に挿入するときに，同時に配列 $G[v]$ に対しても，容量 0 の逆辺 $e' = (v, u)$ を最後尾に挿入します．ここで，「e' が $G[v]$ の中で何番目の要素に相当するかを示す変数 rev」を辺 e にもたせ，同様の変数を e' にももたせます．

このとき，辺 $e = (u, v)$ の逆辺は $G[v][e.\text{rev}]$ と表すことができます．

以上を踏まえて，フォード・ファルカーソン法はコード 16.1 のように実装できます．なお，入力データは以下の形式で与えられることを想定しています．

$$N \ M$$
$$a_0 \ b_0 \ c_0$$
$$a_1 \ b_1 \ c_1$$
$$\vdots$$
$$a_{M-1} \ b_{M-1} \ c_{M-1}$$

N はグラフの頂点数，M は辺数を表します．また，$i(= 0, 1, \ldots, M-1)$ 番目の辺が，頂点 a_i から頂点 b_i へと容量 c_i で結んでいることを表します．なお，コード 16.1 では，$s = 0$, $t = N - 1$ として s-t 間の最大流値を最終的に出力します．

code 16.1 フォード・ファルカーソン法の実装

```
1  #include <iostream>
2  #include <vector>
3  using namespace std;
4
5  // グラフを表す構造体
6  struct Graph {
7      // 辺を表す構造体
8      // rev: 逆辺 (to, from) が G[to] の中で何番目の要素か
9      // cap: 辺 (from, to) の容量
10     struct Edge {
```

```
11          int rev, from, to, cap;
12          Edge(int r, int f, int t, int c) :
13              rev(r), from(f), to(t), cap(c) {}
14      };
15
16      // 隣接リスト
17      vector<vector<Edge>> list;
18
19      // N: 頂点数
20      Graph(int N = 0) : list(N) { }
21
22      // グラフの頂点数取得
23      size_t size() {
24          return list.size();
25      }
26
27      // Graph インスタンスを G として,
28      // G.list[v] を G[v] と書けるようにしておく
29      vector<Edge> &operator [] (int i) {
30          return list[i];
31      }
32
33      // 辺 e = (u, v) の逆辺 (v, u) を取得する
34      Edge& redge(const Edge &e) {
35          return list[e.to][e.rev];
36      }
37
38      // 辺 e = (u, v) に流量 f のフローを流す
39      // e = (u, v) の流量が f だけ減少する
40      // このとき逆辺 (v, u) の流量を増やす
41      void run_flow(Edge &e, int f) {
42          e.cap -= f;
43          redge(e).cap += f;
44      }
45
46      // 頂点 from から頂点 to へ容量 cap の辺を張る
47      // このとき to から from へも容量 0 の辺を張っておく
48      void addedge(int from, int to, int cap) {
49          int fromrev = (int)list[from].size();
50          int torev = (int)list[to].size();
51          list[from].push_back(Edge(torev, from, to, cap));
52          list[to].push_back(Edge(fromrev, to, from, 0));
53      }
54  };
55
56  struct FordFulkerson {
57      static const int INF = 1 << 30; // 無限大を表す値を適切に
58      vector<bool> seen;
```

```
59
60      FordFulkerson() { }
61
62      // 残余グラフ上で s-t パスを見つける (深さ優先探索)
63      // 返り値は s-t パス上の容量の最小値 (見つからなかったら 0)
64      // f: s から v へ到達した過程の各辺の容量の最小値
65      int fodfs(Graph &G, int v, int t, int f) {
66          // 終端 t に到達したらリターン
67          if (v == t) return f;
68
69          // 深さ優先探索
70          seen[v] = true;
71          for (auto &e : G[v]) {
72              if (seen[e.to]) continue;
73
74              // 容量 0 の辺は実際には存在しない
75              if (e.cap == 0) continue;
76
77              // s-t パスを探す
78              // 見つかったら flow はパス上の最小容量
79              // 見つからなかったら f = 0
80              int flow = fodfs(G, e.to, t, min(f, e.cap));
81
82              // s-t パスが見つからなかったら次辺を試す
83              if (flow == 0) continue;
84
85              // 辺 e に容量 flow のフローを流す
86              G.run_flow(e, flow);
87
88              // s-t パスを見つけたらパス上最小容量を返す
89              return flow;
90          }
91
92          // s-t パスが見つからなかったことを示す
93          return 0;
94      }
95
96      // グラフ G の s-t 間の最大流量を求める
97      // ただしリターン時に G は残余グラフになる
98      int solve(Graph &G, int s, int t) {
99          int res = 0;
100
101          // 残余グラフに s-t パスがなくなるまで反復
102          while (true) {
103              seen.assign((int)G.size(), 0);
104              int flow = fodfs(G, s, t, INF);
105
106              // s-t パスが見つからなかったら終了
```

```
107          if (flow == 0) return res;
108
109          // 答えを加算
110          res += flow;
111       }
112
113       // no reach
114       return 0;
115    }
116  };
117
118  int main() {
119      // グラフの入力
120      // N: 頂点数, M: 辺数
121      int N, M;
122      cin >> N >> M;
123      Graph G(N);
124      for (int i = 0; i < M; ++i) {
125          int u, v, c;
126          cin >> u >> v >> c;
127
128          // 容量 c の辺 (u, v) を張る
129          G.addedge(u, v, c);
130      }
131
132      // フォード・ファルカーソン法
133      FordFulkerson ff;
134      int s = 0, t = N - 1;
135      cout << ff.solve(G, s, t) << endl;
136  }
```

16.5 ● 応用例 (1)：二部マッチング

　ネットワークフローの典型的な応用例として**二部マッチング**があります．**図 16.14** 左のように，何人かの男性と女性とがいて，ペアになってもよいという 2 人の間には辺が張られているものとします．できるだけ多くのペアを作ろうとしたときに，最大で何組のペアを作ることができるでしょうか．ただし同じ人が複数のペアに属することは禁止します．この答えは 4 組になります．

　このように 2 カテゴリ間の関係性を考察する問題は，以下のような多岐にわたる応用があって重要です．

- インターネット広告分野における「ユーザ」と「広告」のマッチング
- レコメンドシステムにおける「ユーザ」と「商品」のマッチング

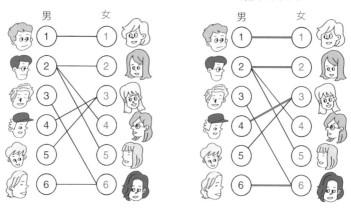

図 16.14　二部マッチング問題の概念図

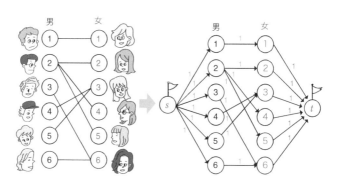

図 16.15　二部マッチング問題から最大流問題への帰着の様子

- 従業員シフト割当における「従業員」と「シフト」のマッチング
- トラック配送計画における「荷物」と「トラック」のマッチング
- チーム対抗戦における「自メンバ」と「相手メンバ」のマッチング

さて，上記の二部マッチング問題に対しては，**図 16.15** のように，新たに頂点 s, t を用意してグラフネットワークを作ることで解くことができます．元の二部グラフでは辺に向きはありませんが，新たなグラフネットワークでは辺に向きを定め，各辺の容量を 1 としておきます．

このように作ったグラフで s-t 間に最大流を流します．そして再び頂点 s, t を取り払うと，最大サイズの二部マッチングが求まります（**図 16.16**）．

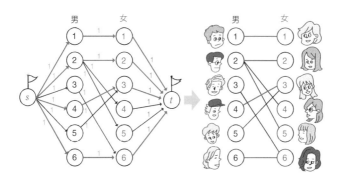

図 16.16　最大流から元の二部マッチングを構成する様子

16.6 ● 応用例 (2)：点連結度

　最大流問題や最小カット問題は，歴史的にはネットワークの頑健性を評価する問題として盛んに研究されてきました．16.2 節では，有向グラフの 2 頂点 s, t 間に最大で何本の辺素パスがとれるか (辺連結度) を求める問題を解きました (**図 16.17** に再掲)．辺連結度が k であるとは，どの $k - 1$ 本の辺を破壊したとしても s-t 間のつながりを確保できることを意味しています．よって辺連結度は，「ネットワークの破壊は「辺」で発生する」という辺故障モデルにおけるネットワークの耐故障性を評価するものであると考えられます．

　一方，「ネットワークの破壊が「頂点」で発生する」という点故障モデルでの耐故障性を考えるとどうなるでしょうか．この疑問から生まれるものが**点連結度** (vertex-connectivity) です．辺素に対応する概念として**点素** (vertex-disjoint) という概念を定義します．2 本のパスが点素であるとは，頂点を共有しないこととします．実は，点故障モデルにおいても，点素な s-t パスの

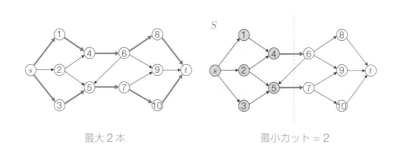

図 16.17　辺連結度を求める問題の再掲．s-t 間に最大で 2 本の辺素パスがとれます．また s-t カットの容量の最小値は 2 です．

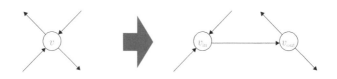

図 16.18 点連結度を求める問題を辺連結度を求める問題に帰着する方法. 頂点を 2 つに分裂させます.

最大本数と, s-t 間を分断するために破壊する必要のある頂点数の最小値とが等しいという強双対性が成立しています. この値を点連結度とよびます.

点連結度を求める問題は, 辺連結度を求める問題に帰着して解くことができます. **図 16.18** のように, 各頂点 v を 2 頂点 v_in と v_out に分裂させます. v_in については, v に入っていく辺のみをコピーし, v_out については, v から出て行く辺のみをコピーします. さらに, 頂点 v_in から頂点 v_out へと辺を張ります. 元のグラフの点連結度は, このようにして新しく作ったグラフの辺連結度に一致します.

16.7 ● 応用例 (3)：プロジェクト選択問題

最後に, 一見するとグラフとまったく関係なさそうな問題をネットワークフローに帰着させて解きます. N 個のボタンがあって, $i (= 0, 1, \ldots, N-1)$ 番目のボタンを押したときに g_i の利得が得られるとします. g_i は負の値もとりうるものとします. ボタンを押さない場合には, 0 の利得が得られるものと考えます. 各ボタンについて,「押す」か「押さない」かを選択することができます. この選択によって得られる総利得は, 各ボタンから得られる利得の総和とします. 得られる総利得の最大値を求める問題を考えてみましょう.

しかし何の制約もない場合には, 得られる利得の最大値は明らかに

$$\sum_{i=0}^{N-1} \max(g_i, 0)$$

となります. そこで, 以下の形式の制約条件がいくつかある状況を考えます.

> **プロジェクト選択問題で考慮する制約条件**
>
> u 番目のボタンを押すならば, v 番目のボタンを押さなければならない.

この制約下で得られる総利得を最大にする問題を考えましょう．このような問題は，1960 年代から採鉱の分野で**露天採鉱問題** (open-pit mining problem) とよばれ，歴史的にホットトピックとなっていたようです．採鉱エリアが N 箇所あって，それぞれについて採鉱利得が見積もられており (採鉱コストと差し引きで負になることもあります)，いくつかのエリア間には，「エリア A を採鉱するためには，エリア B も採鉱しておかなければならない」といった制約が考慮されていたようです[注3]．

ボタンに関する問題に戻ります．まず，各ボタンの仕様を**表16.1**のように考え直します．具体的には，利得を最大化する問題ではなく，コストを最小化する問題に読み替えます．ボタンを押すことで g_i の利得が得られるということは，$g_i \geq 0$ である場合には，「ボタンを押すことで 0 のベースコストがかかり，ボタンを押さないことで g_i のコストがかかる」と解釈ができます．$g_i < 0$ である場合には，「ボタンを押すことで $|g_i|$ のコストがかかり，ボタンを押さないことで 0 のベースコストがかかる」と解釈ができます．

表 16.1　ボタンの仕様

ボタンの性質	ボタンを押すときのコスト	ボタンを押さないときのコスト
$g_i \geq 0$	0	g_i
$g_i < 0$	$|g_i|$	0

次に，制約条件の扱い方について考えてみましょう．簡単のため，ボタンが 0,1 の 2 個である場合を考えます．ここで，ボタン 0,1 を押すという選択をしたときのコストが a_0, a_1 であり，ボタン 0,1 を押さないという選択をしたときのコストが b_0, b_1 であるとします (これらはすべて非負整数とします)．さらに，ボタン 0 を押す場合にはボタン 1 も押さなければならないものとしましょう．このとき，各選択のコストは**表16.2**のように整理できます．今回はボタンが 2 個しかないので，$2^2 = 4$ パターン調べれば最適解を

表 16.2　各選択のコスト

	ボタン 1 を押す	ボタン 1 を押さない
ボタン 0 を押す	$a_0 + a_1$	∞ [注4]
ボタン 0 を押さない	$b_0 + a_1$	$b_0 + b_1$

注3　ブックガイド [10] にその旨の記述があります．
注4　禁止されていることを実施するコストは ∞ であると考えます．

求めることができます．しかし，ボタンが N 個あっては 2^N 通り調べることとなり手に負えません．そこで，以下の巧妙なアイディアを実現できないかを考えてみましょう．

プロジェクト選択を，カットに帰着するアイディア

$\{s, t, 0, 1\}$ を頂点集合にもつグラフであって，以下の条件を満たすものを構成したい．

- ボタン $0, 1$ をともに押すときのコストが，$S = \{s, 0, 1\}, T = V - S$ のカットの容量に一致
- ボタン 0 のみを押すときのコストが，$S = \{s, 0\}, T = V - S$ のカットの容量に一致
- ボタン 1 のみを押すときのコストが，$S = \{s, 1\}, T = V - S$ のカットの容量に一致
- ボタンをともに押さないときのコストが，$S = \{s\}, T = V - S$ のカットの容量に一致

このアイディアを実現したものを**図 16.19** に示します．

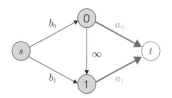

ボタン {0, 1} を押す：$a_0 + a_1$

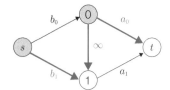

ボタン {0} を押す：∞

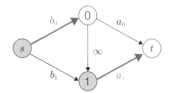

ボタン {1} を押す：$b_0 + a_1$

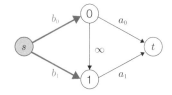

ボタンを 1 つも押さない：$b_0 + b_1$

図 16.19　プロジェクト選択をカットとして表現するグラフ

- 頂点 s から頂点 $0, 1$ にはそれぞれ容量 b_0, b_1 の辺
- 頂点 $0, 1$ から頂点 t にはそれぞれ容量 a_0, a_1 の辺
- 頂点 0 から頂点 1 に容量 ∞ の辺

をそれぞれ張ります．容量 ∞ の辺 $(0, 1)$ は，「ボタン 0 を押すにもかかわらずボタン 1 を押さないということを禁止する」という制約を上手に表現しています．このグラフ上で最小カット問題を解くことで，ボタンの押し方の最適解を求めることができます．

以上の考察は，N 個のボタンと M 個の制約条件に対しても自然に拡張できます．まず，$N + 2$ 個の頂点 $0, 1, \ldots, N-1, s, t$ を用意します．そして，$i (= 0, 1, \ldots, N-1)$ 番目のボタンに対応して，適切な容量をもつ辺 $(s, i), (i, t)$ を張ります．さらに，$j (= 0, 1, \ldots, M-1)$ 個目の制約条件に対応して，「ボタン u_j を押すならばボタン v_j も押さなければならない」という制約を表すために，容量 ∞ の辺 (u_j, v_j) を張ります．こうしてできたグラフの最小カットを求めます．

16.8 ● まとめ

ネットワークフロー理論は大変美しい理論体系です．特に，16.3 節で登場した最大流最小カット定理が 1956 年にフォード・ファルカーソンによって示されて以降，爆発的に研究が進みました．ある問題に対して考案したアルゴリズムで得られた解の最適性を示すために，双対問題の実行可能解を構成し，それをもって「最適性の証拠」とする論法は，組合せ最適化問題において典型的な手法として定着しました．それによって，豊かな組合せ構造が次々と明らかになっていったのです．このような理論的な研究と同時に各種分野への応用も広がり，ネットワークフロー理論はさまざまな問題を鮮やかに解決してみせました．

一方では，多項式時間で効率よく解けるような問題が次々と解決されていく反面，ハミルトンパス問題や最小点被覆問題など，どうしても多項式時間では解けそうもない問題が浮き彫りになりました．そしてついに 1970 年代になると，困難な問題の多くは NP 完全または NP 困難とよばれる難しさのクラスに属する問題であることが示されていきました．現在にいたっても，それらの難問はおそらく多項式時間では解けないだろうと広く信じられることとなったのです．そのような背景については 17 章で解説します．以上の背景もあいまって，ネットワークフローに関する一連の問題は「効率よく多項式時間で解ける問題」を象徴する存在となっていきました．

16.1 無向グラフ $G = (V, E)$ と頂点 s が与えられます．ここで s 以外の M 頂点が与えられ，それらすべてに対し頂点 s から到達できないようにしたいとします．具体的にはグラフの辺や，M 個の頂点のうちのいくつかを削除することで，s から到達できないようにします．そのために除去すべき辺や頂点の個数の最小値を求めるアルゴリズムを設計してください．（出典: AtCoder Beginner Contest 010 D - 浮気予防，難易度★★★☆☆）

16.2 重み付き有向グラフ $G = (V, E)$ と 2 頂点 $s, t \in V$ が与えられます．グラフの各辺の重みを適切に増やすことで，s-t 間の最短路長を増やしたいとします．各辺 e の重みを 1 増やすのに必要なコストが c_e で与えられます．s-t 間の最短路長を 1 以上増やすのに必要な最小コストを求めるアルゴリズムを設計してください．（出典: 立命館大学プログラミングコンテスト 2018 day3 F - 最短距離を伸ばすえびちゃん，難易度★★★☆☆）

16.3 有向グラフ $G = (V, E)$ と 2 頂点 $s, t \in V$ が与えられます．いま，グラフの辺を 1 本選んで向きを反転できます．それによって s-t 間の最大流量が増えるような辺が何本あるかを求めるアルゴリズムを設計してください．（出典: JAG Practice Contest for ACM-ICPC Asia Regional 2014 F - Reverse a Road II，難易度★★★★☆）

16.4 正の整数 $a_0, a_1, \ldots, a_{N-1}$ の書かれた N 枚の赤いカードと，正の整数 $b_0, b_1, \ldots, b_{M-1}$ の書かれた M 枚の青いカードがあります．赤いカードと青いカードは互いに素ではないときに限りペアにすることができます．最大で何組のペアを作ることができるかを求めるアルゴリズムを設計してください．（出典: ICPC 国内予選 2009 E - カードゲーム，難易度★★★☆☆）

16.5 $H \times W$ の 2 次元ボードが与えられます．各マスには「.」か「*」が書かれています．「.」のマスを「#」で置き換えていきます．ただし上下左右に隣り合うマスが「#」になってはいけません．最大で何個のマスを「#」に置き換えることができるかを求めるアルゴリズムを設計してください．（出典: AtCoder SoundHound Inc. Programming Contest 2018(春) C - 広告，難易度★★★★☆）

16.6 N 個の宝石があって，それぞれ $1, 2, \ldots, N$ と書かれており，それぞれ $a_1, a_2, \ldots, a_N$ の価値があります ($a_i < 0$ となる場合もあります)．これに対し「正の整数 x を選び，x の倍数が書かれた宝石をすべて叩き割る」という操作を好きな回数だけ行うことができます．最終的なスコアは割られずに残った宝石の価値の総和になります．スコアの最大値を求めるアルゴリズムを設計してください．(出典: AtCoder Regular Contest 085 E - MUL, 難易度★★★★☆)

16.7 $H \times W$ の2次元ボードが与えられます．「#」のマスの部分を一辺の長さが1の細長い長方形を使って埋めることを考えます (下の例では最小 2 枚)．これを実現できる最小枚数を求めるアルゴリズムを設計してください．(出典: 会津大学プログラミングコンテスト 2018 day1 H - Board, 難易度★★★★★)

```
1 │ 4 10
2 │ ##########
3 │ ....#.....
4 │ ....#.....
5 │ ..........
```

第 17 章

P と NP

　これまで，さまざまな問題を解決するアルゴリズムを考えてきましたが，「効率よいアルゴリズムを見つけることは不可能であろう」と広く信じられている問題も多数存在します．むしろ，現実世界における問題の多くは，そのようなクラスに属するといわれています．本章では，そういう問題を特徴づける NP 完全，NP 困難とよばれる難問のクラスについて解説します．

17.1 ● 問題の難しさの測り方

　これまでに，さまざまな問題に対してアルゴリズムを設計してきました．特に，動的計画法 (5 章)，二分探索法 (6 章)，貪欲法 (7 章)，グラフ探索 (13 章) という設計技法は，分野横断的に広範囲の問題に対して適用できます．

　しかし，世の中には，これらの技法をいかに駆使しても効率的に解くアルゴリズムを設計できそうにない難問が多数あることも事実です．ここで，問題が効率的に解けるか，それとも解けそうもないかの線引きを，どこに定めるのが適切でしょうか．一般には，アルゴリズムが効率的であるとは，多項式時間で解けることを表します．多項式時間アルゴリズムによって解くことのできる問題を「手に負える (tractable)」ものと考えて，多項式時間では解くことのできないものを「手に負えない (intractable)」ものと考えることが通例となっています．確かに $O(N^{100})$ というアルゴリズムは，実際上は $O(2^N)$ のような指数時間アルゴリズムよりもむしろ非現実的でしょう．しかし，多項式時間で解くことのできる問題の多くは，最悪でも $O(N^3)$ 程度の計算量で解ける場合がほとんどです [注1]．よって，問題に取り組むときには，以下の

注 1　もちろん現在までに知られている最良の計算量が 5 乗以上のオーダーになるような問題もあります．

いずれかを達成することが目標となります.

- 多項式時間アルゴリズムを与えます (それができれば,次は計算量を少しでも改善します)
- 多項式時間アルゴリズムでは解けそうもないことを示します

しかし,ある問題に対して,多項式時間で解くアルゴリズムが存在しないことを数学的に示すのは,果たしてそんなことが可能なのだろうかと途方に暮れた気持ちになります.なんとかして,問題自体の難しさを説得力をもって評価する方法はないのでしょうか.本章で解説する NP 完全,NP 困難という概念は,そのような試行錯誤の中から生まれました.大変驚くべきことに,色々な分野で知られていた,多項式時間では解けそうもない難問の多くが,同等に難しいことがわかってきています.まず,問題間の難しさの比較を次のように考えることにしましょう.

多項式時間帰着

　問題 X が問題 Y に対して同等以上に困難であるとは,問題 X を解く多項式時間アルゴリズムが導けたならば,それを用いて問題 Y を解く多項式時間アルゴリズムも導けることをいいます[注a].

　注a　より正確には,X を解くアルゴリズム $P(X)$ があるときに,問題 Y に対して多項式回の $P(X)$ の呼び出しと,それ以外の多項式回の計算ステップで解くことができることをいいます.

この論法は,解きたい問題を解ける問題に帰着して解くときにも用いられますが,逆に,次のような使い方もできます.解けそうもないと感じている問題 X に対して,難しいことがわかっている問題 Y をもってきて,それを X に帰着します.「仮に X が多項式時間で解けるならば,Y も多項式時間で解けること」を示すのです.これによって,X が Y と同等以上に難しいことが示されます (**図 17.1**).Y が多項式時間では解けないと広く信じられている問題 (NP 完全問題や NP 困難問題) である場合には,X に対する多項式時間アルゴリズムの設計を諦めるのに十分な証拠となります.このように Y を X に帰着することを**多項式時間帰着** (polynomial-time reduction)[注2] とよび,また Y を X に多項式時間帰着が可能であることを**多項式時間帰着可能** (polynomial-time reducible) であるといいます.

注2　多項式時間帰着の定義の仕方には,いくつかの流儀があります.ここでの定義はチューリング帰着とよばれるものです.他に,計算量理論において主流の定義として,多対一多項式時間帰着があります.

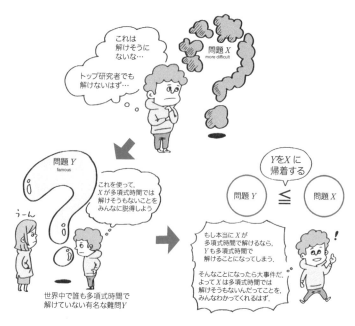

図 17.1　多項式帰着の考え方

17.2 ● P と NP

前節では，多項式時間で解くアルゴリズムが存在しないと広く信じられているような問題が存在することを示唆しました．本節では，P や NP といった問題のクラスについて整理します．これによって，問題の難しさを議論できるようになります．ただし，P や NP といったクラスは，"Yes" か "No" かで答えられるような問題のみを考察対象とします．このような問題を**判定問題**とよびます．たとえば「N 個の整数からいくつかの整数を選んで総和を特定の値にできるか」を問う部分和問題 (3.5 節参照) は判定問題ですが，「N 個の品物から，重さの総和が W を超えないようにいくつか選んだときの，価値の総和の最大値」を求めるナップサック問題 (5.4 節参照) は，判定問題ではなく最適化問題です．P や NP は，いずれも判定問題の集合を表すものです．

ただし，6 章の二分探索法の応用例でも見たように，最適化問題であっても，判定問題として取り扱えることが多々あります．たとえばナップサック問題に対しては，対応する判定問題として，以下の問題を考えることができます．この判定問題を多項式時間で解くことができれば，二分探索法を用い

ることで，元のナップサック問題も多項式時間で解けることになります．ただし実際は，この「ナップサック問題を判定問題とした問題」は，後述するNP 完全とよばれるクラスに属する問題であり，多項式時間で解くことはできないであろうと広く信じられています．

ナップサック問題を判定問題とした問題

N 個の品物があって，$i(= 0, 1, \ldots, N-1)$ 番目の品物の重さは weight$_i$，価値は value$_i$ で与えられます．

この N 個の品物から，重さの総和が W を超えないように，いくつか選びます．選んだ品物の価値の総和が x 以上となるようにできるかどうかを判定してください．（ただし，W, x や weight$_i$ は 0 以上の整数とします）．

P と NP の定義に戻りましょう．まず，多項式時間アルゴリズムが存在する判定問題の全体を，**クラス P** (class P) といいます．たとえば，13.8 節で見た「与えられた無向グラフが二部グラフかどうかを判定する」問題などは，多項式時間で解けるので，クラス P に属します．一方，以下に示す**安定集合問題**や**ハミルトンサイクル問題**は，現在のところ多項式時間アルゴリズムは見つかっていませんし，多項式時間アルゴリズムが存在しないことが証明されてもいません．クラス P に属するかどうかは未解決です．

安定集合問題

無向グラフ $G = (V, E)$ において，頂点集合の部分集合 $S \subset V$ が**安定集合** (stable set) であるとは，S のどの 2 頂点も辺で結ばれないことをいいます（**図 17.2** 左）．正の整数 k が与えられたとき，サイズが k 以上の安定集合が存在するかどうかを判定してください．

ハミルトンサイクル問題

有向グラフ $G = (V, E)$ において，各頂点をちょうど一度ずつ含むサイクルを**ハミルトンサイクル** (Hamilton cycle) といいます（**図 17.2** 右）．グラフ G がハミルトンサイクルをもつかどうかを判定してください．

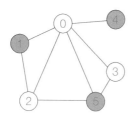

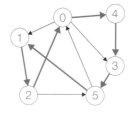

安定集合   ハミルトンサイクル

図の赤頂点で示した集合 {1, 4, 5} は
どの 2 頂点間にも辺がありません

0 -> 4 -> 3 -> 5 -> 1 -> 2 -> 0 は
各頂点を一度ずつ通ります

図 17.2 　安定集合とハミルトンサイクル

　一方，**クラス NP** (class NP) に属する問題とは，判定問題の答えが "Yes"
である場合において，その "Yes" である証拠が存在して，それを "Yes" で
あることを多項式時間で検証できるものをいいます[注3]．NP の定義から，P
に属する問題は NP にも属します．たとえば，安定集合問題は，もし答えが
"Yes" ならば，具体的な安定集合 S (サイズが k 以上) を証拠にできます．
その証拠に対して，実際に "Yes" であることを以下のように多項式時間で検
証できます．よってクラス NP に属します．

- S の任意の 2 頂点が辺で結ばれていないことは，$O(|V|^2)$ で検証するこ
  とができます
- S のサイズが k 以上であることも，簡単に検証することができます

同様に，ハミルトンサイクル問題も NP に属することを容易に示すことがで
きます (章末問題 17.1 とします)．
　さて，大変多い誤解として，「NP とは指数時間アルゴリズムで解ける問題
のクラスである」というものがあります．指数時間アルゴリズムで解ける問
題のクラスは EXP とよばれ，NP をさらに包含するクラスです．以上をま
とめると，

$$P \subset NP \subset EXP$$

という関係が成り立っています (**図 17.3**)．NP の定義が複雑で不自然なもの
に感じられるかもしれませんが，**チューリング機械**を用いて議論すると理解
が深まります．関心のある方はブックガイド [15], [16] などを読んでみてく
ださい．

注 3 　大変誤解が多いのですが，NP は non-polynomial time の略ではなく，non-deterministic poly-
　　　nomial time の略です．

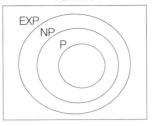

図 17.3　P と NP

17.3 ● P ≠ NP 予想

　前節では，P ⊂ NP ⊂ EXP という関係について述べました．EXP は問題のクラスとして大変広いものですが，実際は世の中の多くの難問は NP に属することがわかっています．そこで，「NP に属する問題がすべて P にも属するのか」という疑問が生じます．もし「P = NP」であるならば，現実世界のさまざまな難問が，多項式時間で解けることになるのです．仮にそうなれば，コンピュータ科学の範疇にとどまらず，「その問題を解くことが困難であることを安全性の根拠としている暗号」への影響など，社会全体に与えるインパクトは計りしれません．しかし実際には，多くの研究者による長年の努力にもかかわらず，多項式時間アルゴリズムの見つからない難問が NP には多数あります．多くの人は「P ≠ NP」であろうと予想しています．

　ところが奇妙なことに，NP に属するが P には属さないという問題は，現在のところ 1 つも見つかっていません．先ほどの安定集合問題やハミルトンサイクル問題のような，多項式時間で解くことが到底できないであろうと広く信じられている問題に対しても，それを解く多項式時間アルゴリズムが存在しないことが示されていないのです．一般に，存在しないことを示すというのは，得てして大きな困難をともないます．

　こうして，P = NP なのか，P ≠ NP なのかをはっきりさせたいとして，多くの研究者によって努力が重ねられてきました．この問題は「P ≠ NP 予想」とよばれ，コンピュータ科学における重要な未解決問題となっています．アメリカのクレイ数学研究所によって 2000 年に発表された，100 万ドルの懸賞金がかけられている 7 つの問題の 1 つにも選出されています．

　次節では，この予想に関連して「NP 完全」とよばれる問題のクラスを紹介します．これは，NP に属する問題のうち，最も難しい問題のクラスです．仮に NP 完全というクラスに属する問題に対して多項式時間アルゴリズムが

開発されたならば，NP に属するすべての問題に対しても，多項式時間アルゴリズムを開発できることになります．

17.4 ● NP 完全

P ≠ NP かどうかを問う問題への解決の糸口が見つからない状況において，代わりに「NP の中で最も難しい問題とは何か」を知りたいと考えるのは自然なことでしょう．ここで，17.1 節で紹介した，「解決困難な問題 X に対し，多項式時間アルゴリズムは存在しないだろうと信じられている難問 Y をもってきて，Y を X に帰着する」という多項式時間帰着のテクニックを思い出しましょう．このような難問 Y として有効に用いられるものが，以下の **NP 完全**とよばれるクラスです[注4]．NP 完全問題は NP に属する問題の中で最も難しい問題ということができます．言い換えると，NP 完全に属する問題のうちどれか 1 つでも多項式時間アルゴリズムが与えられたならば，P = NP であることが確定します．

NP 完全

判定問題 X が以下の条件を満たすとき，**クラス NP 完全** (class NP-complete) に属するといいます．

- $X \in \mathrm{NP}$ である
- NP に属するすべての問題 Y に対し，Y を X に多項式時間帰着可能である

また，NP 完全に属する問題を NP 完全問題とよびます．

歴史的には，**充足可能性問題** (satisfiability problem, SAT) について，最初に NP 完全性が示されました．つまり SAT が多項式時間で解ければ NP に属するすべての問題が多項式時間で解けることになります．SAT は論理関数に関する問題です．$X = \{X_1, X_2, \ldots, X_N\}$ をブール変数 (true または false の値をとる変数) の集合として，たとえば

$$(X_1 \lor \neg X_3 \lor \neg X_4) \land (\neg X_2 \lor X_3) \land (\neg X_1 \lor X_2 \lor X_4)$$

注 4　本書では，チューリング帰着とよばれる多項式時間帰着の考え方を用いて NP 完全を定義しています．他に計算量理論で主流の定義として，多対一多項式時間帰着を用いたものもあります．両者の定義が等価かどうかは未解決問題です．関心のある方は，ブックガイド [15], [16], [20] などを読んでみてください．

といった論理式全体を true にするような各ブール変数 $X_1, X_2, \ldots, X_N$ への true/false の割当方法が存在するかどうかを問う問題です.

SAT が NP 完全問題であることの証明は難しいため，本書では省略します注5．しかし，一度 NP 完全問題が見つかってしまえば，その問題から多項式時間帰着された問題も NP 完全問題であることがわかります．こうして次々と，これまでに各分野で知られていた有名な難問の多くが，実は NP 完全問題であることが示されていきました．驚くべきことに，NP 完全問題とは「NP の中で最も難しい問題」を意味していたはずなのに，実際には多くの有名な難問がそれに属することが判明していったのです．それらは互いに同等に難しいということになります．17.2 節で紹介した安定集合問題やハミルトンサイクル問題も NP 完全問題です.

ここで，17.1 節で最初に提示した，解決できそうもない困難な問題と出くわしたときの対処法に関する話を振り返ります．多項式時間アルゴリズムが設計できそうもない問題 X に取り組んでいるときは，NP 完全である可能性を疑い，どれか 1 つ知られている NP 完全問題 Y をもってきて，Y を X に多項式時間帰着できないかを考えてみましょう．もしそれに成功したならば，X に対して多項式時間アルゴリズムを設計しようとすることを潔く諦めることができて，無為な努力をせずに済むようになります.

17.5 ● 多項式時間帰着の例

ここで，解決できそうもない判定問題 X に対して，ある NP 完全問題 Y から多項式時間帰着する例をいくつか見ていきます.

17.5.1　点被覆問題

17.2 節で紹介した安定集合問題が NP 完全問題であることを既知として，以下の点被覆問題も NP 完全問題であることを示します注6.

注 5　ブックガイド [15] などを読んでみてください.
注 6　逆に点被覆問題を安定集合問題に帰着することもできます.

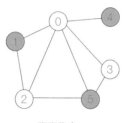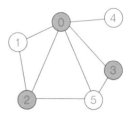

安定集合 　　　　　　　　　　　　　　　点被覆

図の赤頂点で示した集合 {1, 4, 5} は　　　どの辺もその両端のいずれかは
どの 2 頂点間にも辺がありません　　　　図の紫頂点で示した集合 {0, 2, 3} に
　　　　　　　　　　　　　　　　　　　　含まれています

図 17.4　安定集合と点被覆

　点被覆問題が NP に属することは明らかです．点被覆問題が多項式時間で解けるならば，安定集合問題も多項式時間で解けることを示します．まず，S が安定集合であることと，$V - S$ が点被覆であることが同値であることを示します．S が安定集合であるならば，任意の辺 $e = (u, v)$ に対して u, v がともに S に属することはないことがわかります．したがって，u, v のうち少なくとも一方は $V - S$ に属します．ゆえに，$V - S$ は点被覆となります．逆に $V - S$ が点被覆であるならば，任意の辺 $e = (u, v)$ に対して u, v のうち少なくとも一方は $V - S$ に属するので，u, v がともに S に属することはないことがわかります．これは S が安定集合であることを意味しています．

　以上から，もしサイズ $|V| - k$ 以下の点被覆が存在すれば，サイズ k 以上の安定集合が存在することがわかります．逆に，サイズ $|V| - k$ 以下の点被覆が存在しなければ，サイズ k 以上の安定集合が存在しないこともわかります．よって，点被覆問題が多項式時間で解けるならば安定集合問題も多項式時間で解けることが示されました．

17.5.2　部分和問題 (*)

　もう 1 つの例として, 点被覆問題が NP 完全であることを用いて, 部分和問題も NP 完全であることを示してみましょう. 部分和問題は, 3.5 節, 4.5 節などで繰り返し検討してきました. 5.4 節では, 部分和問題を根本的に含むナップサック問題を検討しました. すでに 4.5.3, 5.4 節で述べた通り, 動的計画法によって $O(NW)$ の計算量で解くことができます. これは一見すると多項式時間にも思えるのですが, 入力サイズについてよく考えることで指数時間アルゴリズムであることがわかります. N は「個数」を表すのに対し, W は「数値」を表します. たとえば $W = 2^{10000}$ のとき, W を入力として受け取るには二進法で 10001 桁分のメモリが必要であることがわかります. これは, W という数値を受け取るための入力サイズ M が実際には $M = O(\log W)$ であることを意味します. したがって $NW = N2^{\log W}$ であることから, $O(NW)$ の計算量をもつアルゴリズムは指数時間となっています. このように, 実際は指数時間であるが, 入力の数値の大きさについて多項式時間で実行できるアルゴリズムを**擬多項式時間アルゴリズム** (pseudo-polynomial algorithm) とよびます.

部分和問題 (再掲)

　N 個の正の整数 $a_0, a_1, \ldots, a_{N-1}$ と正の整数 W が与えられます. $a_0, a_1, \ldots, a_{N-1}$ の中から何個かの整数を選んで総和を W とすることができるかどうかを判定してください.

　まず, 部分和問題が NP に属することは明らかです. 実際に証拠として提示された $a_0, a_1, \ldots, a_{N-1}$ の部分集合の総和が W に一致することを確かめればよく, これは多項式時間で実行できます.

　次に, 部分和問題が多項式時間で解けるならば, 点被覆問題も多項式時間で解けることを示しましょう. すなわち, 具体的な無向グラフ $G = (V, E)$ と正の整数 k が与えられたときに, それに応じて整数列 $a = \{a_0, a_1, \ldots, a_{N-1}\}$ および正の整数 W を構成し, G がサイズ k の点被覆をもつときに限り, a の部分集合であって総和が W となるものが存在することを示します. 具体的には, 以下のように整数列 a と W を定めます (**図 17.5**). 頂点 v に接続している辺の辺番号の集合を $I(v)$ と表すことにします.

- 頂点番号が i である頂点 v に対して, $a_i = 4^{|E|} + \sum_{t \in I(v)} 4^t$ とし

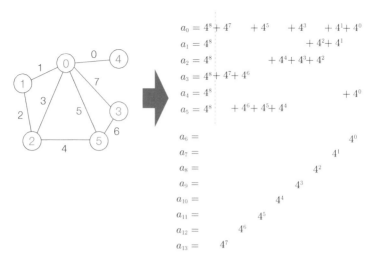

$$a_0 = 4^8 + 4^7 \qquad + 4^5 \qquad + 4^3 \qquad + 4^1 + 4^0$$
$$a_1 = 4^8 \qquad\qquad\qquad\qquad\qquad + 4^2 + 4^1$$
$$a_2 = 4^8 \qquad\qquad\qquad + 4^4 + 4^3 + 4^2$$
$$a_3 = 4^8 + 4^7 + 4^6$$
$$a_4 = 4^8 \qquad\qquad\qquad\qquad\qquad\qquad\qquad + 4^0$$
$$a_5 = 4^8 \qquad + 4^6 + 4^5 + 4^4$$

$$a_6 = \qquad\qquad\qquad\qquad\qquad\qquad\qquad 4^0$$
$$a_7 = \qquad\qquad\qquad\qquad\qquad\qquad 4^1$$
$$a_8 = \qquad\qquad\qquad\qquad\qquad 4^2$$
$$a_9 = \qquad\qquad\qquad\qquad 4^3$$
$$a_{10} = \qquad\qquad\qquad 4^4$$
$$a_{11} = \qquad\qquad 4^5$$
$$a_{12} = \qquad 4^6$$
$$a_{13} = \qquad 4^7$$

$$W = k4^8 + 2(4^7 + 4^6 + 4^5 + 4^4 + 4^3 + 4^2 + 4^1 + 4^0)$$

図 17.5　点被覆問題を部分和問題に帰着

ます

- 辺番号が j である辺 e に対して，$a_{j+|V|} = 4^j$ とします
- $W = k4^{|E|} + 2\sum_{t=0}^{|E|-1} 4^t$ とします

ここで，図 17.5 のように，各 $t = 0, 1, \ldots, |E| - 1$ に対して，a のうち 4^t を項にもつものがちょうど 3 個となっていることから，a からどのように部分集合を選んで総和をとっても「繰り上がり」が発生しないことに注意しましょう（$t = |E|$ のみ例外です）.

グラフ $G = (V, E)$ が具体的にサイズ k の点被覆 S をもつとして，それを，数列 a の部分集合であってその総和を W にするものに対応づけます．最初に，点被覆 S に属する頂点 i に対して，a_i を選びます（**図 17.6**）. このとき，選んだ a の中に含まれる $4^{|E|}$ の個数はちょうど k 個になります. 一方，各 $t = 0, 1, \ldots, |E| - 1$ に対しては，選んだ a に含まれる 4^t の個数は 1 個または 2 個になります（S が点被覆であることから，0 個とはならないことに注意してください）. よって，選んだ a に含まれる 4^t の個数が 1 個であるような t に対し，$a_{t+|V|}$ を追加で選んでいけば，どの t に対しても 4^t がちょうど 2 個ずつとなります（図 17.6）. このとき，選んだ a の総和が W と一致します.

逆に，同様にして，数列 a の部分集合であって総和が W に一致するもの

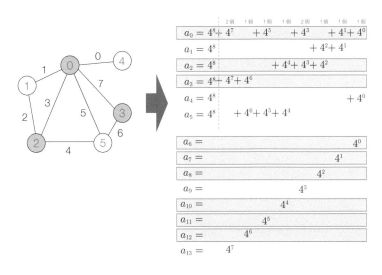

$$W = k4^8 + 2\left(4^7 + 4^6 + 4^5 + 4^4 + 4^3 + 4^2 + 4^1 + 4^0\right)$$

図 17.6　点被覆と部分和の対応

が存在するならば，サイズ k の G の点被覆を構築できることも示せます．

　以上から，部分和問題を多項式時間で解くことができるならば，点被覆問題も多項式時間で解けることが示されました．ゆえに部分和問題は NP 完全問題です．

17.6 ● NP 困難

　これまでに見てきた P，NP，NP 完全は，いずれも判定問題のクラスでした．しかし最適化問題や数え上げ問題など，判定問題とは限らない一般の問題に対しても難しさを議論できるようにしたいところです．そこで **NP 困難** を以下のように定義します．

> **NP 困難**
> 　問題 X に対し，ある NP 完全問題 Y が存在して，X が多項式時間アルゴリズムで解けるならば Y も多項式時間アルゴリズムで解けるとき，X は NP 困難問題であるといいます．

つまり NP 困難問題とは，判定問題に限定せず，NP 完全問題と同等かそれ

以上に難しい問題のことです．NP 困難問題の多くは，対応する NP 完全問題を自然に含むものとなっています．たとえば，以下の**最大安定集合問題**は安定集合問題 (判定問題) を部分問題として含みます．最大安定集合問題が解けるならば，ただちに安定集合問題 (判定問題) も解決することから，最大安定集合問題は NP 困難問題です．同様に，以下の**最小点被覆問題**も点被覆問題 (判定問題) を部分問題として含む NP 困難問題です．

最大安定集合問題

　無向グラフ $G = (V, E)$ において，安定集合のサイズの最大値を求めてください．

最小点被覆問題

　無向グラフ $G = (V, E)$ において，点被覆のサイズの最小値を求めてください．

　また，以下の有名な**巡回セールスマン問題** (traveling salesman problem, TSP) も，ハミルトンサイクル問題を含むので NP 困難問題です．巡回セールスマン問題を解くということは，グラフ G のハミルトンサイクルの中から最良のものを選ぶことを意味しています．よって，その最適値がわかったときには，G がハミルトンサイクルをもつかどうかも同時にわかります．

巡回セールスマン問題 (TSP)

　重み付き有向グラフ $G = (V, E)$ が与えられていて，各辺の重みは非負の整数値であるとします．

　各頂点をちょうど一度ずつ訪れるようなサイクルの長さの最小値を求めてください．

17.7 ● 停止性問題

　ここまでは NP 困難問題の例として，NP 完全問題を自然に含むような最

適化問題を挙げました．これらの問題は判定問題ではないことから，NP 完全には属しません．一方，判定問題の中にも，そもそも NP にも属さないような問題もあります．そのような例として，以下の**停止性問題** (halting problem) が挙げられます．停止性問題は NP に属しませんが，NP 困難問題となっています．

> **停止性問題**
>
> 　コンピュータプログラム P と，そのプログラムへの入力 I が与えられます．I を入力として P を実行したとき，P が有限時間で停止するかどうかを判定してください．

　停止性問題が NP 困難に属することは容易に示すことができます．停止性問題を解く多項式時間アルゴリズム H が存在するならば，充足可能性問題 (SAT) を多項式時間で解けることを示します．「論理式を入力として受け取り，もしそれを充足する真理値割当が存在するならばそれを出力し，存在しないならば無限ループに陥るようなプログラム」を考えます．このプログラムと論理式を H に入力すると，それが有限時間で停止するかどうかを多項式時間で判定することができます．これは，与えられた論理式を充足する真理値割当が存在するかどうかを多項式時間で判定できることを意味します．以上から，停止性問題が NP 困難に属することが示されました．

　一方，停止性問題は，実はそもそも「解くことのできない問題」であることが知られており，NP に属しません．具体的には，停止性問題を解くことのできるプログラムが存在すると仮定して，矛盾を導くことができます．関心のある方は，たとえばブックガイド [3] の「解くことのできない問題」の節を読んでみてください．

17.8 ● まとめ

　歴史的に，多項式時間アルゴリズムが見つからなかった有名な難問の多くは「おそらく多項式時間アルゴリズムは存在しないだろう」と広く信じられている NP 困難問題であることが示されてきました．

　実践的には，現実に解決できそうもない難問 X と出くわしたときは，知られている NP 困難問題 Y をどれか 1 つもってきて，Y を X に帰着できないかを考えることが有効です．もし X も NP 困難であることが示せたならば，多項式時間アルゴリズムを設計しようという未練を捨てて，より建設的

な方向性へと進むことができます．たとえば X が最適化問題であれば，確実に最適解を求めようとするのではなく，少しでもよい近似解を求めようとする方向性が考えられます．18章では，NP 困難問題との向き合い方について，いくつかの方法論を紹介します．

❖ ● ❖ ● ❖ ● ❖　章末問題　● ❖ ● ❖ ● ❖ ●

17.1 ハミルトンサイクル問題が NP に属することを示してください．
（難易度★☆☆☆☆）

17.2 グラフ $G = (V, E)$ と正の整数 k が与えられたときに，G がサイズ k 以上の完全グラフを部分グラフとして含むかどうかを判定する問題を**クリーク問題**とよびます．クリーク問題が NP に属することを示してください．（難易度★☆☆☆☆）

17.3 安定集合問題が NP 完全であることを利用して，クリーク問題も NP 完全であることを示してください．（難易度★★★☆☆）

第 18 章

難問対策

　17 章では，効率的に解くことはできないだろうと信じられている NP 困難問題について解説するとともに，現実世界の多くの問題が NP 困難に属することを見てきました．これはアルゴリズムを通した問題解決を志す者にとって衝撃的な事実です．しかし，この事実は現実世界の問題解決においてそれほど怖がるべき話ではないということを知っていただくため，本章ではこういった問題に対する対策を検討します．

18.1 ● NP 困難問題との対峙

　17 章では，多くの問題が NP 困難問題に属することを見てきました．私たちが現実世界において直面する問題も，NP 困難に属する可能性が高いといえます．その場合には問題解決を諦めるしかないのでしょうか．

　確かに NP 困難問題に対しては，考えられる入力ケースすべてに対して多項式時間で解決できるアルゴリズムを考案することは絶望的です．しかしそれは，あくまでも最悪に性質の悪いケースまでカバーしようとした場合の話です．個別の入力ケースに対しては，現実的な時間で解を導ける可能性があります．また，取り組んでいる NP 困難問題が最適化問題である場合は，真の最適解を求めることができなくても，それに迫る近似解が得られれば実用に十分耐える可能性があります．本章では，NP 困難問題に取り組む方法論をいくつか紹介します．

18.2 ● 特殊ケースで解ける場合

　まずは，たとえ NP 困難な問題であっても，特定の入力ケースに対しては効率よく解ける場合があることを紹介します．たとえば 7.3 節で見た区間ス

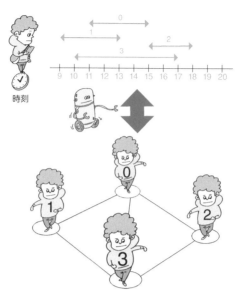

図 18.1 区間スケジューリング問題と最大安定集合問題の対応

ケジューリング問題は，特殊なグラフに対する最大安定集合問題 (17.6 節) と
みなすことができます．具体的には

- 各区間を頂点とする
- 互いに交差する 2 区間の間に辺を張る

として構成したグラフ上の最大安定集合問題と考えることができます (**図
18.1**)．これは NP 困難であるはずの最大安定集合問題が，区間の交差関係
を表すグラフに対しては多項式時間で解けることを示しています．このよう
に，取り組んでいる難問が NP 困難であることがわかったとしても，実際に
与えられる入力ケースの性質をよく吟味することで効率よく解けることがあ
ります．

　なお，最大安定集合問題を多項式時間で解くことのできるグラフのクラス
として以下の 2 つが代表的です[注1]．

- 二部グラフ
- 木

注 1　最大安定集合問題が多項式時間で解けるようなグラフのクラスとして，これらをすべて包含する**完璧グ
　　　ラフ** (perfect graph) とよばれるものも知られています．

このうち二部グラフについては詳細は省略しますが、二部グラフ上の最大マッチング問題 (16.5 節) に帰着して多項式時間で解けることが知られています[注2]. また木について、木は二部グラフでもあるので多項式時間で解けることは明らかですが、木ならではの構造を活かして貪欲法 (7 章) で解くこともできます (章末問題 18.1). さらに、各頂点に重みが付いている場合を考えた、以下の重み付き最大安定集合問題も動的計画法 (5 章) で解くことができます. ここでは、重み付き最大安定集合問題に対して、動的計画法に基づく解法を解説します.

> **重み付き最大安定集合問題**
>
> 各頂点 $v \in V$ に重み $w(v)$ の付いた木 $G = (V, E)$ が与えられます (特に根が指定されていない木です). 木 G の安定集合としてさまざまなものを考えたときの、安定集合に含まれる頂点の重みの総和の最大値を求めてください.

ここで、13.10 節で解説したことを思い出しましょう. 根なし木であっても、便宜的に根を 1 つ適当に決めて根付き木とすることで、見通しがよくなる問題が数多くあることを述べました. 重み付き安定集合問題は、まさにそのような問題としてうってつけです. 根を 1 つ決めることで根付き木とし、木上の動的計画法によって最適解を求めます (**図 18.2**). 重み付き最大安定集合問題では、部分問題を以下のように定義しましょう.

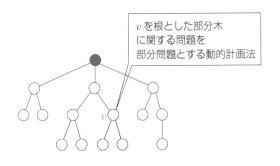

v を根とした部分木に関する問題を部分問題とする動的計画法

図 18.2 木上の動的計画法の考え方

注 2 たとえばブックガイド [5] の「ネットワークフロー」の章を読んでみてください.

> **重み付き最大安定集合問題に対する木上の動的計画法**
>
> - dp1[v] ← 頂点 v を根とする部分木内での安定集合の重みの最大値 (頂点 v を選ばない場合)
> - dp2[v] ← 頂点 v を根とする部分木内での安定集合の重みの最大値 (頂点 v を選ぶ場合)

そして，各頂点 v に対して，子頂点 c を根とする部分木に関する情報をまとめます．

dp1 について

v の各子頂点 c を根とする各部分木についての最大重みの総和を求めればよいので，次のようになります．

$$\mathrm{dp1}[v] = \sum_{c:v \text{ の子頂点}} \max(\mathrm{dp1}[c], \mathrm{dp2}[c])$$

dp2 について

v の各子頂点 c を根とする各部分木について，c を選ばない範囲で c を根とする各部分木の最大重みの総和を求めればよいので，次のようになります．

$$\mathrm{dp2}[v] = w(v) + \sum_{c:v \text{ の子頂点}} \mathrm{dp1}[c]$$

以上をまとめると，コード 18.1 のように実装できます．計算量は $O(|V|)$ となります．

code 18.1 重み付き最大安定集合問題を解く，木上の動的計画法

```
1   #include <iostream>
2   #include <vector>
3   #include <cmath>
4   using namespace std;
5   using Graph = vector<vector<int>>;
6
7   // 入力
8   int N; // 頂点数
9   vector<long long> w; // 各頂点の重み
10  Graph G; // グラフ
11
```

```cpp
12    // 木上の動的計画法テーブル
13    vector<int> dp1, dp2;
14
15    void dfs(int v, int p = -1) {
16        // 最初に各子頂点を探索しておきます
17        for (auto ch : G[v]) {
18            if (ch == p) continue;
19            dfs(ch, v);
20        }
21
22        // 帰りがけ時に動的計画法
23        dp1[v] = 0, dp2[v] = w[v]; // 初期条件
24        for (auto ch : G[v]) {
25            if (ch == p) continue;
26            dp1[v] += max(dp1[ch], dp2[ch]);
27            dp2[v] += dp1[ch];
28        }
29    }
30
31    int main() {
32        // 頂点数（木なので辺数は N − 1 で確定）
33        cin >> N;
34
35        // 重みとグラフの入力受取
36        w.resize(N);
37        for (int i = 0; i < N; ++i) cin >> w[i];
38        G.clear(); G.resize(N);
39        for (int i = 0; i < N - 1; ++i) {
40            int a, b;
41            cin >> a >> b;
42            G[a].push_back(b);
43            G[b].push_back(a);
44        }
45
46        // 探索
47        int root = 0; // 仮に頂点 0 を根とする
48        dp1.assign(N, 0), dp2.assign(N, 0);
49        dfs(root);
50
51        // 結果
52        cout << max(dp1[root], dp2[root]) << endl;
53    }
```

さて，この動的計画法による解法は，木からさらに適用範囲を広げて「木っ
ぽさが強いグラフ」に対する解法へと自然につながるので重要です．関心のあ
る方は，グラフが木にどれくらい近いかを表す尺度である**木幅** (tree-width)
について調べてみてください．木幅がある一定以下のグラフに対しては効率

的なアルゴリズムを設計できます．現実世界で生じるグラフネットワークに
は木幅が小さいものも多く，実応用の可能性も高い魅力的な話題となってい
ます．

18.3 ● 貪欲法

7章で見たように，貪欲法が常に最適解を導くとは限りません．むしろ貪欲
法によって最適解を導けるような問題は，根本的によい性質を有していると
いえます．しかし，現実世界における多くの問題において，貪欲法によって
得られる解は，最適とはいえないまでも，最適解に近い解であることが多々
あります．ここでは，5.4 節でも検討したナップサック問題を再考します．

ナップサック問題 (再掲)

N 個の品物があって，$i(= 0, 1, \ldots, N - 1)$ 番目の品物の重さは
weight_i，価値は value_i で与えられます．

この N 個の品物から，重さの総和が W を超えないように，いくつ
か選びます．選んだ品物の価値の総和として考えられる最大値を求めて
ください (ただし，W や weight_i は 0 以上の整数とします)．

5.4 節では動的計画法に基づいたアルゴリズムを示しましたが，ここでは貪
欲法で解けないかを考えてみましょう．直感的には「単位重さあたりの価値
が高いもの」から優先的に選びたくなるでしょう．しかし，そのような貪欲
法では最適とはならない入力ケースとして以下のものがあります．

$$N = 2, W = 1000, (\mathrm{weight}, \mathrm{value}) = \{(1, 5), (1000, 4000)\}$$

非常に悪意に溢れた入力ケースです．最適解は明らかに (重さ，価値) が
$(1000, 4000)$ の品物を 1 つ選ぶ場合であり，そのときの総価値は 4000 です
が，貪欲法に基づくと総価値は 5 で終わってしまいます．しかし，ここまで
酷いケースは実際上はあまり多くありません．貪欲法によって得られる解は
最適とはいえないまでも，しばしば最適解に近い解となっています．

ナップサック問題に対する貪欲法について注意点を 2 つ述べます．1 点目
は，ナップサック問題の設定を少し変更するだけで，貪欲法で最適解が求め
られるようになることです．各品物について「選ぶ」「選ばない」という 0 か

1 の二択しかとれないのではなく，たとえば「$\frac{4}{5}$ 個だけ選ぶ」といったような中途半端な分量を選べるようにしたバージョンの問題を考えてみましょう．各品物について選べる分量は 0 以上 1 以下の実数値とします．このように，問題の条件を少し緩めて扱いやすくすることを**緩和** (relaxation) とよび，扱いやすくされた問題を**緩和問題** (relaxed problem) とよびます．特に，整数値しかとりえない変数に対して連続値もとりうるようにする緩和を**連続緩和** (continuous relaxation) とよびます．ナップサック問題を連続緩和した問題においては，貪欲法が最適解を導きます．通常のナップサック問題では「中途半端な空き容量が残ってしまい，本来は入れたかった品物が入れられなくなる」という状況が発生しますが，連続緩和されたナップサック問題では最後まで詰めることができるためです．なお，18.5 節でナップサック問題に対する分枝限定法を考えるときには，この連続緩和を有効に活用します．

もう 1 つの注意点は，貪欲法に対して悪意のある入力ケースを考察することは，アルゴリズムを改良するうえでも有効であるということです．たとえばナップサック問題に対する貪欲法に対しては，以下の対策を打つことによって性能が向上します．

ナップサック問題に対する貪欲法の改良

N 個の品物を value/weight の値が大きい順に詰めていきます．ある段階において，(価値, 容量) が (v_p, w_p) である品物 p が空き容量に入らなかったとします．ただし $w_p \leq W$ とします．ここでもし，すでにナップサックに入っている品物の総価値を v_{greedy} として $v_p > v_{\text{greedy}}$ であるならば，ナップサックに入っている品物をすべて破棄して，品物 p と入れ替えます．

この対策によって，前述の

$$N = 2, W = 1000, (\text{weight}, \text{value}) = \{(1, 5), (1000, 4000)\}$$

という入力ケースに対しては，無事に最適解 (1000, 4000) に到達することができます．そしてこの改良は，実は，根本的に近似アルゴリズムとしての性能も改善しています．近似アルゴリズムについては 18.7 節で示します．

18.4 ● 局所探索と焼きなまし法

次に，多項式時間では解けそうもない最適化問題への向き合い方として，適

用可能範囲が広い**局所探索** (local search) という考え方を紹介します．局所探索は大変汎用的な技法ですので，実用的にも盛んに用いられます．

　局所探索とは，変数 x に対する関数 $f(x)$ を最小化したい問題において，適当な初期値 $x = x_0$ から出発して，$f(x)$ が減少する方向へ少しずつ x を変更していく手法です．このとき x に対して「ほんの少し変更を加えたもの」の候補の集合を**近傍** (neighborhood) とよびます．たとえば15.4.2節で見たような，「全域木 T に対してそれに含まれない辺 e をとり，T, e に関する基本サイクル中の辺 f を選び，T において e, f を交換したもの」の集合は，全域木 T に対する近傍と考えることができます (**図 18.3**)．局所探索法は，やがて近傍の中に $f(x)$ を減少させるものがなくなった時点で終了します (実際上は制限ステップ回数または制限時間を設定して途中で打ち切る方法が有効です)．このとき x は局所最適解に到達しているといえます．

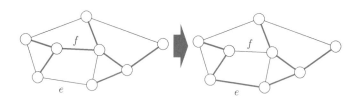

図 18.3　全域木の近傍

　局所探索は大変お手軽な手法ですが，大きな欠点も抱えています．**図 18.4** のように，局所探索によって局所最適解が求められたとしても，それが全体の最適解とは限りません．最小全域木を求める問題の場合には，局所最適解が全体の最適解でもあることが保証できますが，極めて異例なことです．

　そこで，局所探索解にはまってしまったとしてもそこから抜け出したり，少しでもより良い局所探索解に行きやすくするための工夫が多数考案されています．たとえば**焼きなまし法** (simulated annealing) とよばれる手法は，局所探索を実施する際に，関数 $f(x)$ の値が改善されないような解 x への移行も確率的に許すものです．その確率がずっと大きいままだと単にランダムに解を更新しているのと変わりませんので，温度とよばれるパラメータによってその確率を制御します．探索ステップとともに減少していく温度に応じて，その確率も減少していくようにします．その過程が金属を少しずつ冷やしていく焼きなましとよばれる操作に似ていることから，焼きなまし法とよばれています．興味関心のある方は，ブックガイド [10] の「局所探索」の章などを読んでみてください．

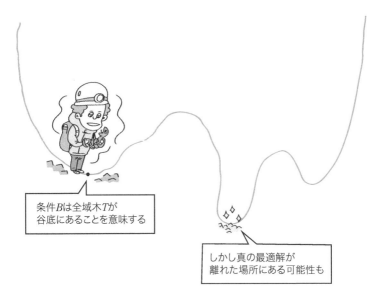

図 18.4 局所最適性の様子 (再掲)

18.5 ● 分枝限定法

分枝限定法は，最適化問題に対するアルゴリズム設計技法の 1 つです．基本的には力任せの全探索を行いつつも，「現在のところ有している最良の解」よりもよい解が見つかることがありえないことが判明した選択肢については，それ以降の探索を省略することで計算時間を短縮することを狙う手法です．このように探索を省略することを**枝刈り** (pruning) とよびます．最悪の場合には枝刈りがほとんど機能せず，現実的な計算時間では解が求められない状態に陥ることもあります．一方，問題の構造や入力ケースの特性を上手に活かすことで，実用上は高速に解が求められることも多々あります．ここでは5.4 節，18.3 節でも検討したナップサック問題を例にとり，分枝限定法のアイディアを簡単に紹介します．

さて，ナップサック問題の解を全探索することを考えてみます．このとき，各品物に対して順に「選ぶ」「選ばない」の 2 通りずつを考えていくことで，2^N 通りの選択肢があります．これらをすべて探索していてはとても手に負えません．そこで，探索過程で暫定で得られた最良解 L を常に保持しておき，「これから探索しようとしているノード以降が L よりよい解を導く可能性はない」と判断できたならば，そのノード以下の探索を打ち切ることとします (**図 18.5**)．このような手法を**分枝限定法** (branch and bound) とよびます．

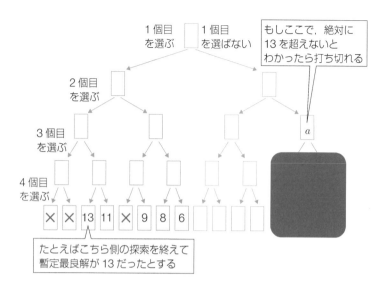

図 18.5　分枝限定法のアイディア，赤×で示した部分はナップサック容量を超えたことを表すものとします．

　では，どのような場合において「これから探索しようとしているノード以降を探索しても暫定最良解よりよくならない」と判断できるでしょうか．ここで 18.3 節で見た「ナップサック問題の連続緩和」が役に立ちます．たとえば図 18.5 のノード a の段階は，すでに品物 1, 2 は選ばないことを決めていますが，品物 3, 4 をどうするかは決めていない状態です．ここで，品物 3, 4 に関するナップサック問題を連続緩和した問題を解きます．こうして得られた解 U と暫定最良解 L とを比較します．もし U が L 以下であったならば，L を更新できる望みはありません．その場合にはノード a 以降の探索を打ち切ることができます．

　なお，分枝限定法は多くの場合，理論的な計算量を下げるものではありません．非常に悪意のある入力ケースに対しては途方もない計算時間がかかることになります．それでも，さまざまな工夫を施すことにより，現実世界の実際の問題に対しては極めて高速に動作することが多々あります．

18.6 ● 整数計画問題への定式化

　まず一般に，最適化問題とは，集合 S と関数 $f : S \to \mathbb{R}$ が与えられたときに「条件 $x \in S$ を満たす x のうち，$f(x)$ を最小 (最大) にするものを求める問題」のことを指します．最適化問題は，

$$最小化 \quad f(x)$$
$$条件 \quad x \in S$$

という形式で記述します。最適化問題において，f を**目的関数** (objective function) とよび，条件 $x \in S$ を**制約** (constraint) とよび，制約を満たす x を**実行可能解** (feasible solution) とよびます。また f を最小にする x を**最適解** (optimal solution) とよび，最適解 x に対する f の値を**最適値** (optimal value) とよびます。たとえばナップサック問題は，以下のように書くことができます。

ナップサック問題の定式化

$$最大化 \quad value^{T}x$$
$$条件 \quad weight^{T}x \le W$$
$$x_i \in \{0, 1\} \quad (i = 0, \ldots, N-1)$$

ここで，各変数 x_i は 0 と 1 の 2 つの値のみをとりうる整数変数であり，i 番目の品物を選ぶことを $x_i = 1$ を表し，選ばないことを $x_i = 0$ を表すようにしています。このように，整数変数を用いて，目的関数と制約条件がともに 1 次式で表せるような最適化問題を**整数計画問題**とよびます。整数計画問題は，ナップサック問題を含むことから NP 困難問題です。

さて，困難な問題を整数計画問題として定式化することには，大きなメリットがあります。古くから世界中で高性能な整数計画ソルバーが競って開発されており，それを活用することで，驚くほど大きなサイズの問題が解けることも少なくないからです。有名な整数計画ソルバーの多くは，18.5 節で紹介した分枝限定法に基づいたアルゴリズムを採用しており，高速化のためのさまざまな工夫が施されています。2020 年現在では，整数変数が 1000 個を超えるような問題に対しても最適解が求められることも珍しくありません。NP 困難と思われる問題に対して，整数計画問題として定式化できないかと考えることは有力な選択肢といえます。さまざまな問題を整数計画問題へと定式化する技法について関心のある方は，ブックガイド [22] などを読んでみてください。

18.7 ● 近似アルゴリズム

NP 困難問題と向き合う手法のうち，18.2 節以外の手法は

- 求められる解が最適解と比べてどの程度よいかが理論的にはわからない (局所探索，メタヒューリスティクス)
- 平均的にどの程度の計算時間で解が求められるかについての理論的保証がない (分枝限定法，整数計画ソルバーを用いる方法)

という悩みを抱えていました．実は，こういった事情に対する考え方は，理論研究者と実務家との間でスタンスが分れる部分でもあります．

理論研究者にとって，理論保証をきちんと与えることは，それ自体が研究成果の価値を大きく引き上げることになります．理論保証のついたアルゴリズムは数学的な裏付けによって支えられ，良し悪しを明確に評価しやすいものとなるからです．その手法のアイディアが革新的で，発展性の余地があり，他の問題に対してもアイディアを適用することで優れた理論保証付きのアルゴリズムを作れるようなものであればなおさらです．

一方，実務家にとっては，考案した手法に理論保証を与えることができなくても，経験的に十分な性能を示せれば満足できる場合がほとんどです．理論保証の付いた近似アルゴリズムを使用する機会はあまり多くないかもしれません．しかしそれでも，理論保証を示せるようなアイディアは得てして筋がよいものです．研究者を志す者にとってはもちろん，実務家にとっても学ぶ価値は大きいといえるでしょう．

さて，最大化問題[注3] において，近似解を求める多項式時間アルゴリズムを A として，入力 I に対する解を $A(I)$，I に対する最適値を $\mathrm{OPT}(I)$ とおきます．どんな入力 I に対しても

$$A(I) \geq \frac{1}{k}\mathrm{OPT}(I)$$

が成立するとき，A は k**-近似アルゴリズム** (k-factor approximation algorithm) であるといい，k を A の**近似比** (approximation ratio) といいます．

ここでは一例として，18.3 節で紹介した，ナップサック問題に対する貪欲法を改良した以下のアルゴリズムが 2-近似アルゴリズムであることを示します．

注 3　最小化問題に対しても近似比を同様に定義できます．

N 個の品物を value/weight の値が大きい順に詰めていきます．ある段階において，(価値，容量) が (v_p, w_p) である品物 p が空き容量に入らなかったとします．ただし $w_p \leq W$ とします．ここでもし，すでにナップサックに入っている品物の総価値を v_{greedy} として $v_p > v_{\mathrm{greedy}}$ であるならば，ナップサックに入っている品物をすべて破棄して，品物 p と入れ替えます．

また，簡単のため，以下のようにします．

- value/weight の値が大きい順に詰めていき，ナップサックにはじめて入らなかった段階で上述の工夫を行ったあと，処理を打ち切ります (それ以降に空き容量に収まる品物があったとしても無視します)

打ち切った段階でナップサックに入っている品物の価値の総和を V_{greedy} とし，ナップサックに入らなかった品物 p の価値を v_p として，さらに最適解を V_{opt} とします．

ここで，ナップサックの容量 W を少し大きくして価値 v_p の品物も「ちょうど」入るようにしたときのナップサックの容量を W' とします．このとき，打ち切った段階でナップサックに入っていた品物の集合に品物 p を加えたものが，容量 W' に対するナップサック問題の最適解となっていることに注意します．なぜなら，この解は，容量 W' のナップサック問題について，連続緩和した場合の最適解にもなっているからです．したがって

$$V_{\mathrm{greedy}} + v_p \geq V_{\mathrm{opt}}$$

が成立します．一方，貪欲法 (改良版) で得られる解を V とすると

$$V = \max(V_{\mathrm{greedy}}, v_p) \geq V_{\mathrm{greedy}}$$
$$V = \max(V_{\mathrm{greedy}}, v_p) \geq v_p$$

より，

$$V_{\mathrm{opt}} \leq V_{\mathrm{greedy}} + v_p \leq 2V$$

が成立します．これは貪欲法 (改良版) がナップサック問題に対して 2-近似アルゴリズムであることを示しています．

18.8 ● まとめ

　最後に，本書全体の総まとめを行います．本書は全体を通して「実践的なアルゴリズム設計技能を磨く」ことを目標としてきました．それは，単に既存のアルゴリズムの成り立ちをわかりやすく解説するだけでなく，アルゴリズム設計技能を磨いて問題解決に役立ててほしいという願いを込めてのことでした．アルゴリズムを自分の道具とするためには，解きたい問題に応じて，先人たちのアルゴリズムを柔軟に改変したり，アルゴリズム設計技法を自在に駆使したりすることが重要となってきます．

　そして世の中には，効率的には解けそうもない難問が多数あることも事実です．そのような解けない問題のことをよく知ることも，アルゴリズム設計者にとって重要な技能です．取り組んでいる問題が解けそうもない問題だとわかれば，現実的な計算時間で近似解を求めようとするなどの建設的な方向へと進むことができます．また，そのような難問に取り組む場合であっても，部分的に発生する小問題を解決するためにグラフ探索，動的計画法，貪欲法などのアルゴリズム設計技法を活用できることがしばしばあります．

● ● ● ● ● ● 章末問題 ● ● ● ● ● ●

18.1　N 頂点の木 $G = (V, E)$ が与えられます．木 G の安定集合のサイズの最大値を求める貪欲アルゴリズムを設計してください．(有名問題，難易度★★★☆☆)

18.2　N 頂点の木 $G = (V, E)$ が与えられます．木 G の安定集合として考えられるものが何通りあるかを求めるアルゴリズムを設計してください (答えが非常に大きくなりうるので，ある素数 P で割ったあまりを求めるなどの工夫を行います)．(出典: AtCoder Educational DP Contest P - Independent Set，難易度★★★★☆)

18.3　無向グラフ $G = (V, E)$ に対する最大安定集合問題を，整数計画問題として定式化してください．(難易度★★★☆☆)

18.4 N 個の品物があり，各品物のサイズは $a_0, a_1, \ldots, a_{N-1}$ であって $0 < a_i < 1$ を満たすものとします．これらを容量 1 のビンに詰めることを考えます．すべての品物を詰めるのに必要なビンの最小本数を求めたいとします．この問題に対し「各品物 i について，ビンを順に調べていき，その品物 i を詰めることのできる最初のビンに i を詰める」という貪欲アルゴリズムが 2-近似アルゴリズムであることを示してください．（**ビンパッキング問題**に対する First Fit 法，難易度★★★☆☆）

● ブックガイド

　本書では，さまざまなアルゴリズムを紹介してきました．ここでは，さらなる勉強のために参考になる書籍を紹介していきます．

【全般】

　まずは，アルゴリズム全般に関する書籍のうち，比較的ページ数が少ない書籍を紹介します．

[1] 杉原厚吉：データ構造とアルゴリズム，共立出版 (2001).

[2] 渋谷哲朗：アルゴリズム (東京大学工学教程 情報工学)，丸善出版 (2016).

[3] 藤原暁宏：アルゴリズムとデータ構造 (第 2 版) (情報工学レクチャーシリーズ)，森北出版 (2016).

[4] 浅野孝夫：情報の構造 (上) (下) (情報数学セミナー)，日本評論社 (1993).

[5] 秋葉拓哉，岩田陽一，北川宜稔：プログラミングコンテストチャレンジブック (第 2 版)，マイナビ出版 (2012).

[6] 渡部有隆：プログラミングコンテスト攻略のためのアルゴリズムとデータ構造，マイナビ出版 (2015).

[7] 奥村晴彦：C 言語による最新アルゴリズム事典 (改訂新版)，技術評論社 (2018).

[8] 茨木俊秀：C によるアルゴリズムとデータ構造 (改訂 2 版)，オーム社 (2019).

[1], [2], [3] は大変読みやすいアルゴリズムの教科書です．各種アルゴリズムのエッセンスを，明快で簡潔な記述で説明しています．[4] は少し深い議論まで踏み込んでいます．[5], [6] はプログラミングコンテストの攻略本として執筆されたものですが，その域を超えて，実践的なアルゴリズム設計技能を学べる書籍となっています．ぜひ本書の次のステップとして読んでほしい書籍です．[7], [8] も C 言語による実装も含めてアルゴリズムを学ぶことができます．

【全般 (本格的な専門書)】

　次にアルゴリズムを全般的に深く学べる書籍のうち，本格的でページ数が

多い書籍を紹介します.

[9] T. H. Cormen, C. E. Leiserson, R. L. Rivest, C. Stein: Introduction to Algorithm (3rd Edition), MIT Press (2009). (浅野哲夫, 岩野和生, 梅尾博司, 山下雅史, 和田幸一 (訳)：アルゴリズムイントロダクション 第 3 版, 近代科学社 (2013).)

[10] J. Kleinberg, È. Tardos: Algorithm Design, Pearson/Addison-Wesley (2006). (浅野孝夫, 浅野泰仁, 小野孝男, 平田富夫 (訳)：アルゴリズムデザイン, 共立出版 (2008).)

[11] R. Sedgewick: Algorithms in C: Fundamentals, Data Structures, Sorting, Searching, and Graph Algorithms (3rd Edition), Pearson/Addison-Wesley (2001). (野下浩平, 星守, 佐藤創, 田口東 (訳)：アルゴリズム C・新版, 近代科学社 (2004).)

[12] D. Knuth: The Art of Computer Programming, Vol. 1: Fundamental Algorithms (3rd Edition), Addison-Wesley (1997). (有澤誠, 和田英一 (監訳)：The Art of Computer Programming Volume 1 Fundamental Algorithms Third Edition 日本語版, KADOKAWA (2015).)

[13] D. Knuth: The Art of Computer Programming, Vol. 2: Seminumerical Algorithms (3rd Edition), Addison-Wesley (1998). (有澤誠, 和田英一 (監訳)：The Art of Computer Programming Volume 2 Seminumerical algorithms Third Edition 日本語版, KADOKAWA (2015).)

[14] D. Knuth: The Art of Computer Programming, Vol. 3: Sorting and Searching (2rd Edition), Addison-Wesley (1998). (有澤誠, 和田英一 (監訳): The Art of Computer Programming Volume 3 Sorting and Searching Second Edition 日本語版, KADOKAWA (2015).)

これらはいずれも，アルゴリズムの世界的教科書です．[9] はアルゴリズムの原理に焦点を当てており，さまざまなアルゴリズムの正当性をきちんと議論しています．こうした原理をしっかりと学んでおくことは，自力で未知の問題に対するアルゴリズムを開発していくうえで重要になります．[10] は実践的なアルゴリズム設計技能に焦点を当てた書籍であり，豊富な例題を扱っています．本書の執筆においても参考にさせていただきました．[11] は具体的な実装込みでアルゴリズムを学べる書籍として，世界的によく読まれています．[12], [13], [14] は数値計算などの話題も含めてアルゴリズム全般について解説した書籍であり，伝説的なバイブルとなっています．

【計算量，P と NP】

計算量理論について深く学べる書籍です．

[15] M. R. Garey, D. S. Johnson: Computers and Intractability: A Guide to the Theory of NP-Completeness, W. H. Freeman and Company (1979).

[16] 萩原光徳：複雑さの階層 (アルゴリズム・サイエンスシリーズ), 共立出版 (2006).

[15] は P と NP に関する古典的名著です．巻末には大量の NP 完全，NP 困難問題が掲載されています．[16] は計算量理論について日本語で学べる良書です．

【グラフアルゴリズム，組合せ最適化】

グラフアルゴリズムや，組合せ最適化について学べる書籍です．

[17] 久保幹雄, 松井知己：組合せ最適化「短編集」(シリーズ「現代人の数理」), 朝倉書店 (1999).

[18] 室田一雄, 塩浦昭義：離散凸解析と最適化アルゴリズム (数理工学ライブラリー), 朝倉書店 (2013).

[19] 繁野麻衣子：ネットワーク最適化とアルゴリズム (応用最適化シリーズ 4), 朝倉書店 (2010).

[20] B. Korte, J. Vygen: Combinatorial Optimization: Theory and Algorithms (6th Edition), Springer (2018). (浅野孝夫, 浅野泰仁, 小野孝男, 平田富夫 (訳)：組合せ最適化 第 2 版, 丸善出版 (2012).)

[21] R. K. Ahuja, T. L. Magnanti, J. B. Orlin: Network Flows: Theory, Algorithms, and Applications, Prentice Hall (1993).

[17] は組合せ最適化に関する広範な問題について，お手軽な物語として概観できます．[18] は最小全域木問題や最大流問題など，グラフに関する問題を中心とした「解ける」問題について，離散凸性の視点から整理し直した書籍です．[19] はネットワークフローに関連する話題を詳細にわかりやすくまとめています．[20] は組合せ最適化という研究分野を志す者が分野全体を概観するのに適した書籍です．[21] はネットワークフロー理論についての大著です．

【難問対策】

18章でいくつか紹介した，実際上の困難な問題への対策法を掘り下げた書籍などを紹介します.

[22] 藤澤克樹, 梅谷俊治：応用に役立つ50の最適化問題 (応用最適化シリーズ 3), 朝倉書店 (2009).

[23] 柳浦睦憲, 茨木俊秀：組合せ最適化 メタ戦略を中心として (経営科学のニューフロンティア). 朝倉書店 (2001).

[24] 浅野孝夫：近似アルゴリズム (アルゴリズム・サイエンスシリーズ), 共立出版 (2019).

【その他の分野】

本書では解説できなかった分野 (文字列，計算幾何学など) や，詳しく扱えなかった分野 (乱択アルゴリズムなど) について深く掘り下げた書籍を紹介します.

[25] 岡野原大輔：高速文字列解析の世界 (確率と情報の科学), 岩波書店 (2012).

[26] 定兼邦彦：簡潔データ構造 (アルゴリズム・サイエンスシリーズ), 共立出版 (2018).

[27] D. Gusfield: Algorithms on Strings, Trees, and Sequences: Computer Science and Computational Biology, Cambridge University Press (1997).

[28] M. de. Berg, M. van Kreverld, M. Overmars, O. Schwarzkopf: Computational Geometry: Algorithms and Applications (3rd Edition), Springer (2010). (浅野哲夫 (訳)：コンピュータ・ジオメトリ 第3版, 近代科学社 (2010).)

[29] 玉木久夫：乱択アルゴリズム (アルゴリズム・サイエンスシリーズ), 共立出版 (2008).

[30] R. Motwani, P. Raghavan: Randomized Algorithms, Cambridge University Press (1995).

● あとがき

　全18章にわたる長い旅路もここでひと段落です．難しい部分もあったと思いますが，ここまで読んでいただいてとても嬉しい気持ちです．本書を執筆するにあたり，1つの信念がありました．それは「アルゴリズムは実際の問題解決に活かしてこそのものである」ということです．クイックソートといった，既存のアルゴリズムをわかりやすく解説するのみに終始せず，それらの数理をしっかりと解説し，動的計画法や貪欲法などのアルゴリズム設計技法を詳しく解説する方針をとりました．そのため，ページ数は膨らむこととなりましたが，1人でも多くの方のお役に立てたなら幸いです．

　本書の刊行にあたってはたくさんの方のお世話になりました．講談社サイエンティフィクの横山真吾氏は，筆者のQiita記事を読んで声をかけていただきました．それがなければ本書は誕生することはなく，大変感謝しています．イラストを担当していただいたヤギワタル氏は，私の複雑怪奇な図をきれいに仕上げていただきました．そして，監修くださった秋葉拓哉氏には，非常にたくさんの有益なコメントをいただきました．アカデミックで論文を書いた経験が少ない筆者にとって，秋葉氏に原稿のあらを指摘していただけたことは，大変ありがたいことでした．また，河原林健一先生には，本書への推薦のお言葉を寄せていただきました．とてもありがたく，心強く感じております．

　ともにプログラミングコンテストを楽しんでいる嘉戸裕希氏，木村悠紀氏，所澤万里子氏，竹川洋都氏や，ともに同じ仕事場でアルゴリズムを用いた問題解決を担っている田辺隆人氏，豊岡祥氏，岸本祥吾氏，清水翔司氏，折田大祐氏，守屋尚美氏，田中大毅氏，伊藤元治氏，原田耕平氏，五十嵐健太氏には，原稿段階で多数のコメントをいただきました．おかげで本書のわかりやすさが格段に上がりました．

そして，私事になりますが，本書を執筆するうえで武田綾乃氏原作・株式会社京都アニメーション製作の作品「響け！ユーフォニアム」を視聴したことが大きなモチベーションになったことを付け加えたいと思います．同社の細部まで高いクオリティにこだわる作風は，私の執筆活動に大きな影響を与えています．最後に，継続的にずっと励ましてくれた家族に感謝いたします．

2020 年 7 月

大槻兼資

索　引

著者紹介

大槻兼資（おおつきけんすけ）　修士（情報理工学）
2014 年　東京大学大学院情報理工学系研究科数理情報学専攻修士課程修了
2015 年　株式会社 NTT データ数理システム リサーチャー
現　在　株式会社 NTT データ数理システム 顧問
Twitter ID: @drken1215

監修者紹介

秋葉拓哉（あきばたくや）　博士（情報理工学）
2015 年　東京大学大学院情報理工学系研究科コンピュータ科学専攻
　　　　博士後期課程修了
2015 年　国立情報学研究所 特任助教（情報学プリンシプル研究系）
現　在　株式会社 Preferred Networks 執行役員 機械学習基盤担当 VP
著　書　（共著）『プログラミングコンテストチャレンジブック 第 2 版』
　　　　マイナビ（2012）
Twitter ID: @iwiwi

NDC007　366p　21cm

問題解決力を鍛える！アルゴリズムとデータ構造
（もんだいかいけつりょく）（きた）　　　　　　　　　　　　　（こうぞう）

2020 年 9 月 30 日　　第 1 刷発行
2023 年 2 月 9 日　　第 9 刷発行

著　者　大槻兼資（おおつきけんすけ）

監修者　秋葉拓哉（あきばたくや）

発行者　髙橋明男

発行所　株式会社　講談社
　　　　〒 112-8001　東京都文京区音羽 2-12-21
　　　　　販売　（03）5395-4415
　　　　　業務　（03）5395-3615

編　集　株式会社　講談社サイエンティフィク
　　　　代表　堀越俊一
　　　　〒 162-0825　東京都新宿区神楽坂 2-14　ノービィビル
　　　　　編集　（03）3235-3701

本文データ制作　藤原印刷株式会社
印刷・製本　株式会社ＫＰＳプロダクツ

講談社の自然科学書

データサイエンス入門シリーズ

データサイエンスのための数学	椎名洋・姫野哲人・保科架風／著	清水昌平／編	定価：3,080円
データサイエンスの基礎	濵田悦生／著	狩野裕／編	定価：2,420円
統計モデルと推測	松井秀俊・小泉和之／著	竹村彰通／編	定価：2,640円
Pythonで学ぶアルゴリズムとデータ構造		辻真吾／著　下平英寿／編	定価：2,640円
Rで学ぶ統計的データ解析	林賢一／著	下平英寿／編	定価：3,300円
最適化手法入門	寒野善博／著	駒木文保／編	定価：2,860円
データサイエンスのためのデータベース		吉岡真治・村井哲也／著　水田正弘／編	定価：2,640円
スパース回帰分析とパターン認識		梅津佑太・西井龍映・上田勇祐／著	定価：2,860円
モンテカルロ統計計算	鎌谷研吾／著	駒木文保／編	定価：2,860円
テキスト・画像・音声データ分析	西川仁・佐藤智和・市川治／著	清水昌平／編	定価：3,080円

機械学習スタートアップシリーズ

これならわかる深層学習入門	瀧雅人／著	定価：3,300円
ベイズ推論による機械学習入門	須山敦志／著　杉山将／監	定価：3,080円
Pythonで学ぶ強化学習　改訂第2版	久保隆宏／著	定価：3,080円
ゼロからつくるPython機械学習プログラミング入門	八谷大岳／著	定価：3,300円

イラストで学ぶシリーズ

イラストで学ぶ情報理論の考え方	植松友彦／著	定価：2,640円
イラストで学ぶ機械学習	杉山将／著	定価：3,080円
イラストで学ぶ人工知能概論　改訂第2版	谷口忠大／著	定価：2,860円
イラストで学ぶ音声認識	荒木雅弘／著	定価：2,860円
イラストで学ぶロボット工学	木野仁／著　谷口忠大／監	定価：2,860円
イラストで学ぶディープラーニング　改訂第2版	山下隆義／著	定価：2,860円
イラストで学ぶヒューマンインタフェース　改訂第2版	北原義典／著	定価：2,860円
イラストで学ぶ離散数学	伊藤大雄／著	定価：2,420円

RとStanではじめる ベイズ統計モデリングによるデータ分析入門	馬場真哉／著	定価：3,300円
PythonではじめるKaggleスタートブック	石原祥太郎・村田秀樹／著	定価：2,200円

※表示価格には消費税（10%）が加算されています。　　　　　　　　　　　　　　　　「2021年4月現在」

講談社サイエンティフィク　https://www.kspub.co.jp/